国家辐射环境监测网
辐射环境质量监测技术

胡 丹 张 瑜 杨维耿 编著

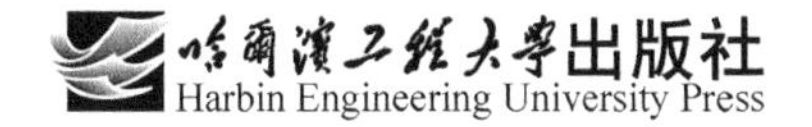

内容简介

本书主要介绍了目前国家辐射环境监测网辐射环境质量监测所采用的技术方法,包括样品的采集、保存、测量、数据处理和质量控制等内容。

本书所含辐射环境质量监测技术内容全面、翔实,可为从事辐射环境监测的技术人员开展监测工作提供参考,也可作为辐射环境监测人员的培训教材。

图书在版编目(CIP)数据

国家辐射环境监测网辐射环境质量监测技术/胡丹,张瑜,杨维耿编著. —哈尔滨:哈尔滨工程大学出版社, 2021.11

ISBN 978-7-5661-3042-6

Ⅰ. ①国… Ⅱ. ①胡… ②张… ③杨… Ⅲ. ①辐射监测-中国 Ⅳ. ①X837

中国版本图书馆 CIP 数据核字(2021)第 232110 号

国家辐射环境监测网辐射环境质量监测技术

GUOJIA FUSHE HUANJING JIANCEWANG FUSHE HUANJING ZHILIANG JIANCE JISHU

选题策划 雷　霞
责任编辑 丁　伟
封面设计 李海波

出版发行 哈尔滨工程大学出版社
社　　址 哈尔滨市南岗区南通大街 145 号
邮政编码 150001
发行电话 0451-82519328
传　　真 0451-82519699
经　　销 新华书店
印　　刷 北京中石油彩色印刷有限责任公司
开　　本 787 mm×1 092 mm　1/16
印　　张 14.25
字　　数 365 千字
版　　次 2021 年 11 月第 1 版
印　　次 2021 年 11 月第 1 次印刷
定　　价 49.80 元

http://www.hrbeupress.com
E-mail:heupress@hrbeu.edu.cn

审定委员会

出版说明

辐射环境质量监测结果是辐射环境保护工作的基础。它不但是反映环境质量现状、预测可能产生的污染以及进行放射性剂量评价的依据,而且在制定各项环境辐射标准与法规,做出某项干预或者采取某些措施等重要决策行动中也起着重要的作用,因此,监测数据的质量是至关重要的。

辐射环境质量监测作为一项专业技术性强、社会敏感度高的工作,不仅为放射性污染防治监督管理提供技术支持与服务,同时也为社会公众提供服务。如何保证不同时间、不同地点、不同实验室、不同人员分析的各类环境放射性样品的结果具有足够的准确度、精密度以及良好的可比性,是国内外环境放射性实验室所共同关心的课题。一般辐射环境质量监测工作包括建立一套好的分析程序与实施细则,组织人员培训,建立完善的测量方法学、实验室内部质量控制和外部质量保证体系,等等。为指导和规范国家辐射环境监测网(国控网)成员单位的辐射监测技术,规范地开展监测工作,做到标准规范统一、监测方法统一,实现国控网辐射监测技术规范化、方法标准化,生态环境部辐射环境监测技术中心组织编写了本书,参与编写的单位有北京市核与辐射安全中心、江苏省核与辐射安全监督管理中心、广东省环境辐射监测中心、四川省辐射环境管理监测中心、上海市辐射环境安全技术中心。

本书主要介绍了目前国家辐射环境监测网辐射环境质量监测所采用的技术方法,包括样品的采集、保存、测量、数据处理和质量控制等内容。部分章节的附件中包括测量分析实例和不确定度评定实例,供国控网成员单位开展监测工作时参考。

本书共2篇,24章。第一篇为物理监测技术,第二篇为化学分析技术。本书编写分工如下:第1章,胡翔、刘庆云、李建杰;第2章,胡飞、胡翔、刘庆云;第3章,刘庆云、杨维耿、周彦;第4章,陈文涛、宋海清、赵俊;第5章,周彦、陈文涛、李灵娟;第6章,王毅、赵广翠、李慧萍;第7章,赵广翠、李慧萍、王毅;第8章,王家玥、林清、胡丹;第9章,王家玥、孙勋杰;第10章,刘怡、邵海江;第11章,陈伟、戈立新、张瑜;第12章,张瑜、朱一昊、杨维耿;第13章,刘佩、欧阳均;第14章,李雪泓、张莉;第15章,刘佩、欧阳均、胡丹;第16章,李雪泓、毛万冲;第17章,罗茂丹、胡飞、王亮;第18章,罗茂丹、王亮;第19章,周程、许宏、王利华;第20章,许宏、王利华、胡飞;第21章,王利华、胡丹;第22章,张衍津、冯颖思;第23章,李美丽、覃连敬;第24章,王利华、周彦、许宏。

本书出版是国家生态环境部辐射环境监测重点实验室的重点工作，得到了国家生态环境部核安全监管司“核与辐射安全监管”项目和国家自然基金项目（项目批准号：11975207）的资助。本书在编写过程中得到了生态环境部核设施安全监管司的大力支持。夏益华教授、肖雪夫教授也对本书编写人员给予了悉心指导，在此谨向所有为本书付出辛勤劳动的人员深表谢忱。

本书涉及的监测项目较多，地域、温湿度等不同都会使监测结果有所差异，限于编著者水平及经验，疏漏与不足之处在所难免，欢迎读者批评指正，并提出宝贵意见。

编著者

2021年8月

目　　录

第一篇　物理监测技术

第二篇　化学分析技术

第一篇　物理监测技术

第1章　生物样品中γ核素测量分析

1　目的

本章规定了国控网辐射环境质量监测项目生物样品中γ核素的测量分析方法，包括样品的采集、保存、测量、数据处理、质量控制、仪器刻度和不确定度计算等主要技术要求。

2　方法依据

（1）《辐射环境监测技术规范》（HJ/T 61—2021）。

（2）《生物样品中放射性核素的γ能谱分析方法》（GB/T 16145—2020）。

（3）《高纯锗γ能谱分析通用方法》（GB/T 11713—2015）。

3　基本原理

根据γ射线在探测器晶体内损失的能量与产生计数的道数基本呈线性关系，使用已知刻度源进行能量刻度，可由γ射线峰所在道数确定其能量，再通过对与测量样品介质类似的标准物质体源进行效率刻度，可分析生物样品中天然或人工放射性核素的活度浓度。

4　试剂、材料

4.1　样品制备试剂

分析纯的酸（HNO_3、HCl等）、碱（0.5 mol/L的NaOH溶液）、络合剂或稳定性同位素载体，以及其他有关化学试剂，用于防止某些放射性核素在样品预处理过程中挥发损失或被容器壁吸附。

4.2　标准物质体源

测量分析需要使用生物标准物质体源和本底/空白样品。一般含^{238}U、^{232}Th、^{226}Ra、^{40}K等天然核素和含^{241}Am、^{137}Cs、^{60}Co等人工核素的模拟土壤标准物质体源，封装容器几何形状与被测样品相同，例如$\phi75$ mm×$H70$ mm聚乙烯样品盒。基质密度和有效原子序数与被测样品相近，颗粒度为80～100目。只含有与标准物质体源等量基质的样品用作本底样品。

标准物质的基质为二氧化硅和碳酸钙的均匀混合粉末。标准物质是向基质中掺入铀矿粉、硝酸钍、氯化镭、氯化钾、氯化铯或其他人工放射性盐溶液，混匀、干燥、封装制作而成。制作时核素活度浓度一般为被测样品的10～30倍，不确定度不超过7%（3σ）。如果标准物质中含有^{226}Ra，在使用之前必须密封3～4周，使母子体达到平衡。

包装容器使用蜡密封，不易发生化学变化；基质自身的天然放射性可忽略；有计量部门出具的活度检定/校准证书。

5 仪器、设备

5.1 γ谱仪

5.1.1 HPGe探测器

仪器对^{60}Co点源在1.33 MeV γ射线的能量分辨率好于2.5 keV；所测能量覆盖范围不少于40 keV ~2 MeV；探头相对探测效率不小于20%。

5.1.2 冷却设备

液氮罐、液氮泵以及液氮漏斗等，用于将液氮导入连接探头的储氮容器中，通过浸泡于液氮中的与HPGe晶体接触的冷指，冷却HPGe晶体，维护系统正常工作；或使用电机制冷。

5.1.3 数字化多道设备(MCB)

集高压电源、多道分析器(MCA)以及模数转换器(ADC)于一体(含核仪器插件(NIM插件))。多道MCA的总道数为8 192或16 384，用USB接口或串口等方式与计算机相连。

5.1.4 铅屏蔽室

壁厚不小于10 cm铅当量，内壁从外向里依次衬有适当厚度的原子序数逐渐降低的材料，如汞、锡、镉、铜、有机玻璃等。

5.1.5 计算机系统(包括打印输出设备)

安装与数字化MCB配套的自动化谱获取程序，便于按计划获取、保存谱文件，以及输出测量信息。

5.2 样品测量容器

与标准物质样品使用相同的封装容器，例如$\phi75$ mm × $H70$ mm聚乙烯样品盒。

5.3 粉碎机

粉碎机应能将干燥固体样品粉碎至细小均匀的颗粒(40目以上)，或将新鲜生物样品粉碎混匀。

5.4 烘箱

有温度显示，能够长时间连续运行，用于样品干燥。

5.5 马弗炉

有温度显示，能够长时间连续运行，用于样品灰化。

5.6 电炉

功率1 kW以上，能够长时间连续运行，用于样品的碳化和灰化。

5.7 其他辅助设备(略)

6 采样及制样

6.1 采样量的确定

采样量下限按照下面的公式确定：

$$A = \frac{N}{Wf\varepsilon PYT} \tag{1-1}$$

式中 A——分析样品的放射性活度浓度，这里是可定量分析的最小活度，Bq/kg(L)；

N——在T时间内谱仪测量的计数(通常指核素特征峰面积计数)；

W——采集样品质量或体积,kg 或 L;

f——被测量样品所占采样量份额(包括灰样比);

ε——谱仪探测效率(通常指全能峰效率);

P——被分析核素特征峰的 γ 发射概率;

Y——化学分析回收率;

T——样品测量活时间,s。

6.2　制样

若样品可以直接测量,应将生物样品洗净,去掉不可食用的部分,切碎或压碎后装入样品盒压实,称重、封装后即可测量。

若样品不能直接测量,应称量样品鲜重并记录,然后使用烘箱在 105 ℃下烘干 10 ~ 15 h,称重并求干鲜比,再将干样粉碎装盒测量。对含碘的样品,烘干温度应低于 80 ℃。

如果样品烘干后仍不能直接测量,应再使用电炉进行碳化,最后使用马弗炉在 450 ℃下烧十几到几十个小时,注意防止温度过高造成的样品损失或烧结。冷却后在样品盒内压实并称量净重。对灰化时容易挥发的核素如铯、碘、钌等,应在灰化前加入适当的化学试剂。^{137}Cs 样品的灰化温度不能超过 400 ℃。碘样品灰化前应用 0.5 mol/L 的 NaOH 浸泡十几个小时。牛奶样品在浓缩或灰化前也应当加入适量的 NaOH 溶液。

^{226}Ra 样品制样后须放置 40 天以上,以保证^{226}Ra 与其子体间达到放射性平衡。

7　测量

(1)测量前仪器须预热 8 h 以上,探头在液氮中冷却 6 h 以上。测量前高压电源打开须稳定至少 15 min 以上。

(2)测量过程中对外部条件的要求:保证电压在 220 V ± 22 V 以内;保证一周内室温变化不大于 5 ℃;冷却探测器的液氮要及时灌充。

(3)检查装样的样品盒是否已完成密封,并用酒精脱脂棉擦拭表面至洁净,以防污染仪器。

(4)样品贴近探测器放在正上或正下方位置。检查全谱(保证^{40}K 1 460.8 keV 峰位漂移在调试峰道的 0.2% 以内)并存入计算机。

(5)使用安装在计算机上的谱获取软件进行采集并保存测量谱,测量过程中发现异常情况应及时采取关机等紧急措施并报告。

8　仪器刻度

(1)选择合适的标准物质(用 U 系、Th 系、^{137}Cs、^{40}K 等核素制成,能量点尽可能多地分布在 60 keV ~3 MeV 的全范围),将它密封在与被测样品相同的圆柱形盒中,调节探测器放大倍数,使所需能量范围分布在适当的道区。测量标准物质样品时,应使谱仪中用于刻度的最小净峰面积计数统计误差小于 0.5% (2σ)。

(2)采用至少两个特征(γ 射线能量和相应全能峰峰位道址)进行能量刻度。

(3)采用同样方法对本底样至少测量 24 h 本底谱或采用近期测量好的本底谱。

(4)使用标准物质体源放在γ谱仪的样品位置上进行测量,在能谱上选取若干可忽略级联效应的没有重叠的不同能量的γ射线求出全吸收峰效率(扣本底净计数率/单能γ射线发射率),效率计算公式如下:

$$\varepsilon(E)=\frac{n}{PA_0e^{-\lambda\Delta t}}=\frac{n}{R} \tag{1-2}$$

式中 n——t 时刻测量的相应γ射线能量为 E 的净峰面积计数率,cps;

A_0——t_0时刻刻度源相应核素的活度,Bq;

P——相应γ射线的发射概率;

λ——放射性核素的衰变常数,s^{-1};

Δt——刻度源衰变时间,制备完成时刻(即源的证书的参考时间 t_0)至测量时刻(t)的时间间隔,s;

R——t 时刻该γ射线的发射率,s^{-1}($R=PA_0e^{-\lambda\Delta t}$)。

使用计算机对效率的对数和能量的对数进行多项式拟合,公式如下:

$$\ln\varepsilon=\sum_{i=0}^{n-1}a_i(\ln E_\gamma)^i \tag{1-3}$$

式中 ε——实验γ射线全吸收峰效率值;

a_i——拟合常数;

E_γ——相应的γ射线能量,keV。

效率刻度的相对标准不确定度应小于5%。

(5)根据刻度程序完成刻度,并将刻度结果存入计算机。

9 结果计算

测量谱扣除本底谱,用相对比较法或效率曲线法求出测量结果。

相对比较法:

$$A=C_e\frac{NF_1}{F_2Tme^{-\lambda\Delta t}} \tag{1-4}$$

式中 C_e——与待测核素对应的刻度系数,$C_e=A/a_s$,其中 A 为刻度源核素活度(Bq),a_s 为特征全能峰净面积计数率(cps);

N——在 T 时间内谱仪测量的计数(通常指核素特征峰面积计数);

F_1——样品测量期间的衰变校正因子,$F_1=\frac{\lambda T_c}{1-e^{-\lambda T_c}}$,其中 T_c 为实际测量时间(s),若 $\frac{核素半衰期}{样品测量时间}>100$,可取 $F_1=1$;

F_2——样品相对于刻度源γ自吸收校正系数,若样品和刻度源的密度相近,可取 $F_2=1$;

T——样品测量活时间,s;

m——测量样品的质量或体积,kg 或 L;

λ——放射性核素的衰变常数,s^{-1};

Δt——核素衰变时间,即采样时刻到样品测量时刻的时间间隔,s。

效率曲线法:

$$A=\frac{NF_1F_3}{F_2\varepsilon PTm\mathrm{e}^{-\lambda\Delta t}} \tag{1-5}$$

式中　F_3——γ 符合相加修正系数,对单能 γ 射线核素,或估计修正系数不大时,可取 $F_3=1$;

ε——相应能量 γ 射线的全能峰效率;

P——相应能量 γ 射线的发射概率;

其余参数的含义与相对比较法公式中的相同。实例参见附件 1A。

10　探测下限计算

探测下限 MDC 按下式计算:

$$\mathrm{MDC}=\frac{4.66}{\varepsilon\eta t_0 m}\sqrt{N_\mathrm{b}} \tag{1-6}$$

式中　ε——全能峰探测效率;

η——核素特征射线的发射概率;

t_0——本底谱测量时间;

m——待测样品数量;

N_b——本底谱中相应于某一全能峰的本底计数。

实例参见附件 1A。

11　质量控制

11.1　溯源

选用能溯源到国家计量基准的标准放射性物质和国际原子能机构(IAEA)建议使用的核参数,建立本实验室标准源和核参数。

11.2　刻度

按需要对仪器进行能量、效率刻度,核查能量分辨率。

11.3　期间核查

定期进行标准物质和仪器、设备期间核查,进行归一化偏差 E_n 值判定。当 $|E_\mathrm{n}|<1$ 时,认为测量值与约定真值之间无显著差异。

$$E_\mathrm{n}=\frac{X_\mathrm{L}-X_\mathrm{R}}{\sqrt{U_\mathrm{L}^2+U_\mathrm{R}^2}}$$

式中　E_n——归一化偏差;

X_L——实验室测定结果;

X_R——有证标准物质的参考值;

U_L——实验室测量结果的不确定度;

U_R——标准物质的不确定度。

11.4　复测

随机抽取一定比例的样品复测，给出合格率。

11.5　稳定性检验

每年对仪器的短期稳定性进行一次χ^2分布检验。

以测量空白本底为例，每次测 600 s，测 20 次（$n=20$）。

（1）读取感兴趣区本底计数。

（2）计算计数平均值 N、标准差 S。

（3）计算χ^2，公式为

$$\chi^2=\frac{(n-1)S^2}{N} \tag{1-7}$$

式中　n——所测本底的次数；

S——按高斯分布计算的本底计数的标准差；

N——n 次本底计数的平均值，也是按泊松分布计算的本底计数的方差。

（4）查χ^2分布的上侧分位数表，确认是否满足泊松分布。

α 为选定的显著性水平，一般选 $\alpha=0.05$；d_f 为χ^2的自由度（$n-1=19$）。

若$\chi^2_{(1-\frac{\alpha}{2},d_f)}\leqslant\chi^2\leqslant\chi^2_{(\frac{\alpha}{2},d_f)}$，则计数满足泊松分布，该装置工作正常；

若$\chi^2<\chi^2_{(1-\frac{\alpha}{2},d_f)}$或$\chi^2>\chi^2_{(\frac{\alpha}{2},d_f)}$，则计数不满足泊松分布，有理由怀疑该装置工作异常。

11.6　长期可靠性检验

每月进行 1～2 次本底测量和效率检验，以确定测量装置的长期稳定性，并依据检验结果绘制本底质控图和效率质控图，一般采用平均值－标准偏差质控图。

将历次测量结果按照先后顺序绘入质控图，求出平均值μ和相对标准偏差σ的大小，确定$\mu\pm3\sigma$、$\mu\pm2\sigma$、$\mu\pm\sigma$、μ在图中的位置，并由此划分出 A、B、C 区。本底的平均值－标准偏差质控图参见图 1－1，效率质控图类似。

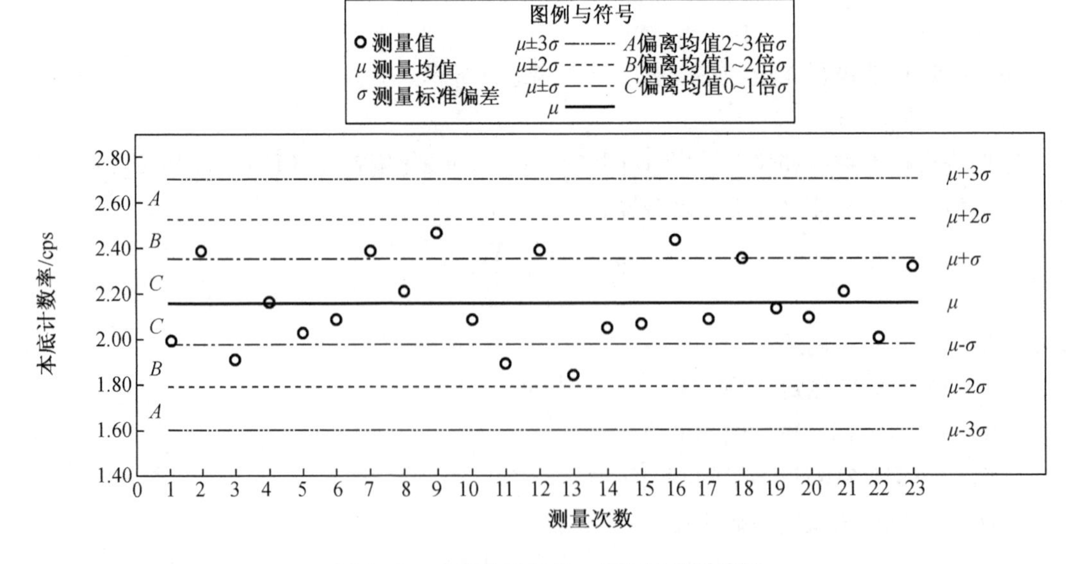

图 1－1　本底的平均值－标准偏差质控图

假定测量对象满足正态分布，则质控图中历次测量结果处于 $\mu \pm 3\sigma$ 区间内的概率约为 99.73%，超出此范围的测量结果均认为异常；同时，历次测量结果的统计分布也应该保证处于 99.73% 的概率以内，故以下现象均属于异常。

(1) 测量点出现在 A 区之外；

(2) 连续 9 个测量点出现在中心线的同一侧；

(3) 连续 6 个测量点出现单调递增或递减的趋势；

(4) 连续 14 个测量点上下交替排列；

(5) 连续 3 个测量点中有 2 个出现在中心线同一侧 A 区内；

(6) 连续 5 个测量点中有 4 个出现在中心线同一侧的 B 区或 A 区内；

(7) 连续 8 个测量点出现在中心线两侧并且全部不在 C 区内；

(8) 连续 15 个测量点出现在中心线两侧的 C 区内。

12　不确定度

按《测量不确定度评定与表示》(JJF 1059.1—2012)，若 $y = f(x_1, x_2, \cdots, x_N)$ 中的各参量都相互无关，则合成不确定度计算公式为

$$\mu_c(y) = \sqrt{\sum_{i=1}^{N} \left(\frac{\partial f}{\partial x_i}\right)^2 u^2(x_i)} \tag{1-8}$$

样品中 γ 核素测量分析采用的相对比较法和效率曲线法公式都符合这种情况。可以对各分量 x_i 分别估计不确定度，并按照贝塞尔公式将不确定度分量合成，得到与结果对应的相对不确定度。其中贡献最大的两项是扣本底净计数率和参考标准物质证书引入的不确定度。

实例参见附件 1B。

附件 1A　玉米灰样品中 γ 核素测量分析实例

以太平庄采集的辐射环境监测玉米样品（编号：201501B005）为例，演示玉米灰 γ 核素分析测量的过程。

1A.1　采样

在收割季节选择生长均匀的玉米田地，选 5 个地点，直接用手工方法采集玉米。将采集的玉米在 70 ℃下烘干、脱粒，将从各点采集的玉米粒样品充分混合为一个样品，装入自封袋中，总重约为 2 kg。

1A.2　制样

将 1 678 g 玉米样品倒入样品离心研磨仪，使用该设备将样品研磨至 60 目以上。然后使用烘箱在 105 ℃ 烘干 20 h，再使用电炉进行碳化，最后使用马弗炉在 450 ℃下烧十几到几十个小时。准备好空的 $\phi 75$ mm × $H70$ mm 聚乙烯样品盒（称重 61.81 g），倒入样品并压

实,拧上盖子,擦干净以后称重,总重 82.12 g,可知灰样的净重为 20.31 g。使用胶带将样品盒密封好,贴上样品标签,与同批样品一起放置。一个月以后取出测量。

1A.3 测量

测量设备为 GR7023 型低本底 HPGe γ 谱仪,其工作状态正常,进行了能量刻度,存有近期测量的本底谱(24 h)和效率刻度曲线。

将编号为 201501B005 的样品取出,用保鲜袋套上,放入测量设备,紧贴探测器。使用 Genie2000 软件测量 24 h(86 400 s),获取谱名称为 201501122056.iec。

1A.4 分析计算(以^{40}K 为例)

(1)活度浓度

从样品谱中找到^{40}K 在 1 460.8 keV 处的能峰,将其设为感兴趣区,可以看到其净面积为 35 874.6。再打开本底谱,设置^{40}K 的感兴趣区,读出本底净面积为 1 084.4。样品和本底的测量时间都是 86 400 s。打开效率刻度文件,查到^{40}K 特征峰处的效率为 0.024 44。从核素库查到^{40}K 的 1 460.8 keV 特征峰发射概率为 10.67%。修正因子 F_1、F_2、F_3 都取 1,参与测量的可食用玉米质量为 1 678 g,且从采样到测量的等待时间内^{40}K 的衰变忽略不计,计算得到^{40}K 的活度浓度:

$$\frac{\frac{35\ 874.6}{86\ 400}-\frac{1\ 084.4}{86\ 400}}{0.024\ 44\times 0.106\ 7\times\frac{1\ 678}{1\ 000}}\approx 92.0\ \text{Bq/kg}$$

此样品^{232}Th 活度浓度计算结果为 0.19 Bq/kg,其子体^{228}Ac 在 1 459.20 keV 处发射概率为0.83%,扣除该子体的贡献后得到^{40}K 的活度浓度为

$$92.0-0.19\times(0.83\%\div 10.67\%)\approx 92.0\ \text{Bq/kg}$$

(2)探测下限

从本底谱中找到^{40}K 在 1 460.8 keV 处的能峰全面积为 1 343.9,测量时间为 86 400 s,效率为 0.024 44,发射概率为 10.67%,按照式(1-6),得到^{40}K 的探测下限为

$$\frac{4.66\times\sqrt{1\ 343.9}}{86\ 400\times 0.024\ 44\times 0.106\ 7\times\frac{1\ 678}{1\ 000}}\approx 0.45\ \text{Bq/kg}$$

如果使用未简化的公式计算^{40}K 的探测下限,从样品谱中找到^{40}K 在 1 460.8 keV 处的能峰全面积为 36 358.4,^{40}K 的探测下限为

$$\frac{2\times 1.645\times\sqrt{\frac{36\ 358.4}{86\ 400^2}+\frac{1\ 343.9}{86\ 400^2}}}{0.024\ 44\times 0.106\ 7\times\frac{1\ 678}{1\ 000}}\approx 1.69\ \text{Bq/kg}$$

(3)不确定度

以上用效率曲线法计算了玉米灰样品中^{40}K 的活度浓度。如果刻度效率曲线的标准物质中含有^{40}K,并且直接使用^{40}K 的效率测量数值代替拟合值,效率曲线法将会得到与相对比

较法相同的结果。附件 1B 给出了相对比较法的测量不确定度。

附件 1B　玉米灰样品中 γ 核素测量分析不确定度评定实例

1B.1　引言

本文参照《测量不确定度评定与表示》(JJF 1059.1—2012)，以 GR7023 型低本底 HPGe γ 谱仪测定编号为 201501B005 的样品 ^{40}K 活度浓度为例，对测量结果的不确定度进行评定。

1B.2　测量方法和数学表达式

按《生物样品中放射性核素的 γ 能谱分析方法》(GB/T 16145—2020)，使用相对比较法计算待测样品 ^{40}K 活度浓度(Bq/kg)的公式为

$$A = C_e \frac{A_s F_1}{F_2 T m e^{-\lambda \Delta t}}$$

式中　C_e——与待测核素对应的刻度系数，$C_e = A/a_s$，其中 A 为刻度源核素活度(Bq)，a_s 为特征全能峰净面积计数率(cps)；

A_s——从测量样品开始到结束时所获得的核素特征峰净面积；

F_1——样品测量期间的衰变校正因子，$F_1 = \dfrac{\lambda T_c}{1 - e^{-\lambda T_c}}$，其中 T_c 为实际测量时间(s)，若 $\dfrac{\text{核素半衰期}}{\text{样品测量时间}} > 100$，可取 $F_1 = 1$；

F_2——样品相对于刻度源 γ 自吸收校正系数，若样品和刻度源的密度相近，可取 $F_2 = 1$；

T——样品测量活时间，s；

m——测量样品的质量或体积，kg 或 L；

λ——放射性核素的衰变常数，s^{-1}；

Δt——核素衰变时间，即从采样时刻到样品测量时刻的时间间隔，s。

在计算无符合相加效应的 ^{40}K，待测样品密度与标准物质样品密度接近，且 ^{40}K 半衰期长达 12.77 亿年的情况下，F_1、F_2 和 $e^{-\lambda \Delta t}$ 全部近似为 1，计算公式变为

$$\rho = \frac{\rho_0}{\dfrac{N_{s0}}{t_{s0}} - \dfrac{N_{b0}}{t_{b0}}} \cdot \frac{\dfrac{N_s}{t_s} - \dfrac{N_b}{t_b}}{m}$$

式中　ρ——待测样品中 ^{40}K 的活度浓度，Bq/kg；

ρ_0——标准样品中 ^{40}K 的活度，Bq，采用证书提供的值；

N_{s0}——标准样品测量谱^{40}K 峰的净面积；

t_{s0}——标准样品测量时间，s；

N_{b0}——与标准样品对应的本底测量谱^{40}K 峰的净面积；

t_{b0}——与标准样品对应的本底测量时间，s；

N_s——待测样品测量谱^{40}K 峰的净面积；

t_s——待测样品测量时间，s；

N_b——与待测样品对应的本底测量谱^{40}K 峰的净面积；

t_b——与待测样品对应的本底测量时间，s；

m——待测样品质量，kg。

1B.3 不确定度来源

由待测样品^{40}K 的活度浓度表达式可知，不确定度主要来自以下方面。

1B.3.1 制样引入的相对不确定度分量 U_{rel1}

1B.3.1.1 称量引入的相对不确定度分量 U_{rel11}

电子天平称量误差引入的不确定度。

1B.3.1.2 制样过程引入的相对不确定度分量 U_{rel12}

①样品的颗粒度和分布均匀度、密度、几何形状的差异引入的不确定度。

②制样时核素会衰变而减少，如果需要进行半衰期修正，时间误差会引入不确定度。

1B.3.2 标准样品刻度仪器引入的相对不确定度分量 U_{rel2}

1B.3.2.1 标准样品测量引入的相对不确定度分量 U_{rel21}

①^{40}K 的 1 460.8 keV 能峰道址选择引入的不确定度。

②低活度样品测量由统计涨落引起的计数不确定度。

③测量时核素会衰变而减少，如果需要进行半衰期修正，时间误差会引入不确定度。

④环境因素引起的样品和设备变化：温度、湿度。

⑤使用、维护导致的设备变化引入的不确定度。

1B.3.2.2 标准样品定值引入的相对不确定度分量 U_{rel22}

标准物质样品的检定证书所提供的活度值带有不确定度。

1B.3.3 样品在谱仪上测量引入的相对不确定度分量 U_{rel3}

类似于 1B.3.2.1，也会有相应的不确定度：1B.3.3①②③④⑤。

1B.3.4 计算过程中引用的核参数 U_{rel4}

①发射概率（绝对强度）。

②半衰期。

待测样品中的^{40}K 活度浓度合成相对不确定度

$$U_{rel} = \sqrt{U_{rel1}^2 + U_{rel2}^2 + U_{rel3}^2 + U_{rel4}^2}$$

1B.4 各不确定度分量的计算

在设备进行了能量和半高宽刻度，并依据刻度结果对^{40}K 的 1 460.8 keV 能峰进行确定后,忽略道址选取不同导致的净面积差异(1B.3.2.1①和 1B.3.3①)。

^{40}K 的半衰期约 12.77 亿年,时间(衰变)的不确定度贡献可忽略,包括样品采集、放置、测量的时间以及半衰期数据本身引入的不确定度,1B.3.1.2②、1B.3.2.1③、1B.3.3③和 1B.3.4②可忽略。

由于标准物质样品中也含有^{40}K,在计算效率和样品活度时用到的发射概率(绝对强度)相消,对不确定度无贡献,1B.3.4①可忽略。

实验室配备中央空调,并有温湿度计记录,保证温度在 20 ~ 30 ℃,相对湿度小于 80%;设备定期灌充液氮,监视^{40}K 的峰位漂移和 40 keV ~ 3 MeV 计数率的分布状态,保证设备正常可用,并在测量中选择最近测量的本底谱;而在每台谱仪的探头上都配有样品架,保证每次放入的样品盒处于相同位置;忽略由于环境因素和使用、维护造成的仪器状态变化而产生的不确定度,1B.3.2.1④⑤和 1B.3.3④⑤可忽略。

下面对其余各不确定度分项 1B.3.1.1、1B.3.1.2①、1B.3.2.1②、1B.3.2.2、1B.3.3②进行计算:

1B.4.1　样品制备引入的相对不确定度分量 U_{rel1}

1B.4.1.1　样品称量引入的相对不确定度分量 U_{rel11}

电子天平在检定有效期范围内,测量数值在其量程内,参照检定证书和称重不确定度计算方法可知:$U_{rel11} = 0.06/1\ 678.1 \approx 0.003\ 4\%$。

1B.4.1.2　待测样品制备过程中其他因素引入的相对不确定度分量 U_{rel12}

1 678.1 g 玉米样品按照标准要求先炭化再灰化,最后得到 20.31 g 灰样,灰鲜比为 1.2%,与标准提供的数据相一致。样品封装在标准的 $\phi75$ mm × $H70$ mm 聚乙烯样品盒中压实,高度约 1.0 cm。

生物灰标准物质净重 62.84 g,封装在标准的 $\phi75$ mm × $H70$ mm 聚乙烯样品盒中压实,高度约 2.0 cm。已知由于密度差异引起的样品自屏蔽导致^{40}K 测量效率的变化不大于 2%;参照 GR7023 气溶胶膜标准物质(厚度 1 cm)在 1 cm 和 2 cm 高度的效率比约为 0.015 4/0.010 4,估算出标准物质样品测量效率与样品的测量效率之比为$\frac{0.015\ 4 + 0.010\ 4}{2 \times 0.015\ 4} \approx 83.77\%$。

因此,直接引用标准物质样品效率计算样品的活度,由高度引入的误差为$\frac{1}{83.77\%} - 1 \approx 19.4\%$,由密度引入的误差不大于 2%,两者合成得到不确定度分量 $U_{rel12} = 19.5\%$。

1B.4.2　标准样品测量和定值引入的相对不确定度分量 U_{rel2}

1B.4.2.1　标准样品测量引入的相对不确定度分量 U_{rel21}

测量标准样品得到^{40}K 的计数率,其由测量仪器计数统计误差引起标准偏差,相对不确定度为

$$U_{rel21} = \frac{\sqrt{\frac{N_{s0}}{t_{s0}^2} + \frac{N_{b0}}{t_{b0}^2}}}{\frac{N_{s0}}{t_{s0}} - \frac{N_{b0}}{t_{b0}}}$$

其中,$N_{s0} = 136\ 845.4$,$N_{b0} = 2\ 654.5$,$t_{s0} = 104\ 634.0$ s,$t_{b0} = 222\ 668.7$ s。

1B.4.2.2　标准样品定值引入的不确定度分量 U_{rel22}

由标准样品的证书查得，标准样品的^{40}K 活度浓度的相对扩展不确定度为 3%，其相对不确定度 $U_{rel22}=1.5\%$。

1B.4.3　样品测量计数引入的相对不确定度分量 U_{rel3}

样品测量计数的相对不确定度为

$$U_{rel3}=\frac{\sqrt{\frac{N_s}{t_s^2}+\frac{N_b}{t_b^2}}}{\frac{N_s}{t_s}-\frac{N_b}{t_b}}$$

其中，$N_s=35\ 874.6$，$N_b=1\ 084.4$，$t_s=86\ 400$ s，$t_b=86\ 400$ s。

1B.5　合成相对不确定度

$$U_{rel}=\sqrt{U_{rel1}^2+U_{rel2}^2+U_{rel3}^2}=\sqrt{U_{rel11}^2+U_{rel12}^2+U_{rel21}^2+U_{rel22}^2+U_{rel3}^2}=19.6\%$$

1B.6　相对扩展不确定度

取包含因子 $k=2$，于是相对扩展不确定度为 $U=kU_{rel}=39.2\%$。

1B.7　报告结果

^{40}K 活度浓度测量结果为 92.0 Bq/kg，则扩展不确定度为 36.1 Bq/kg，故最终结果为（92.0±36.1）Bq/kg（包含因子 $k=2$）。

第2章　土壤样品中γ核素测量分析

1　目的

本章规定了国控网辐射环境质量监测项目土壤中γ核素的测量分析方法，包括样品的采集、保存、测量、数据处理、质量控制、仪器刻度和不确定度计算等主要技术要求。

2　方法依据

(1)《辐射环境监测技术规范》(HJ/T 61—2021)。

(2)《土壤中放射性核素的γ能谱分析方法》(GB/T 11743—2013)。

(3)《高纯锗γ能谱分析通用方法》(GB/T 11713—2015)。

3　测量原理

根据γ射线在探测器晶体内损失的能量与产生计数的道数呈线性关系，使用已知刻度源进行能量刻度，可由γ射线计数所在道数确定其能量，再通过与测量样品介质类似的标准物质进行效率刻度，可分析土壤样品中天然或人工放射性核素的活度浓度。

4　试剂、材料

4.1　样品制备试剂

对土壤样品的前处理只需要进行物理处理，不需要加入额外的试剂。

4.2　标准物质体源

测量分析需要使用土壤标准物质体源和本底/空白样品。一般含^{238}U、^{232}Th、^{226}Ra、^{40}K等天然核素和含^{241}Am、^{137}Cs、^{60}Co等人工核素的模拟土壤标准物质体源，几何形状与被测样品相同，多用圆柱状样品盒，基质密度和有效原子序数与被测样品相近，密度为1.3～1.4 g/cm^3，颗粒度为80～100目。只含有基质的标准物质样品作为本底/空白样品进行测量。

标准物质的基质为二氧化硅和氧化铝、氧化铁的均匀混合粉末。标准物质是向基质中掺入铀矿粉、硝酸钍、氯化镭、氯化钾、氯化铯或其他人工放射性盐溶液，混匀、干燥、封装制作而成。制作时核素活度浓度是天然土壤活度浓度的10～30倍，不确定度不超过5%。标准物质在使用之前也必须密封3～4周，使铀镭子体达到平衡后再使用。

包装容器使用蜡密封，不易发生化学变化；基质自身的天然放射性可忽略。

5 仪器、设备

5.1 γ谱仪

5.1.1 HPGe 探测器

仪器对^{60}Co 点源在 1.33 MeV γ 射线的能量分辨率好于 2.5 keV;所测能量覆盖范围不小于40 keV ~2 MeV;探头相对探测效率不小于 20%。

5.1.2 冷却设备

液氮罐、液氮泵以及液氮漏斗等,用于将液氮导入连接探头的储氮容器中,直接冷却探头,维护系统正常工作;或使用电制冷设备冷却探头。

5.1.3 数字化多道设备(MCB)

集高压电源、多道分析器(MCA)以及模数转换器(ADC)于一体(含核仪器插件(NIM插件))。MCA 的总道数不少于 8 192,与计算机相连。

5.1.4 铅屏蔽室

壁厚不小于 10 cm 铅当量,内壁从外向里依次衬有适当厚度的原子序数逐渐降低的材料,如汞、锡、镉、铜、有机玻璃等。

5.1.5 计算机系统(包括打印输出设备)

安装与数字化 MCB 配套的自动化谱获取程序,便于按计划获取、保存谱文件,以及输出测量信息。

5.2 样品测量容器

根据样品多少及探测器的形状、大小选用不同尺寸及形状的样品盒,并保证与标准物质样品尺寸一致,如容器底部直径小于或等于探测器直径的圆柱形样品盒(ϕ75 mm × H70 mm)。样品盒材质为聚乙烯或 ABS 树脂。

5.3 破碎机、粉碎机及筛具

破碎机用于将大块的样品分成较小的块状样品;粉碎机应能将块状样品粉碎至细小均匀的颗粒;筛具应在 40 目以上。

5.4 烘箱

有温度显示,能够长时间连续运行,用于样品干燥。

6 采样及制样

6.1 采样要求

(1)采样场所的选择:布点固定在无水土流失的原野/田间的网格,在耕地上取样深度为 20 cm,在其他土地上取样深度为 10 cm。

(2)为估计几年内的沉积,采样点应选在无干扰位置。

(3)采样场所应能保证重复采样,不受施肥灌溉的放射性影响。

6.2 制样方法

将土壤样品剔除杂草、碎石,放入烘箱,100 ℃烘干,取出放入粉碎机磨碎,然后过筛(40目以上),装入样品盒压实,擦净后称重记录,然后用胶带密封,放置 3 ~4 周后测量。

7　测量

(1)测量前仪器须预热 8 h 以上,探头在液氮中冷却 6 h 以上。测量前高压电源打开后须稳定 15 min 以上。

(2)测量过程中对外部条件的要求:保证电压在 220 V ± 22 V 以内;保证一周内室温变化≤5 ℃;冷却探测器的液氮要及时灌充。

(3)检查装样的样品盒是否已完成密封,并用酒精脱脂棉擦拭表面至洁净,以防污染仪器。

(4)样品贴近探测器放在正上或正下方位置。检查全谱(保证^{40}K 1 460.8 keV 峰位漂移在调试峰道的 0.2% 以内)并存入计算机。

(5)使用安装在计算机上的谱获取软件进行采集并保存测量谱,测量过程中若发现异常情况应及时采取关机等紧急措施并报告。

8　仪器刻度

(1)选择合适的标准物质(用 U 系、Th 系、^{137}Cs、^{40}K 等核素制成,能量点尽可能多地分布在 10 keV ~3 MeV 的全范围),将它密封在与被测样品相同的圆柱形盒中,调节探测器放大倍数,使所需能量范围分布在适当的道区。

(2)采用至少两个特征(γ 射线能量和相应全能峰峰位道址)进行能量刻度。

(3)采用同样方法对本底样至少测量 24 h 本底谱或采用近期测量好的本底谱。

(4)使用标准物质体源放在 γ 谱仪的样品位置上进行测量,在能谱上选取若干可忽略级联效应的没有重叠的不同能量的 γ 射线求出全吸收峰效率(扣本底净计数率/单能 γ 射线发射率),使用计算机对效率的对数和能量的对数进行多项式拟合,公式如下:

$$\ln \varepsilon = \sum_{i=0}^{n-1} a_i (\ln E_\gamma)^i \tag{2-1}$$

式中　ε——实验 γ 射线全吸收峰效率值;

a_i——拟合常数;

E_γ——相应的 γ 射线能量,keV。

效率刻度的相对标准不确定度应小于 5%。

(5)根据刻度程序完成刻度,并将刻度结果存入计算机。

9　结果计算

测量谱扣除本底谱,用相对比较法或效率曲线法求出测量结果,优先使用相对比较法。

相对比较法:

被测样品的第 j 种核素的活度浓度 Q_j(Bq/kg)为

$$Q_j = \frac{C_{ji}(N_{ji} - N_{jib})}{WD_j} \tag{2-2}$$

式中　$C_{ji} = \dfrac{\text{第 } j \text{ 种核素体标准源活度(Bq)}}{\text{第 } j \text{ 种核素体标准源的第 } i \text{ 个特征峰的全能峰计数率(cps)}}$;

N_{ji}——被测样品第 j 种核素的第 i 个特征峰的全能峰计数率,cps;

N_{jib}——与 A_{ji} 对应的峰本底计数率,cps;

W——被测样品的净干重,kg;

D_j——第 j 种核素校正到采样时的衰变校正系数。

效率曲线法:

被测样品的第 j 种核素的活度浓度 Q_j(Bq/kg)为

$$Q_j = \frac{NA_{ji} - N_{jib}}{P_{ji}\eta_i WD_j} \tag{2-3}$$

式中 P_{ji}——第 j 种核素发射第 i 个 γ 射线的概率;

η_i——第 i 个 γ 射线特征峰对应的效率值。

其余参数的含义与相对比较法公式相同。实例参见附件 2A。

10 探测下限计算

探测下限 MDC 按下式计算:

$$\mathrm{MDC} = \frac{4.66}{\varepsilon\eta\, t_0 m}\sqrt{N_b} \tag{2-4}$$

式中 ε——全能峰探测效率;

η——核素特征射线的发射概率;

t_0——本底谱测量时间;

m——样品质量;

N_b——本底谱中相应于某一全能峰的本底计数。

实例参见附件 2A。

11 质量控制

11.1 溯源

选用能溯源到国家计量基准的标准放射性物质和 IAEA 建议使用的核参数,建立本实验室标准源和核参数。

11.2 刻度

按需要对仪器进行能量、效率刻度,核查能量分辨率。

11.3 期间核查

定期进行标准物质和仪器、设备期间核查,进行 E_n 值判定。

11.4 复测

随机抽取一定比例的样品复测,给出合格率。

11.5 稳定性检验

每年对仪器的短期稳定性进行一次 χ^2 分布检验。

以测量空白本底为例,每次测 600 s,测 20 次($n=20$)。

(1)读取感兴趣区本底计数。

(2)计算计数平均值 N、标准差 S。

(3)计算χ^2,公式为

$$\chi^2 = \frac{(n-1) \cdot S^2}{N}$$

(4)查χ^2 分布的上侧分位数表,确认是否满足泊松分布。

α 为选定的显著性水平,一般选 $\alpha = 0.05$;d_f 为χ^2 的自由度($n-1=19$)。

若$\chi^2_{(1-\frac{\alpha}{2},d_f)} \leqslant \chi^2 \leqslant \chi^2_{(\frac{\alpha}{2},d_f)}$,则计数满足泊松分布, 该装置工作正常;

若$\chi^2 < \chi^2_{(1-\frac{\alpha}{2},d_f)}$或$\chi^2 > \chi^2_{(\frac{\alpha}{2},d_f)}$,则计数不满足泊松分布,有理由怀疑该装置工作不正常。

11.6　长期可靠性检验

每月进行 1～2 次本底测量和效率检验,以确定测量装置的长期稳定性,并依据检验结果绘制本底质控图和效率质控图。一般采用平均值－标准偏差质控图。

将历次测量结果按照先后顺序绘入质控图,求出平均值μ 和相对标准偏差 σ 的大小,确定$\mu \pm 3\sigma$、$\mu \pm 2\sigma$、$\mu \pm \sigma$、μ 在图中的位置,并由此划分出 A、B、C 区。本底的平均值－标准偏差质控图见图 2－1,效率质控图类似。

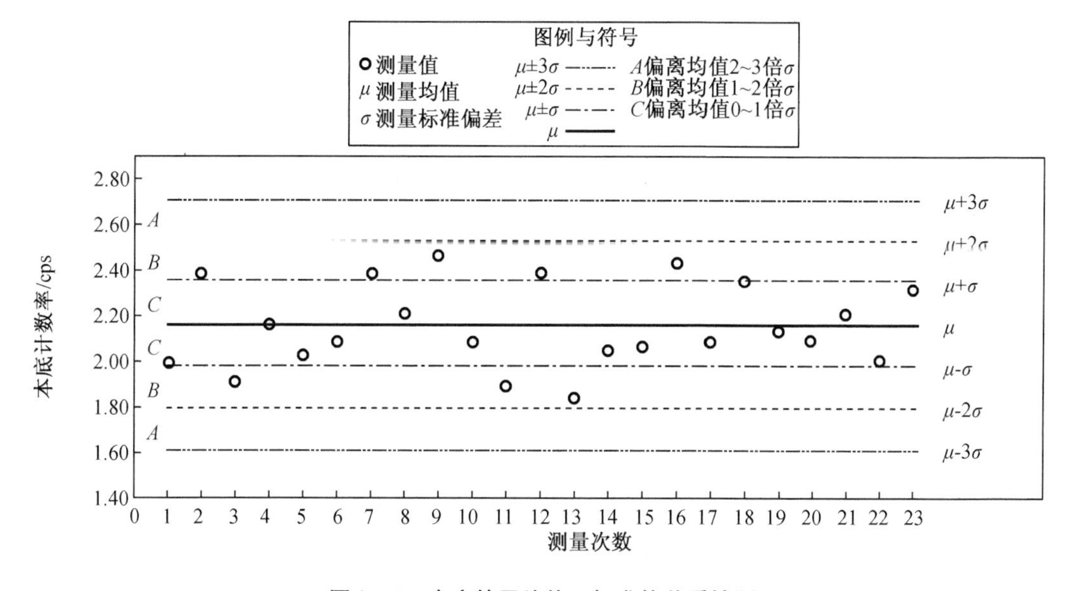

图 2－1　本底的平均值－标准偏差质控图

假定测量对象满足正态分布,则质控图中历次测量结果处于$\mu \pm 3\sigma$ 区间内的概率约为99.73%,超出此范围的测量结果均认为异常;同时,历次测量结果的统计分布也应该保证处于 99.73% 的概率以内,故以下现象均属于异常。

(1)测量点出现在 A 区之外;

(2)连续 9 个测量点出现在中心线的同一侧;

(3)连续 6 个测量点出现单调递增或递减的趋势;

(4)连续 14 个测量点上下交替排列;

(5)连续 3 个测量点中有 2 个出现在中心线同一侧 A 区内;

(6)连续 5 个测量点中有 4 个出现在中心线同一侧的 B 区或 A 区内;

(7)连续 8 个测量点出现在中心线两侧并且全部不在 C 区内;

(8)连续 15 个测量点出现在中心线两侧的 C 区内。

12　不确定度

按《测量不确定度评定与表示》(JJF 1059.1—2012),若 $y=f(x_1,x_2,\cdots,x_N)$ 中的各参量都相互无关,则合成不确定度计算公式为

$$\mu_c(y)=\sqrt{\sum_{i=1}^{N}\left(\frac{\partial f}{\partial x_i}\right)^2 u^2(x_i)}$$

样品中 γ 核素测量分析采用的相对比较法和效率曲线法公式都符合这种情况。可以对各分量 x_i 分别估计不确定度,计算对应的灵敏系数 $\partial f/\partial x_i$,并按照贝塞尔公式将不确定度分量合成,最后乘以扩展因子,除以测量结果,得到与结果对应的相对不确定度。其中贡献最大的两项是扣本底净计数率和参考标准物质证书引入的不确定度。

附件 2B 给出了土壤样品 γ 核素分析 ^{40}K 测量结果不确定度实例。

附件 2A　土壤样品中 γ 核素测量分析实例

以定陵采集的辐射环境监测土壤样品(编号:201503S002)为例,演示土壤 γ 核素分析测量的过程。

2A.1　采样

定陵位于北京市昌平区郊外,地势平坦,地面植被良好。采样点附近没有建筑物和树木,γ 辐射剂量率处于环境本底水平,未发现中子辐射剂量率。各采样点与往年采样位于相同位置(未重叠在上次的采样点上),在 10 m×10 m 范围内使用蛇形五点法采样,铲除表层浮土后,从各点采集样品并充分混合为一个样,装入自封袋中,总重约为 3 kg。

2A.2　制样

将样品从自封袋中倒入搪瓷盘,平铺以后放入烘箱,将烘箱温度设置为 105 ℃,加热 8 h 以后取出,剔除碎石、杂草,将样品倒入 ZM200 型土壤样品离心研磨仪,使用该设备将样品研磨至 60 目以上。准备好空的 $\phi75$ mm×$H70$ mm 聚乙烯样品盒(称重 61.41 g),倒入样品并压实填满,拧上盖子,擦干净以后称重,总重 386.89 g,可知土样的净重为 325.48 g。使用胶带将样品盒密封好,贴上样品标签,与同批样品一起放置。一个月以后取出测量。

2A.3　测量

测量设备为 GMX60 型反康普顿低本底 HPGe γ 谱仪,其工作状态正常,进行了能量刻度,存有近期测量的本底谱(24 h)和效率刻度曲线。

将编号为 201503S002 的样品取出,用保鲜袋套上,放入测量设备,紧贴探测器。使用

GammaVision 软件测量 24 h(86 400 s),获取谱名称为 201505151539OFF1。

2A.4 分析计算(以^{40}K 为例)

(1)活度浓度

从样品谱中找到^{40}K 在 1 460.8 keV 处的能峰,将其设为感兴趣区,可以看到其净面积为 16 143.4。再打开本底谱,设置^{40}K 的感兴趣区,读出本底净面积为 1 954.1。样品和本底的测量时间都是 83 400 s。打开效率刻度文件,查到^{40}K 特征峰处的效率为 0.006 685。从核素库查到^{40}K 的 1 460.8 keV 特征峰发射概率为 10.67%。参与测量的土壤干重为 325.48 g,且从采样到测量的等待时间内^{40}K 的衰变忽略不计,按照式(2-3),得到^{40}K 的活度浓度:

$$\frac{\frac{16\ 143.4}{86\ 400}-\frac{1\ 954.1}{86\ 400}}{0.000\ 668\ 5\times 0.106\ 7\times\frac{325.48}{1\ 000}}\approx 707\ \text{Bq/kg}$$

此样品^{232}Th 活度浓度计算结果为 41.28 Bq/kg,其子体^{228}Ac 在 1 459.20 keV 处发射概率为 0.83%,扣除该子体的贡献后得到^{40}K 的活度浓度为

$$707-41.28\times(0.83\%\div 10.67\%)\approx 704\ \text{Bq/kg}$$

(2)探测下限

从本底谱中找到^{40}K 在 1 460.8 keV 处的能峰全面积为 2 396.2,测量时间为 86 400 s,效率为 0.006 685,发射概率为 10.67%,按照式(2-4),得到^{40}K 的探测下限为

$$\frac{4.66\times\sqrt{2\ 396.2}}{86\ 400\times 0.006\ 685\times 0.106\ 7\times\frac{325.48}{1\ 000}}\approx 11.4\ \text{Bq/kg}$$

如果使用未简化的公式计算^{40}K 的探测下限,从样品谱中找到^{40}K 在 1 460.8 keV 处的能峰全面积为 19 034.5,则^{40}K 的探测下限为

$$\frac{2\times 1.645\times\sqrt{\frac{19\ 034.5}{86\ 400^2}+\frac{2\ 396.2}{86\ 400^2}}}{0.006\ 685\times 0.106\ 7\times\frac{325.48}{1\ 000}}\approx 24.01\ \text{Bq/kg}$$

(3)不确定度

以上用效率曲线法计算了土壤样品中^{40}K 的活度浓度。如果刻度效率曲线的标准物质中含有^{40}K,并且直接使用^{40}K 的效率测量数值代替拟合值,效率曲线法将得到与相对比较法相同的结果。附件 2B 给出了相对比较法的测量不确定度。

附件 2B 土壤样品中 γ 核素测量分析不确定度评定实例

2B.1 引言

本文参照《测量不确定度评定与表示》(JJF 1059.1—2012),以 GR7023 型 HPGe γ 谱仪测定编号为 6NHH－531 的土壤样品^{40}K 活度浓度为例,对测量结果的不确定度进行评定。

2B.2 测量方法和数学表达式

根据《土壤中放射性核素的 γ 能谱分析方法》(GB/T 11743—2013),使用相对比较法计算待测土壤样品核素的活度浓度。

被测样品的第 j 种核素的活度浓度 Q_j(Bq/kg)为

$$Q_j = \frac{C_{ji}(n_{ji} - n_{jib})}{W D_j}$$

式中 $C_{ji} = \dfrac{\text{第 } j \text{ 种核素体标准源活度(Bq)}}{\text{第 } j \text{ 种核素体标准源的第 } i \text{ 个特征峰的全能峰计数率(cps)}}$;

n_{ji}——被测样品第 j 种核素的第 i 个特征峰的全能峰计数率,cps;

n_{jib}——与 A_{ji} 对应的峰本底计数率,cps;

W——被测样品的净干重,kg;

D_j——第 j 种核素校正到采样时的衰变校正系数。

由于需要评定的核素^{40}K 半衰期长达 12 亿年以上,D_j 近似为 1,计算公式变为

$$\rho = \frac{\rho_0}{\dfrac{N_{s0}}{t_{s0}} - \dfrac{N_{b0}}{t_{b0}}} \cdot \frac{\dfrac{N_s}{t_s} - \dfrac{N_b}{t_b}}{m}$$

式中 ρ——待测样品中^{40}K 活度浓度,Bq/kg;

ρ_0——标准样品中^{40}K 活度,Bq,采用证书提供的值;

N_{s0}——标准样品测量谱^{40}K 峰的净面积;

t_{s0}——标准样品测量时间,s;

N_{b0}——与标准样品对应的本底测量谱^{40}K 峰的净面积;

t_{b0}——与标准样品对应的本底测量时间,s;

N_s——待测样品测量谱^{40}K 峰的净面积;

t_s——待测样品测量时间,s;

N_b——与待测样品对应的本底测量谱^{40}K 峰的净面积;

t_b——与待测样品对应的本底测量时间,s;

m——待测样品质量,kg。

2B.3　不确定度来源分析

从待测样品^{40}K 活度浓度表达式以及待测样品与标准样品的差异分析可知,不确定度主要来自以下方面。

2B.3.1　制样引入的相对不确定度分量 U_{rel1}

2B.3.1.1　称量引入的相对不确定度分量 U_{rel11}

电子天平称量误差引入的不确定度。

2B.3.1.2　制样过程引入的相对不确定度分量 U_{rel12}

①样品的颗粒度和分布均匀度、密度、几何形状的差异引入的不确定度;

②制样时核素会衰变而减少,如果需要进行半衰期修正,时间误差会引入不确定度。

2B.3.2　标准样品测量和活度定值引入的相对不确定度分量 U_{rel2}

2B.3.2.1　标准样品测量引入的相对不确定度分量 U_{rel21}

①^{40}K 能峰感兴趣区位置选择引入的不确定度;

②样品测量计数产生的不确定度;

③测量时核素会衰变而减少,如果需要进行半衰期修正,时间误差会引入不确定度。

④环境因素引起的样品和设备变化:温度、湿度。

⑤使用、维护导致的设备变化引入的不确定度。

2B.3.2.2　标准样品定值引入的相对不确定度分量 U_{rel22}

标准物质样品的检定证书所提供的活度值带有不确定度。

2B.3.3　样品在谱仪上测量引入的相对不确定度分量 U_{rel3}

类似于 2B.3.2.1,也会有相应的不确定度:2B.3.3①②③④⑤。

2B.3.4　计算过程中引用的核参数 U_{rel4}

①发射概率(绝对强度):使用相对比较法时本项忽略。

②半衰期待测样品中的^{40}K 活度浓度合成相对不确定度

$$U_{rel} = \sqrt{U_{rel1}^2 + U_{rel2}^2 + U_{rel3}^2 + U_{rel4}^2}$$

2B.4　各不确定度分量的计算

在设备进行了能量和半高宽刻度,并依据刻度结果对^{40}K 的 1 460.8 keV 能峰进行确定后,忽略道址选取不同导致的净面积差异(2B.3.2.1①和 2B.3.3①)。

^{40}K 的半衰期约 12.77 亿年,时间(衰变)的不确定度贡献可忽略,包括样品采集、放置、测量的时间以及半衰期数据本身引入的不确定度,2B.3.1.2②、2B.3.2.1③、2B.3.3③和 2B.3.4②可忽略。

由于标准物质样品中也含有^{40}K,在使用相对比较法计算样品活度时用到的发射概率

(绝对强度)相消,对不确定度无贡献,2B. 3. 4①可忽略。

实验室配备中央空调,并有温湿度计记录,保证温度在 20 ~ 30 ℃,相对湿度小于 80%;设备定期灌充液氮,监视 ^{40}K 的峰位漂移和 40 keV ~ 3 MeV 计数率的分布状态,保证设备正常可用,并在测量中选择最近测量的本底谱;而在每台谱仪的探头上都配有样品架,保证每次放入的样品盒处于相同位置;忽略由于环境因素和使用、维护造成的仪器状态变化而产生的不确定度,2B. 3. 2. 1④⑤和 2B. 3. 3④⑤可忽略。

下面对其余各不确定度分项 2B. 3. 1. 1、2B. 3. 1. 2①、2B. 3. 2. 1②、2B. 3. 2. 2、2B. 3. 3②进行计算:

2B. 4. 1　样品制备引入的相对不确定度分量 U_{rel1}

2B. 4. 1. 1　样品称量引入的相对不确定度分量 U_{rel11}

电子天平在检定有效期范围内,测量数值在其量程范围内,参照检定证书可知:$U_{rel11} = 0.01/325.0 \approx 0.003\%$。

2B. 4. 1. 2　待测样品制备过程中其他因素引入的相对不确定度分量 U_{rel12}

目前使用标准化设备制样,保证样品颗粒度在 100 目以上并混匀,样品封装使用标准的 $\phi 75\ mm \times H70\ mm$ 聚乙烯样品盒并装满,保证颗粒度、均匀性、几何形状与标准物质完全相同,历年制作的土壤样品净重基本在 290 ~ 350 g 之间,由于密度差异引起的样品自屏蔽导致 ^{40}K 测量效率的变化不大于 2%,故引入不确定度分量 $U_{rel12} = 2.0\%$。

2B. 4. 2　标准样品测量和定值引入的相对不确定度分量 U_{rel2}

2B. 4. 2. 1　标准样品测量引入的相对不确定度分量 U_{rel21}

测量标准样品得到 ^{40}K 的计数效率,其由测量仪器统计计数误差引起标准偏差,相对不确定度为

$$U_{rel21} = \frac{\sqrt{\dfrac{N_{s0}}{t_{s0}^2} + \dfrac{N_{b0}}{t_{b0}^2}}}{\dfrac{N_{s0}}{t_{s0}} - \dfrac{N_{b0}}{t_{b0}}}$$

其中,$N_{s0} = 127\ 164.00$,$N_{b0} = 919.30$,$t_{s0} = 86\ 400.00$ s,$t_{b0} = 75\ 355.39$ s。

2B. 4. 2. 2　标准样品定值引入的不确定度分量 U_{rel22}

由标准样品的证书查得,标准样品的 ^{40}K 活度浓度的相对扩展不确定度为 4.4%,其相对不确定度 $U_{rel22} = 2.2\%$。

2B. 4. 3　样品测量计数引入的相对不确定度分量 U_{rel3}

样品测量计数的相对不确定度为

$$U_{rel3} = \frac{\sqrt{\dfrac{N_s}{t_s^2} + \dfrac{N_b}{t_b^2}}}{\dfrac{N_s}{t_s} - \dfrac{N_b}{t_b}}$$

其中,$N_s = 133\ 863.5$,$N_b = 910$,$t_s = 86\ 400$ s,$t_b = 86\ 400$ s。

2B. 5　合成相对不确定度

$$U_{rel} = \sqrt{U_{rel1}^2 + U_{rel2}^2 + U_{rel3}^2} = \sqrt{U_{rel11}^2 + U_{rel12}^2 + U_{rel21}^2 + U_{rel22}^2 + U_{rel3}^2} = 3.0\%$$

2B.6　相对扩展不确定度

取包含因子 $k=2$,于是相对扩展不确定度为 $U=kU_{rel}=6.0\%$。

2B.7　报告结果

^{40}K 活度浓度测量结果为 3 310 Bq/kg,则扩展不确定度为 199 Bq/kg,故最终结果为 (3 310 ± 199) Bq/kg($k=2$)。

第 3 章　空气中^{131}I 测量分析

1　目的

本章规定了国控网辐射环境质量监测项目空气中^{131}I 测量分析方法，包括样品的采集、保存、测量、数据处理、质量保证、仪器刻度和不确定度计算等主要技术要求。

2　方法依据

《空气中^{131}I 的取样与测定》(GB/T 14584—1993)。

3　基本原理

采样器利用风机使空气通过采样口进入进风管道，然后依次经过玻璃纤维滤膜、浸渍活性炭盒，最后经过风机并由相应排气口排出，使空气中的微粒碘收集在玻璃纤维滤纸上，元素碘及非元素无机碘主要收集在浸渍活性炭盒内的活性炭滤纸上，有机碘收集在浸渍活性炭盒内。用低本底 HPGe γ 谱仪测量采集碘盒中^{131}I 的能量为 0.365 MeV 的特征 γ 射线。

4　试剂和材料

标准物质：^{131}I 源、^{133}Ba 源或混合源(含^{60}Co、^{137}Cs、^{133}Ba、^{152}Eu 等核素)。

标准物质的规格与采样碘盒相同。

5　仪器、设备

5.1　γ 谱仪

5.1.1　HPGe 探测器

仪器对^{60}Co 点源在 1.33 MeV γ 射线的能量分辨率好于 2.20 keV；所测能量覆盖范围为 40 keV ~ 3 MeV。

5.1.2　铅屏蔽室

5.1.3　高压电源

提供可调电压 0 ~ 5 kV。

5.1.4　谱放大器

5.1.5　多道 MCA

总道数不少于 8 192。

5.1.6　模数转换 ADC

将 γ 谱系统与计算机连接，以通过计算机处理谱数据。

5.1.7　计算机系统

包括打印输出设备。

5.2　碘/气溶胶采样器

5.3　测量容器

将采集好的碘盒密封进行测量。

5.4　其他辅助设备

温湿度表、空调器、示波器、脉冲发生器、高精度万用表、不间断电源 UPS、气压计等。

6　采样及前处理

6.1　采样

6.1.1　将浸渍活性炭盒放入烘箱内,在 100 ℃下烘烤 4 h。

6.1.2　打开碘采样器舱门,安装上碘盒,安放时,保证使碘盒上标有 FLOW 字样的箭头朝向与抽气时气流方向一致,然后拧紧碘盒盖。

6.1.3　拧上碘盒盖后,安装滤膜(保证滤膜毛面朝向为进气方向),旋紧滤膜环,并检查取样器的气密性,完成后关闭采样器舱门。

6.1.4　取样流量:取样时的流量应在 20 ~ 200 L/min 范围内,一般情况下可以设定为 120 L/min。

6.1.5　取样体积:取样体积视取样目的、预计浓度及 γ 谱仪的探测下限而定。一般情况下可取大于 100 m^3。

6.1.6　开始采样:设置好采样时间、流量、采样模式等参数,设备开始采集碘样品。

6.1.7　结束采样:按照预设定程序,采样器自动关机,或手动关闭采样器。软件操作完成后,打开采样器舱门,取出滤膜与碘盒,装进密封袋中。

6.2　制备

碘盒和滤膜分别装于 ϕ75 mm × H70 mm 标准样品盒中,可使用塑料泡沫等物品将碘盒固定于样品盒的底部,迅速密封,并分别给样品盒编号登记。

尽快将样品送交相关测量人员,保证在取样结束 4 h 后立即测量。

7　分析程序

7.1　本底测量

测量同规格空白碘盒作为本底谱文件。

7.2　样品测量

7.2.1　样品盒擦拭干净,装于样品袋里,将样品放入谱仪铅屏蔽室,并关闭好铅屏蔽室门。

7.2.2　打开软件,点击开始测量,测量时间的选取原则一般为净计数的误差不大于 ±10%。

7.3　核素分析

标记测量谱中的显著峰位。记录各核素能量峰信息(净面积、误差、总面积等),利用相关公式计算出结果,包括活度浓度、不确定度和探测限。对于半衰期较短的核素,根据情况进行衰变修正。

8 仪器刻度

采用与采样碘盒相同规格的标准物质,对谱仪进行能量刻度和探测效率刻度,根据刻度出的能量和效率对未知采样碘盒样品进行定量分析。

9 结果计算

可以使用理论计算公式或安装在计算机上的解谱软件进行测量结果分析。利用理论计算时,活度浓度计算公式为

$$A=\frac{\frac{N_s}{t_s}-\frac{N_b}{t_b}}{\eta\rho L} \tag{3-1}$$

式中 A——待测样品的活度浓度,Bq/m^3;

N_s——待测样品测量谱的净计数;

t_s——待测样品测量时间,s;

N_b——与待测样品对应的本底测量谱的净计数;

t_b——与待测样品对应的本底测量时间,s;

L——待测样品采样体积,m^3;

η——仪器对应各个能量峰的探测效率,使用标准样品刻度仪器可得到该数值;

ρ——待测样品对应能量的发射概率。

根据各个分量信息及公式,即可计算出样品的活度浓度。

10 探测下限计算

探测下限可以近似表示为

$$\mathrm{MDC}\approx(K_\alpha+K_\beta)S_0 \tag{3-2}$$

式中 K_α——与预选的错误判断放射性存在的风险概率 α 相应的标准正态变量的上限百分位数值;

K_β——与探测放射性存在的预选置信度 $(1-\beta)$ 相应的值;

S_0——样品净放射性的标准偏差。

如果 α 和 β 值在同一水平上,则 $K_\alpha=K_\beta=K$,有

$$\mathrm{MDC}\approx 2KS_0 \tag{3-3}$$

S_0 为样品计数标准差,用式(3-4)计算:

$$S_0=\sqrt{\frac{N_s}{t_s^2}+\frac{N_b}{t_b^2}} \tag{3-4}$$

式中 N_s——全能峰或道区计数;

N_b——相应的本底计数;

t_s——样品计数时间,s;

t_b——本底计数时间,s。

常用的α、β值对应的K值见表3-1。一般情况下,置信度取为95%。

表3-1　常用的α、β值对应的K值

α	$1-\beta$	$K_\alpha = K_\beta = K$	$2\sqrt{2}K$
0.01	0.99	2.327	6.59
0.02	0.98	2.054	5.81
0.025	0.975	1.960	5.55
0.05	0.95	1.645	4.66
0.10	0.90	1.282	3.63
0.20	0.80	0.842	2.38
0.50	0.50	0	0

当总样品放射性与本底接近时,式(3-3)可简化为

$$\mathrm{MDC} \approx 2\sqrt{2}KS_\mathrm{b} = \frac{2.83K\sqrt{N_\mathrm{b}}}{t_\mathrm{b}} \tag{3-5}$$

根据式(3-5)即可计算出样品探测限。

11　质量保证

11.1　选用能溯源到国家计量基准的标准放射性物质和IAEA建议使用的核参数,建立本实验室标准源和核参数。

11.2　仪器效率每年至少刻度一次。每次调试或修理后重新刻度。

11.3　如果发现^{40}K能量峰漂移较大,须重新进行能量刻度。

11.4　每季度至少进行一次能量分辨率核查。

11.5　每年使用标准物质至少进行一次仪器、设备期间核查,^{238}U测量结果偏差应不大于20%,其他核素应不大于10%。

11.6　随机抽取10%的分析样品复测,给出合格率。

11.7　每年对仪器的短期稳定性进行一次χ^2分布检验。

11.8　如果有条件可参加权威单位组织的比对,或者实验室间的互检和比对。

12　不确定度

12.1　从待测样品^{131}I活度浓度的表达式(3-1)可知,不确定度主要来自以下方面:

(1)待测样品测量引入的相对不确定度分量U_{rel1};

(2)标准样品刻度引入的相对不确定度分量U_{rel2};

(3)待测样品采样引入的相对不确定度分量U_{rel3}。

所以待测样品中的^{131}I活度浓度测量结果的合成相对不确定度为

$$U = \sqrt{U_{\mathrm{rel1}}^2 + U_{\mathrm{rel2}}^2 + U_{\mathrm{rel3}}^2} \tag{3-6}$$

12.2　各不确定度分量的计算

12.2.1　样品测量引入的相对不确定度分量 U_{rel1}

由测量仪器统计计数误差引起的样品活度标准偏差为

$$S=\frac{\sqrt{\frac{N_{s'}}{t_s^2}+\frac{N_{b'}}{t_b^2}}}{\eta\rho} \tag{3-7}$$

式中　$N_{s'}$——待测样品测量谱^{131}I 峰的总计数；

$N_{b'}$——与待测样品对应的本底测量谱^{131}I 峰的总计数。

所以样品测量的相对不确定度为

$$U_{rel1}=\frac{S}{A} \tag{3-8}$$

12.2.2　标准样品刻度引入的相对不确定度分量 U_{rel2}

当标准样品中有待测核素^{131}I 时，则待测核素由标准样品刻度引入的相对不确定度分量可采用标准样品中^{131}I 的相对不确定度（$k=2$）。

当标准样品中无待测核素^{131}I 时，则待测核素由标准样品刻度引入的相对不确定度分量可采用标准样品中合成的所有核素的相对不确定度（$k=2$）。

12.2.3　待测样品采样引入的相对不确定度分量 U_{rel3}

采样器的流量在采样过程中引入的相对不确定度分量，针对采样流量的不确定度可得到待测样品中^{131}I 的相对不确定度分量 U_{rel3}。

12.2.4　合成的相对不确定度

$$U=\sqrt{U_{rel1}^2+U_{rel2}^2+U_{rel3}^2} \tag{3-9}$$

12.2.5　相对扩展不确定度

取包含因子 $k=2$，于是相对扩展不确定度为

$$U=kU_{rel}$$

附件 3A　空气中^{131}I 测量分析实例

3A.1　采样

3A.1.1　将浸渍活性炭盒放入烘箱内，在 100 ℃下烘烤 4 h。

3A.1.2　打开碘采样器舱门，安装上碘盒。安放时，保证使碘盒上标有 FLOW 字样的箭头朝向与抽气时气流方向一致，然后拧紧碘盒盖。

3A.1.3　拧上碘盒盖后，安装滤膜（保证滤膜毛面朝向为进气方向），旋紧滤膜压环，并检查取样器的气密性，完成后关闭采样器舱门。

3A.1.4　设定参数：取样流量设定为 120 L/min；取样体积设定为 100 m^3，采样方式设

定为定量采样。

3A.1.5　开始采样：设置以上各参数后，设备开始采集碘样品。

3A.1.6　结束采样：采集至100 m^3时，仪器自动停止采样。打开采样器舱门，取出滤膜与碘盒，装进密封袋中。

3A.2　制备

碘盒和滤膜分别装于 $\phi75\ \text{mm} \times H70\ \text{mm}$ 标准样品盒中，进气表面朝上，可使用塑料泡沫等物品将碘盒固定于样品盒底部，迅速密封，并分别给样品盒编号登记。

3A.3　测量

3A.3.1　本底测量

测量同规格空白碘盒作为本底谱文件。

3A.3.2　样品测量

3A.3.2.1　样品盒擦拭干净，装于样品袋里。将样品放入谱仪铅屏蔽室，并关闭好铅屏蔽室门。

3A.3.2.2　打开软件，点击开始测量，测量时间为24 h。

3A.4　核素分析

标记测量谱中的显著峰位。记录各核素能量峰信息（净面积、误差、总面积等），利用相关公式计算出结果，包括活度浓度、不确定度和探测限。对于半衰期较短的核素，根据情况进行衰变修正。

结果：$A < \text{MDC}$（$\text{MDC} = 4.944 \times 10^{-4}\ \text{Bq/m}^3$）。

附件3B　空气中^{131}I测量分析不确定度评定实例

由于^{131}I的半衰期较短，仅为8天，故^{131}I的标准物质很难制备和订购。由于^{131}I的特征能量峰为364 keV，故业内一致认定采用^{133}Ba来代替其作为标准物质进行测量及分析（^{133}Ba有356 keV能量峰，也有302 keV和383 keV能量峰）。

利用便携式碘采样器采集空气中碘进行测量分析，结果均小于探测下限，因此对空气中^{131}I进行不确定度评定时，采用对未知标准物质中^{133}Ba进行不确定度评定的方法来类比空气中^{131}I的不确定度评定。

以混合源（含^{60}Co、^{137}Cs、^{133}Ba、^{152}Eu等核素，样品编号为201408G003）作为标准物质来测定考核样（样品编号为201409G001）为例，对不确定度进行评定。

（1）样品测量引入的相对不确定度 $U_{\text{rel1}} = 0.129\ 9\%$。根据测量结果：$N_s = 530\ 599$，$t_s = 86\ 400$ s，$N_b = 434$，$t_b = 86\ 400$ s，$\eta = 0.052\ 278$，$\rho = 62.1\%$，将以上参数代入式（3-7），

得到 $S=0.259\ 8\ \mathrm{Bq}$,样品测量结果为 $A=200\ \mathrm{Bq}$,所以 $U_{\mathrm{rel1}}=\frac{S}{A}=0.129\ 9\%$。

(2)标准样品刻度引入的相对不确定度分量 $U_{\mathrm{rel2}}=3.1\%$。

(3)样品采样引入的不确定度 $U_{\mathrm{rel3}}=0$。

(4)将以上分量参数代入式(3-9),得到相对合成不确定度 $U_{\mathrm{rel}}=\sqrt{U_{\mathrm{rel1}}^2+U_{\mathrm{rel2}}^2+U_{\mathrm{rel3}}^2}=3.1\%$。

(5)相对扩展不确定度 $U=kU_{\mathrm{rel}}=6.2\%$。

第 4 章　沉降物中 γ 核素测量分析

1　目的

本章规定了国控网辐射环境质量监测项目空气中沉降物 γ 核素的测量分析方法，包括样品的采集、制备、保存、测量方法、数据处理、质量保证、仪器刻度和不确定度计算等主要技术要求。

2　方法依据

(1)《高纯锗 γ 能谱分析通用方法》(GB/T 11713—2015)。

(2)《土壤中放射性核素的 γ 能谱分析方法》(GB/T 11743—2013)。

(3)《生物样品中放射性核素的 γ 能谱分析方法》(GB/T 16145—2020)。

(4)《测量不确定度的评定与表示》(JJF 1059.1—2012)。

3　方法概述

沉降物可分为干沉降物和湿沉降物两种。湿沉降物主要有雨水、雪等。本章所说的沉降物为干沉降物，指分散在气体流体中的固体微粒在仅受自身重力、气体浮力和两者相互运动产生的阻力作用时，自由沉降下来的沉降灰(以下称为沉降灰)。

将沉降灰收集器放置在地形开阔、周围无高大建筑物和树木的地方，(根据实际条件加水)干法自然累积采集沉降灰，当雨天时，收集器雨水盖自动盖住收集桶，避免雨水进入收集桶内。用擦拭法或水洗法将采集完毕的沉降灰转移至特定容器，送实验室处理，经过蒸发处理，烘干、研磨后得到待测样品，送 γ 能谱实验室测量。

4　仪器、设备及耗材

4.1　测量仪器

HPGe γ 能谱仪应包括探测器、前置放大器、主放大器、多道分析器、高压模块、计算机、谱获取与分析软件等。

(1)仪器对 ^{60}Co 点源在 1.33 MeV 的能量分辨率好于 2.3 keV，相对效率不小于 30%(相对于 3 in[①] ×3 in NaI(Tl)探测器)，数字化多道分析器的道数不少于 8 192，数据通过率大于 10^5 cps，HPGe 探测器需要在低温下工作(85 ~ 100 K)，可使用液氮或者电制冷，探测器与配套的低噪声电荷灵敏前置放大器一体化组装。

---

①　1 in≈0.025 4 m。

（2）探测器应置于等效铅当量不小于 10 cm 的铅屏蔽室中，在铅屏蔽室的内表面应有原子序数逐渐递减的多层内屏蔽材料，以减小 Pb 的 72 ~ 95 keV 特征 X 射线影响，如从外向里依次衬有 1.6 mm 的 Cd 、0.4 mm 的 Cu 和 2 mm 的有机玻璃。

4.2 采样、制样设备

沉降灰收集器：由收集桶（桶壁光滑，为避免收集到的沉降灰扬起，需要足够的桶深）、雨感器、雨水盖、控制系统（建议集成记录下雨时长功能）等组成，采样点位须供应与收集器相匹配的长期电力供应。

制样设备：可控温电热板、烘箱、电子天平、烧杯、研磨棒等。

4.3 试剂、耗材

样品盒（采用低放射性材料制成）、去离子水、玻璃材质开口瓶、蒸发皿、乳胶手套、标签纸、0.5 mol/L NaOH 溶液、硝酸、pH 试纸、无水乙醇等。

5 采样与制样

5.1 样品采集

沉降灰的收集采用水洗法。

（1）用去离子水冲洗、戴两层乳胶手套擦拭收集桶壁和底部，将冲洗下来的沉降灰转移至玻璃材质开口瓶（不能使用塑料桶，因为沉降灰在桶内会有吸附），然后送回实验室处理。

（2）记录样品采集信息，贴好标签，包括采样开始时刻和结束时刻、收集面积、样品状态、点位信息等。如果沉降灰收集设备有记录下雨时长功能，则采样时长应减去下雨时长，以获得准确的采样时间。

（3）注意事项：维护好采样设备的工作环境，特别是雨感器和控制系统，要定期检查它们是否可用。

5.2 样品制备

（1）送回实验室的样品是水与沉降物的混合物，应采用蒸发、烘干的处理方法。将样品全部转移至大小合适的烧杯中，用干净的镊子将样品中的树叶等杂物清洗并取出，将样品放在可控温电热板上，在不沸腾的情况下蒸发浓缩至 100 mL 左右。

（2）浓缩的样品转移至瓷蒸发皿内，用去离子水清洗，放入烘箱内 80 ℃烘干，将样品研磨成粉末状，烘至恒重。

（3）样品装入体积合适并预先恒重的样品盒中，压实，密封。用无水乙醇将样品盒外表面擦拭干净，称重并记录样品质量，贴好标签待测。

（4）注意事项：如需要测量样品中碘的同位素，在进行蒸发浓缩、烘干前，用 0.5 mol/L NaOH 溶液将沉降灰样品清洗液的 pH 值调至 8 ~ 9 后再进行处理，以保证碘的回收率。

6 γ 能谱的测量

γ 能谱的测量属于相对测量，在分析测量沉降灰样品前，需要先利用一个密度、几何尺寸、基质成分与样品相近的沉降灰标准源对仪器完成能量刻度与效率刻度，才可进行进一步的样品分析测量。

6.1　标准源的获取

标准物质应向具备资质的国家或行业计量机构订购，或者向国外实验室订购。标准源应满足以下条件：

(1)可溯源至国家标准，扩展不确定度($k=2$)不大于5%。

(2)均匀性：标准物质在样品盒中的分布是均匀的，不产生显著的容器壁特异性吸附而改变其分布。

(3)模拟性：标准源的密度、几何尺寸、基质成分等应与测量的样品相近。

(4)稳定性：在有效的使用期内，不产生潮解、结晶等。

(5)高纯度：除加入的放射性物质外，应不含或尽量少含其他放射性杂质。

(6)具有校准或检验证书的正本或副本，信息至少包括给定核素活度、不确定度、定值日期、化学成分、标准源定值方法、质量或体积。

实际工作中，标准源可用收集的沉降灰掺入标准物质制成，或用模拟物质配制成模拟基质，再掺入标准物质制成。制备过程要求较高，建议向具备资质的国家或行业计量机构订购，或者向国外实验室订购。标准源的能量范围覆盖40～2 000 keV，能量点分布均匀。

常用于制备标准源的放射性核素见表4－1。

表4－1　常用于制备标准源的放射性核素

核素	半衰期	γ射线能量/keV
^{241}Am	432.6 a	59.54(35.90%)
^{57}Co	271.74 d	122.06(85.60%),136.47(10.68%)
^{133}Ba	10.55 a	80.997 9(32.90%),302.85(18.34%),356.01(62.05%),383.85(8.94%)
^{60}Co	1 925.28 d	1 173.23(99.85%),1 332.5(99.98%)
^{137}Cs	30.08 a	661.66(85.10%)
^{40}K	1.248×10^{9} a	1 460.8(10.66%)
^{139}Ce	137.64 d	165.86(80.00%)
^{109}Cd	461.4 d	88.03(3.70%)
^{203}Hg	46.594 d	279.20(81.56%)
^{113}Sn	115.09 d	391.7(64.97%)
^{54}Mn	312.05 d	834.85(99.98%)
^{88}Y	106.626 d	898.04(93.70%),1 836.063(99.20%)
^{238}U 子体^{234}Th	长期	63.3(3.72%)

资料来源：http://www.nndc.bnl.gov/nudat2，表中括号内百分数指特征能量的发射概率。

6.2　γ能谱仪的刻度

6.2.1　能量刻度

γ能谱仪的能量刻度是仪器可以准确定性分析的前提，主要确定能量与道址的关系，刻度范围应为 40 ~ 2 000 keV,从低能到高能至少均匀分布 4 个点,能量非线性绝对值不宜超过 0.5% 。ORTEC 和 CANBERRA 的谱软件在能量刻度时可完成能量与 FWHM(半高宽)的刻度,这是谱分析的重要参数。能量与道址的关系式及 FWHM 与能量的关系式分别见式(4 - 1)、式(4 - 2):

$$E = a_0 + a_1 \mathrm{Ch}^1 + a_2 \mathrm{Ch}^2 \tag{4-1}$$

$$\mathrm{FWHM} = b_0 + b_1 \sqrt{E} \tag{4-2}$$

式中　E——峰对应的 γ 射线能量,keV;

Ch——道址;

a_0、a_1、a_2、b_0、b_1——拟合系数。

在 γ 能谱仪使用期间,每天可用天然核素 ^{40}K(1 460.8 keV)和 ^{214}Pb(351.9 keV)两个能量峰检查峰位变化情况,当变化超过 1 keV 时,考虑重新进行能量刻度。

6.2.2　效率刻度

效率刻度可确定样品发射 γ 射线数与探测器收集 γ 射线数的关系,关系如下:

$$\varepsilon = \frac{N}{A\eta T} \tag{4-3}$$

式中　ε——相应的 γ 射线的绝对探测效率;

η——相应的 γ 射线发射概率(绝对强度);

A——源的活度,Bq;

T——测量活时间,s;

N——相应的 γ 射线全能峰净计数。

沉降物中标准源在探测器上的位置应与样品所放位置一致,标准源活度要适中,一般比被测样品高 2 个量级左右,控制测量时全谱的输入计数率(ICR)小于 2 000 cps。测量计算所得的探测效率 ε 与能量 E 作曲线拟合,要求在 40 ~ 2 000 keV 内达到满意的结果,可在整个能量范围内作一次拟合,也可以拐点为界限,分两部分拟合,表达式如下:

$$\ln \varepsilon = \sum_{i=0}^{n-1} a_i (\ln E)^i \tag{4-4}$$

式中　ε——相应的 γ 射线的绝对探测效率;

E——峰对应的 γ 射线能量,keV;

a_i——拟合常数。

效率刻度的相对标准不确定度应小于 5% 。

6.3　测量与分析

6.3.1　本底测量

沉降灰在本底测量时,可用一个干净的空白样品盒来测得本底数据。正常的本底谱峰中一般为天然核素所贡献,为获得计数不确定度较低的本底谱数据,建议根据实际情况适当设置本底测量时间。

6.3.2　样品的测量

样品、标准源放置在探测器上的位置要一致,根据分析项目的不确定度、探测限要求设置样品测量时长,国控样品一般测量 24 h。对于需要分析短半衰期的核素样品,应缩短放置时间，尽快测量。

6.3.3　γ能谱分析方法

HPGe γ能谱分析方法有效率曲线法、相对测量法两种。

6.3.3.1　效率曲线法

根据效率曲线的拟合函数求出某特定能量的γ射线的探测效率值，计算见式(4-5)。

$$C=\frac{n_s-n_b}{\varepsilon\eta m}K \tag{4-5}$$

式中　n_s——样品中特征γ射线的全能峰净计数率，cps；

n_b——本底测量时特征γ射线的全能峰净计数率，cps；

ε——特征γ射线的全能峰探测效率；

η——特征γ射线的发射概率（绝对强度）；

m——沉降灰样品量，$m^2\cdot d$；

K——综合修正因子，包括衰变修正、几何修正、自吸收修正、干扰峰修正、级联符合相加修正等。

6.3.3.2　相对测量法

当样品中所分析核素在标准源中有对应的核素时，可选择使用相对测量法，此方法避免了带入分支比、效率曲线、级联符合相加修正的不确定度，计算见式(4-6)。

$$C=\frac{A_d(n_s-n_b)}{(n_d-n_b)\cdot m}K \tag{4-6}$$

式中　A_d——标准源的活度，Bq；

n_d——标准源中特征γ射线的全能峰净计数率，cps。

n_s、n_b、m、K含义同式(4-5)。

6.3.3.3　修正因子

(1)采样过程的衰变修正因子

$$K_1=\frac{\lambda t_1}{1-e^{-\lambda t_1}} \tag{4-7}$$

式中　t_1——采样时长，s；

λ——特征核素的衰变常数，s^{-1}。

对于沉降灰样品，采样跨度时间少则一个月，多则数月，某个核素并不是在整个采样时间内都是均匀沉降下来的，有可能一段时间有这个核素沉降，一段时间又没有，上述公式是假设某个核素在采样时间内均匀沉降下来的条件下成立，故使用时应注意。在做环境辐射质量评价时，建议衰变校正到采样的中间时刻。

(2)放置过程的衰变修正因子

$$K_2=\frac{1}{e^{-\lambda t_2}} \tag{4-8}$$

式中　t_2——放置过程时长，s。

(3)测量过程的衰变修正因子

$$K_3=\frac{\lambda t_3}{1-e^{-\lambda t_3}} \tag{4-9}$$

式中　t_3——测量过程时长，s。

(4)级联符合相加修正

当放射性核素中发射出两条或两条以上 γ 射线的时间间隔在 γ 能谱仪的分辨时间内时，需要考虑级联符合相加对全能峰净面积的影响，这种影响可能是净面积增大，也可能是净面积减小。如^{60}Co 发射的 1 173.2 keV 和 1 332.5 keV 发射的时间间隔是 ps 量级的，而目前使用的谱仪的分辨时间多为 μs 量级，所以 1 173.2 keV 与 1 332.5 keV 容易被记录成 2 505.7 keV，1 173.2 keV 与 1 332.5 keV 的净面积减小，而 2 505.7 keV 的净面积增大，故在使用上述三条射线的净面积时，须对其进行符合相加修正。

级联符合相加效应的影响因素较多，如探测器的尺寸大小、源测量距离的远近、角关联等，在样品活度较高时可通过适当增加样品与探测器的距离来减小符合相加效应的影响，但此方法受样品活度、铅屏蔽室内腔大小的制约。

符合相加修正因子可通过实验方法和计算方法得到，在这里介绍一种常用的实验方法。制备一套单能 γ 射线标准源，可获得认为无符合相加的峰效率 ε_1 与能量的关系曲线，在测量条件一致的情况下，用含有待确定符合相加修正因子的核素的标准制备大小、形状相同，基质一致的标准源，在相同的测量条件下，按照前面单能 γ 源的分析步骤操作所得的峰效率 ε_2，等于无符合相加的峰效率 ε_1 与符合相加修正因子 K_4 的乘积。因此 ε_1 和 ε_2 两效率之比为该核素相应的 γ 射线的符合相加修正因子 K_4，见式(4－10)。上述 γ 标准源的基质应当一致，但可以不同于待测样品或用于刻度的刻度源的基质。

$$K_4 = \varepsilon_1 / \varepsilon_2 \tag{4-10}$$

更多信息请参考《生物样品中放射性核素的 γ 能谱分析方法》(GB/T 16145—2020)中的附录 B。

(5)干扰峰的修正

在实际测量中，所需要分析的特征峰可能受到其他核素在此发射的 γ 射线的影响，如不考虑这些干扰峰的影响，会直接影响分析结果的准确性。如^{40}K 1 460.8 keV 的峰会受到^{228}Ac 1 459.1 keV 的干扰(分支比 0.83%)，^{235}U 185.7 keV 会受到^{226}Ra 186.2 keV 的干扰(分支比 3.64%)。分析过程中，在有其他 γ 射线计算的条件下，可选择避开用这些 γ 射线计算；也可通过干扰峰修正来获得准确结果。

(6)几何、自吸收修正

当样品与标准源的几何尺寸、密度、基质成分相差较大时，应考虑相应的几何修正和自吸收修正。

6.4　探测下限

对于沉降灰样品的测量分析，取置信水平为 95%，即犯第一类和第二类错误的概率均为 5%。探测下限计算式为

$$\mathrm{MDC} = \frac{4.65\sqrt{\dfrac{n_b' + n_b}{t_s}}}{\varepsilon \eta m} \tag{4-11}$$

式中　n_b'——核素特征 γ 全能峰能区内 2.54 倍 FWHM 的连续本底计数率，cps；

n_b——本底测量时核素特征 γ 全能峰能区天然本底或干扰峰净面积计数率，cps；

t_s——样品测量活时间,s;

ε——特征γ射线的全能峰探测效率;

η——特征γ射线的发射概率(绝对强度);

m——沉降灰样品量,$m^2 \cdot d$。

6.5　不确定度计算

在实际的沉降灰分析结果不确定度评定工作中,首先要识别不确定度来源和建立数学测量模型,然后评定各个不确定度分量,重点放在对测量结果影响较大的不确定度分量,再计算合成标准不确定度,确定扩展不确定度。

对于沉降灰不同的分析计算方法有不同的测量模型,如果使用效率曲线法或者相对测量法,在确定各个不确定度分量以及灵敏系数后,且各个不确定度分量是相互独立的,合成标准不确定度可用下式近似计算:

$$u_c^2 = \sum_{i=1}^{n} u_i^2 \tag{4-12}$$

式中　u_i——包含灵敏系数的标准不确定度分量;

u_c——测量的合成标准不确定度。

对于沉降灰样品的分析测量,取包含因子 $k=2$,确定扩展不确定度。

沉降灰样品测量结果的不确定度来源主要有样品量、计数统计、探测效率、分支比、半衰期、各种修正等。

由样品量、探测效率、各种修正因子的计算式可知,它们的不确定度也是由多个不确定度分量所贡献的,如样品量的不确定度是由收集面积和采样天数所贡献的,有各自的测量模型,所以它们的不确定度应该是这些分量的合成标准不确定度。测量不确定度评定的重点应放在识别并评定那些重要的、占支配地位的分量上。

7　质量保证

7.1　检定或校准

每年或者核心部件维修后,应对仪器进行检定或者校准,检定的参数至少包括相对效率、分辨率(FWHM)、峰康比、本底计数率、峰形。基本的方法是使用活度适中的^{60}Co点源,置于探头表面上方25 cm处,循环测量若干组数据,用1 332.5 keV的峰数据计算上述参数。

7.2　泊松分布检验

一台低本底放射性测量装置,其本底计数或对同一稳定放射源的计数应该符合泊松分布。泊松分布检验每年至少进行一次,新仪器或检修后的仪器正式使用前也应进行检验。以测量本底为例,具体的方法是对同一感兴趣本底区域重复测量20次(n次),读取该区域的本底总计数,计算平均值 N 和标准偏差 S,χ^2 查表检验泊松分布。

$$\chi^2 = \frac{(n-1)S^2}{N} \tag{4-13}$$

7.3　本底、效率质控

通过每月进行两次的本底和效率质控(本底测量时间为86 400 s,效率质控测量时间取决于关注的全能峰计数,一般10 000以上的,测量5次取平均值),检验谱仪的长期稳定性。

将测量获得的本底或效率数据作本底质控图和效率质控图，典型的质控图如图 4 - 1、图 4 - 2 所示。平均值取某一年的统计值，以后每年的数据以此为基准作质控图，检验仪器的长期稳定性。当有连续数个测量数据点在同一边时，应考虑仪器的稳定性是否出现了问题。

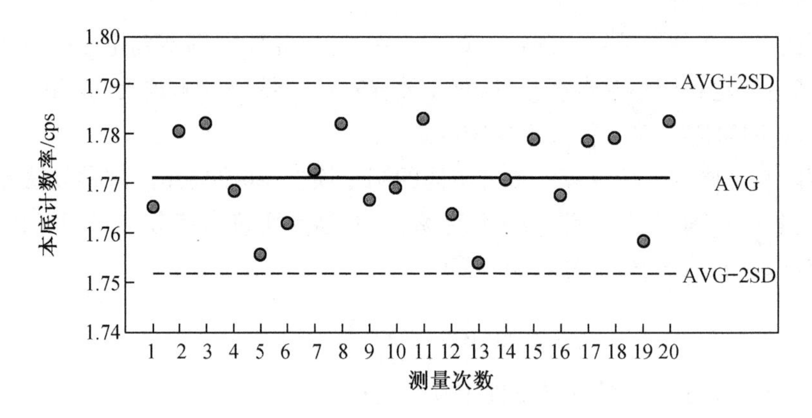

图 4 - 1　典型的本底质控图

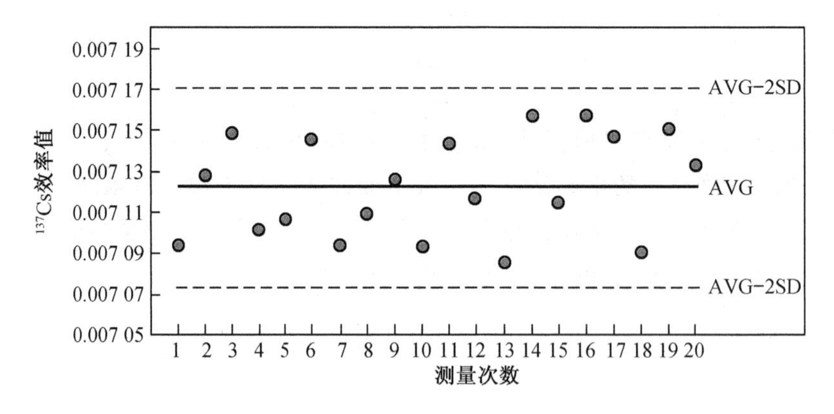

图 4 - 2　典型的效率质控图

7.4　峰道及能量分辨率检验

定期用校验源检查峰道值，一般峰位偏移应在调试峰道的 0.2% 以内，能量分辨率(1 322 keV)变化不超过上次测试的 10%，频次为 2 次/年。

7.5　样品外检与比对

将日常所测量的样品送至外单位测量，两家实验室比较测量过程及结果，有目标地改进分析测量工作；或者参加地区、全国或国际性实验比对项目，持续改进分析测量工作。

7.6　平行样和复检样

设定一定比例的平行样和复检样，将质量保证贯穿于日常分析测量中，通过分析结果，持续改进测量工作。

附件 4A　沉降物中 γ 核素测量分析不确定度评定实例

以分析几何尺寸为 $\phi 50\ mm \times H3\ mm$ 的沉降灰样品中 ^{40}K 为例，计算活度浓度、探测下限以及不确定度评定。以下示例仅供参考，因为不同的样品、不同的核素会有所差别。沉降灰实例计算样品采集与测量信息见表 4A－1。

表 4A－1　沉降灰实例计算样品采集与测量信息

收集面积	0.166 m²	1 460.8 keV 感兴趣区总计数	968
采样时间	2014.03.26 12:00—06.07 12:00	1 460.8 keV 感兴趣区净计数	708
采样天数	88.5 d（已扣除下雨的时间）	净计数标准偏差	39
测量日期	2014.07.21 09:00 开始	1 460.8 keV 空白本底净计数率	$5.29 \times 10^{-3}\ s^{-1}$
测量时长	86 400 s（活时间）	1 460.8 keV 发射概率	10.7%
仪器在 1 460.8 keV 处效率	2.288%	感兴趣区总道数	26
^{228}Ac 活度浓度	$4.86\ mBq/(m^2 \cdot d)$	2.54FWHM 道数	18

4A.1　探测下限的计算

$$\mathrm{MDC} = \frac{4.65\sqrt{\dfrac{n_b' + n_b}{t_s}}}{\varepsilon \eta m}$$

$$= \frac{4.65\sqrt{\dfrac{(968-708)\times 18 \div 26 \div 86\,400 + 0.005\,29}{86\,400}}}{0.022\,88 \times 0.107 \times 0.166 \times 88.5}$$

$$\approx 38\ \mathrm{mBq/(m^2 \cdot d)}$$

4A.2　活度浓度的计算

要求最后结果校正到采样中间时刻，即 2014 年 5 月 11 日，因 ^{40}K 的半衰期为 $1.28 \times 10^9\ a$，比采样时间、测量时间都要长得多，所以整个衰变校正可以忽略不计；样品与标准源尺寸、材质、密度相近，不用考虑几何、密度修正；1 460.8 keV 处无级联符合，有 ^{228}Ac 的 1 459 keV 干扰峰，通过计算可以得出 ^{228}Ac 活度在 1 460.8 keV 处对 ^{40}K 活度的贡献因子是 0.077 86。

$$C(^{40}\mathrm{K}) = \frac{n_s - n_b}{\varepsilon\eta m} - 0.07786A(^{228}\mathrm{Ac})$$

$$= \frac{\frac{708}{86\ 400} - 0.005\ 29}{0.022\ 88 \times 0.107 \times 0.166 \times 88.5} - 0.077\ 86 \times 4.86 \times 10^{-3}$$

$$\approx 80.3\ \mathrm{mBq/(m^2 \cdot d)}$$

4A.3 不确定度的评估

以式(4－5)为近似数学模型，^{40}K 活度浓度结果不确定度的主要来源有计数统计、^{40}K本底计数率、探测效率、分支比、样品量(收集面积和采样天数贡献)、干扰峰修正。探测效率的标准不确定度是由标准源活度、标准测量计数统计、分支比、曲线拟合等贡献的，这些分量合成得到探测效率的标准不确定度。

(1)计数统计的不确定度评估

由仪器读取 708 ±39，标准偏差为 39，计数的不确定度分量为

$$u_1 = \frac{39}{708} \times 100\% \approx 5.5\%$$

(2)探测效率的不确定度评估

以式(4－3)为测量模型，探测效率的不确定度主要由刻度时计数不确定度分量(0.80%)、标准源活度不确定度分量(4.0%，$k=2$)、分支比的不确定度分量(0.25%)贡献。探测效率的不确定度为

$$u_2 = \sqrt{0.80\%^2 + \left(\frac{4.0\%}{2}\right)^2 + 0.25\%^2} \approx 2.2\%$$

(3)分支比的不确定度评估

由核素库中资料给出的标准偏差可知，$u_3 = 0.25\%$。

(4)^{40}K 在 1 460.8 keV 处本底计数率不确定度评估

通过多次测量，用 A 类评定方法评估其不确定度，测量^{40}K 在 1 460.8 keV 处的本底计数率 5 次，分别是 5.25×10^{-3} cps、5.29×10^{-3} cps、5.30×10^{-3} cps、5.36×10^{-3} cps、5.25×10^{-3} cps；用极差法，极差 $R = 5.36 \times 10^{-3} - 5.25 \times 10^{-3} = 1.1 \times 10^{-4}$ cps；查表得测量 5 次时，$C = 2.33$。

$$u_4 = \frac{\frac{R}{C\sqrt{n}}}{n_b} \times 100\% = \frac{\frac{1.1 \times 10^{-4}}{2.33 \times \sqrt{5}}}{5.29 \times 10^{-3}} \times 100\% \approx 0.40\%$$

(5)样品量的不确定度评估

样品量 m = 收集面积 × 收集天数，收集面积的不确定度估算为 2.0%，收集天数不确定度估算为 3.0%。

$$u_5 = \sqrt{3.0\%^2 + 2.0\%^2} \approx 3.6\%$$

(6)^{228}Ac 活度浓度的不确定度评估

^{228}Ac 的活度浓度不确定度由^{228}Ac 的计数、分支比、样品量、探测效率等贡献，合成得

$u_6 = 12.6\%$。

合成标准不确定度(灵敏系数均取 1.0)为

$$U_{rel} = \sqrt{u_1^2 + u_2^2 + u_3^2 + u_4^2 + u_5^2 + 0.077\ 86^2 u_6^2}$$
$$= \sqrt{5.5\%^2 + 2.2\%^2 + 0.25\%^2 + 0.40\%^2 + 3.6\%^2 + 0.077\ 86\%^2 \times 12.6\%^2}$$
$$\approx 7.0\%$$

扩展标准不确定度:取包含因子为 $k = 2$, $U_{95} = 2 \times 7.0\% = 14.0\%$。

第5章　气溶胶中γ核素测量分析

1　目的

本章规定了国控网辐射环境质量监测项目空气中气溶胶γ核素的分析测量方法，包括样品的采集、制备、保存、测量、数据处理、质量保证、仪器刻度和不确定度计算等主要技术要求。

2　方法依据

(1)《空气中放射性核素的γ能谱分析方法》(WS/T 184—1999)。
(2)《高纯锗γ能谱分析通用方法》(GB/T 11713—2015)。
(3)《土壤中放射性核素的γ能谱分析方法》(GB/T 11743—2013)。
(4)《生物样品中放射性核素的γ能谱分析方法》(GB/T 16145—2020)。
(5)《测量不确定度的评定与表示》(JJF 1059.1—2012)。

3　方法概述

通过抽气的方法，将空气中一定粒径的气溶胶抽取截留在滤膜(一定孔径)上，空气的流量可以控制，同时测量空气的压力、温度等信息。采集的气溶胶样品用压片的方法，制备成圆柱形，使用HPGe γ能谱仪进行γ核素的分析测量。

4　试剂、耗材

滤膜(官能团聚丙烯)、无水乙醇、剪刀、脱脂棉、保鲜膜、样品盒、乳胶手套、密封袋、标签纸。

5　仪器、设备

5.1　测量仪器

HPGe γ能谱仪应包括探测器、前置放大器、主放大器、多道分析器、高压模块、计算机、谱获取与分析软件等。

(1)仪器对^{60}Co在1.33 MeV的能量分辨率好于2.3 keV，相对效率不小于30%(相对于3 in×3 in NaI(Tl)探测器)，数字化多道分析器的道数不少于8 192，数据通过率大于100 kcps，HPGe探测器需要在低温下工作(85～100 K)，可使用液氮或者电制冷，探测器与配套的低噪声电荷灵敏前置放大器一体化组装。

(2)探测器应置于等效铅当量不小于10 cm的铅屏蔽室中，在铅屏蔽室的内表面应有原子序数逐渐递减的多层内屏蔽材料，以减少Pb的72～95 keV特征X射线影响，如从外向里依次衬有1.6 mm的Cd、0.4 mm的Cu和2 mm的有机玻璃。

5.2　采样、制样设备

气溶胶采样器:由电机、流量计、温度计、气压计、控制系统、进出气管路、滤膜架等组成。采样流量可控制,气压计与温度计自动记录,采样器内部的微机系统可以记录采样的实际体积,并且合理地换算为标准体积(20 ℃,101.325 kPa)。可以设定一定采样时长或者一定采样体积。除采样器外,建议同步配备记录环境气象信息的设备。

制样设备:动力为电动或手动的压样系统(包括液压千斤顶、压力表)、圆柱形不锈钢压片模具、烘箱、电子天平。

6　采样与制样

6.1　样品采集

(1)将要使用的滤膜透光检查,确保无异常孔洞,采样前用烘箱80 ℃烘干至恒重,电子天平称重,编号记录。

(2)滤膜采集面朝上(如目前国控标准站使用的聚丙烯滤膜的毛面为采集面),将其固定在滤膜架上,注意滤膜四周的密封性,切勿漏气。

(3)根据监测计划、关注的核素探测限要求反推采样体积或其他实际要求设定好采样体积(一般要求采集10 000 m^3)或采样时长,根据滤膜种类选择合理的流量,开始采样。检查流量、气压、温度是否正常并记录。

(4)当空气质量较差时,要留意采样流量的变化,当流量下降明显或者滤膜上的灰尘较厚时,应及时更换滤膜,以免烧坏电机。

(5)戴乳胶手套,将采集完毕的气溶胶滤膜采集面朝内,折叠放入密封袋内,记录完整的采样信息(包括开始采样时刻、结束采样时刻、标准体积、采样体积、环境气象信息、点位信息等),贴好标签,送回实验室制样。

(6)注意事项:①气溶胶采样器的流量计、温度计、气压计需要有资质的单位定期检定(原则上每年一次),以确保数据的可靠性,并且应给出最终采样体积的不确定度;②维护好采样设备的工作环境,采样的滤膜架应定期使用脱脂棉蘸取无水乙醇清洁,保证其干净。

6.2　样品制备

使用压片的方法对气溶胶滤膜样品进行制备。

(1)首先将采集的滤膜样品放入烘箱内80 ℃烘至恒重,差减法算得气溶胶质量,记录信息。

(2)将滤膜摊开,采集面朝上,用剪刀剪去白色的未采集区,然后沿对角多次对折(图5-1),直到可塞入压片模具。

(3)使用液压压样系统以20 MPa压强冲压滤膜30 s~1 min,拧松截止阀,从模具中取出压好的样品,如压好的样品边缘不平整,可选择再冲压一次。

(4)当测量的γ核素为气态或需要与气态核素放射性平衡时,如用^{214}Pb表征^{226}Ra,应先用保鲜膜密封一层,再装入尺寸合适的样品盒中,样品与盒子间的空隙应尽量小,最后将样品盒密封。

(5)如果测量的对象不涉及气态γ核素,则将样品装入样品盒密封即可,与标准源的几何尺寸、位置基本一致。

(6)样品密封好后,用脱脂棉蘸取无水乙醇将样品盒外表面擦拭干净,贴好标签放置待测,压片模具用无水乙醇擦拭干净,避免交叉污染。

(7)定期维护压样系统,检查液压油密封状况。

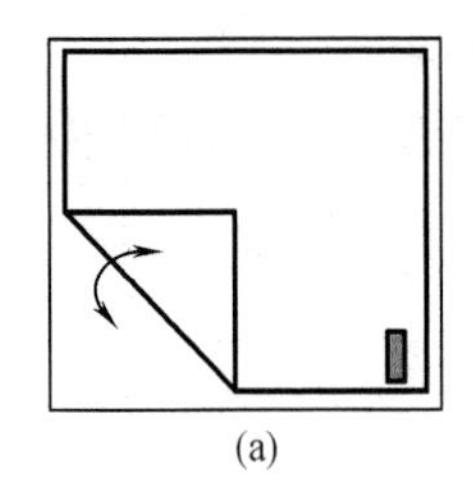
(a)
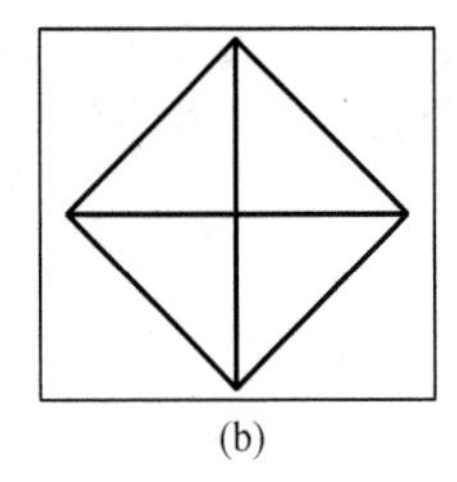
(b)
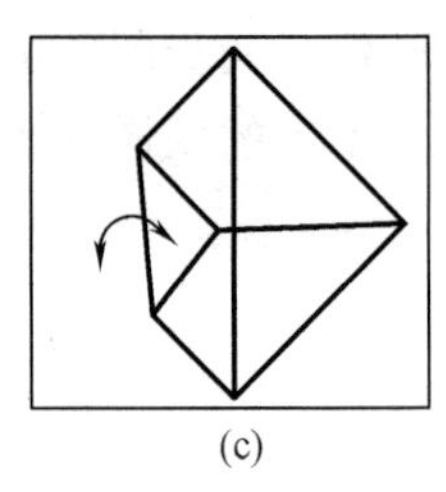
(c)
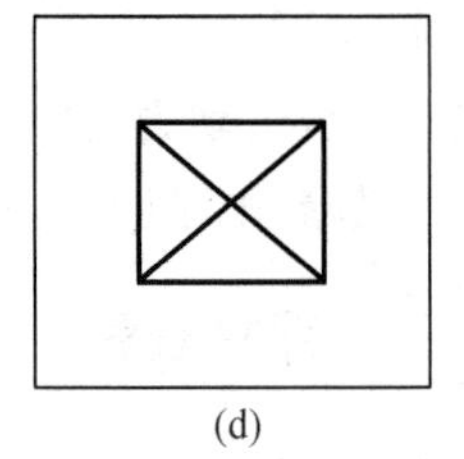
(d)

图 5-1　滤膜对角折叠示意图

7　γ能谱的测量

γ能谱的测量属于相对测量,在分析测量气溶胶样品前,需要一个密度、几何尺寸、介质成分与样品相近的标准源,对仪器完成能量刻度与效率刻度后,才可进行下一步的样品分析测量。

7.1　标准源的制备

标准物质可向具备资质的国家或行业计量机构订购,或者向国外的实验室订购,也可选择在实验室内部制备标准源。无论何种方式的标准源都应满足以下条件:

(1)可溯源至国家标准,扩展不确定度($k=2$)不大于5%。

(2)均匀性:标准物质在样品盒中的分布是均匀的,不产生显著的容器壁特异性吸附而改变其分布。

(3)模拟性:标准源的密度、几何尺寸、基质成分等应与被测量的样品相近。

(4)稳定性:在有效的使用期内,不产生潮解、结晶等现象。

(5)高纯度:除加入的放射性物质外,应不含或尽量少含其他放射性杂质。

(6)具有校准或检验证书的正本或副本,信息至少包括给定核素活度、不确定度、定值日期、化学成分、标准源定值方法、质量或体积。

实验室内部可以选购标准溶液,根据监测需求,选择所需要的标准核素,有条件的实验室可制备气溶胶标准源。参考步骤如下:

(1)选择一张空白滤膜,先测量其放射性水平,保证没有人工放射性核素且天然放射性核素水平要尽量低。

(2)准备多核素混合标准溶液或多个单核素的标准源,能量覆盖范围 40~2 000 keV,能量点分布均匀,在 100~200 keV 拐点处有 3 个以上能量点为宜,建议不要选择易挥发的核素。

(3)滤膜标记上若干个方格(2 cm×2 cm)。为保证均匀性,在方格中心滴入等量的标准溶液,使其在通风柜内通风状态下晾干。若所需滴入的溶液较多,可分次滴入,但每次滴入的溶液不可从滤膜上渗出。

(4)将晾干的滤膜按本章 6.2 中(2)~(7)步骤制样,制备几何尺寸、介质成分、密度与样品相近的标准源。

常用于制备标准源的放射性核素见表 5-1。

表 5-1　常用于制备标准源的放射性核素

核素	半衰期	γ 射线能量/keV
^{241}Am	432.6 a	59.54(35.90%)
^{57}Co	271.74 d	122.06(85.60%),136.47(10.68%)
^{133}Ba	10.55 a	80.997 9(32.90%),302.85(18.34%),356.01(62.05%),383.85(8.94%)
^{60}Co	1 925.28 d	1 173.23(99.85%),1 332.5(99.98%)
^{137}Cs	30.08 a	661.66(85.10%)
^{40}K	1.248×10^{9} a	1 460.8(10.66%)
^{139}Ce	137.64 d	165.86(80.00%)
^{109}Cd	461.4 d	88.03(3.70%)
^{203}Hg	46.594 d	279.20(81.56%)
^{113}Sn	115.09 d	391.7(64.97%)
^{54}Mn	312.05 d	834.85(99.98%)
^{88}Y	106.626 d	898.04(93.70%),1 836.063(99.20%)
^{238}U 子体^{234}Th	长期	63.3(3.72%)

资料来源:http://www.nndc.bnl.gov/nudat2,表中括号内百分数指特征能量的发射概率。

7.2　γ 能谱仪的刻度

7.2.1　能量刻度

γ 能谱仪的能量刻度是仪器可以准确定性分析的前提,主要确定能量与道址的关系,刻度范围应为 40~2 000 keV,从低能到高能至少均匀分布 4 个点,能量非线性绝对值不宜超过 0.5%。ORTEC 和 CANBERRA 的谱软件在能量刻度时可完成能量与 FWHM(半高宽)的刻度,这是谱分析的重要参数。能量与道址的关系式及 FWHM 与能量的关系式分别见式(5-1)、式(5-2):

$$E = a_0 + a_1 \mathrm{Ch}^1 + a_2 \mathrm{Ch}^2 \tag{5-1}$$

$$\mathrm{FWHM} = b_0 + b_1 \sqrt{E} \tag{5-2}$$

式中　E——峰对应的 γ 射线能量,keV;

Ch——道址;

a_0、a_1、a_2、b_0、b_1——拟合系数。

在 γ 能谱仪使用期间,每天可用天然核素^{40}K(1 460.8 keV)和^{214}Pb(351.9 keV)两个能量峰检查峰位变化情况,当变化超过 1 keV 时,考虑重新进行能量刻度。

7.2.2　效率刻度

效率刻度可确定样品发射γ射线数与探测器收集γ射线数的关系。关系如下：

$$\varepsilon = \frac{N}{A\eta T} \tag{5-3}$$

式中　ε——相应的γ射线的绝对探测效率；

η——相应的γ射线发射概率(绝对强度)；

A——源的活度,Bq;

T——测量活时间,s;

N——相应的γ射线全能峰净计数。

气溶胶中标准源在探测器上的位置应与样品所放位置一致,标准源活度要适中,一般比被测样品高1~2个量级,控制测量时全谱的输入计数率(ICR)小于2 000 cps。测量计算所得的探测效率ε与能量E作曲线拟合,要求在40~2 000 keV内达到满意的结果,可在整个能量范围内作一次拟合,也可以拐点为界限,分两部分拟合,表达式如下：

$$\ln \varepsilon = \sum_{i=0}^{n-1} a_i (\ln E)^i \tag{5-4}$$

式中　ε——相应的γ射线的绝对探测效率；

E——峰对应的γ射线能量,keV;

a_i——拟合常数。

效率刻度的相对标准不确定度应小于5%。

7.3　测量与分析

7.3.1　本底测量

气溶胶的本底测量可选择一张同批次、未使用的空白滤膜,按照与样品相同的制备方法放置在相同的测量位置,可测得气溶胶样品的本底数据。

正常的本底谱峰中一般为天然核素所贡献,为获得计数不确定度较低的本底谱数据,建议根据实际情况适当设置本底测量时间。

7.3.2　样品的测量

刚采集完的气溶胶样品中天然氡钍的子体浓度相当高,马上测量谱图显得较为复杂,且整个康普顿平台也比较高,如果测量对象在样品中的比活度较低,复杂的谱图将直接影响到测量结果的准确性。

一般的环境监测任务中,气溶胶样品采集完成后应放置1~3天,等待短半衰期的天然核素子体大部分衰变后,再进行γ能谱测量;在紧急状态下,放置时间可适当缩短,通过多次测量获得更可靠的数据,建议放置时间不少于3 h。

当测量分析的对象为天然核素子体时,根据研究的要求确定样品放置时间。如用^{214}Pb表征^{226}Ra,因为刚采集下来的气溶胶样品中,^{222}Rn几乎为零,^{226}Ra到^{214}Pb的衰变链是断的,所以需要将样品密封40天以上再测量,用^{214}Pb表征^{226}Ra才是准确的。

样品、标准源放置在探测器上的位置要一致,根据分析项目的不确定度、探测限要求设置样品测量时长。

7.3.3　γ 能谱分析方法

γ 能谱分析方法有效率曲线法、相对测量法等两种。

7.3.3.1　效率曲线法

根据效率曲线的拟合函数求出某特定能量的 γ 射线的探测效率值，计算见式(5－5)。

$$C=\frac{n_s-n_b}{\varepsilon\eta m}K \tag{5-5}$$

式中　n_s——样品中特征 γ 射线的全能峰净计数率，cps；

n_b——本底测量时特征 γ 射线的全能峰净计数率，cps；

ε——特征 γ 射线的全能峰探测效率；

η——特征 γ 射线的发射概率(绝对强度)；

m——采集的空气标准体积(或净尘重)，m^3(或 g)；

K——综合修正因子，包括衰变修正、几何修正、自吸收修正、干扰峰修正、级联符合相加修正、过滤效率修正(适用于气溶胶样品分析)等。

7.3.3.2　相对测量法

当样品中所分析核素在标准源中有对应的核素时，可选择使用相对测量法，此方法避免了带入分支比、效率曲线、级联符合相加修正的不确定度，计算见式(5－6)。

$$C=\frac{A_d(n_s-n_b)}{(n_d-n_b)m}K \tag{5-6}$$

式中　A_d——标准源的活度，Bq；

n_d——标准源中特征 γ 射线的全能峰净计数率，cps。

n_s、n_b、m、K 含义同式(5－5)。

7.3.3.3　修正因子

(1)采样过程的衰变修正因子

$$K_1=\frac{\lambda t_1}{1-e^{-\lambda t_1}} \tag{5-7}$$

式中　t_1——采样时长，s；

λ——特征核素的衰变常数，s^{-1}，下同。

(2)放置过程的衰变修正因子

$$K_2=\frac{1}{e^{-\lambda t_2}} \tag{5-8}$$

式中　t_2——放置过程时长，s。

(3)测量过程的衰变修正因子

$$K_3=\frac{\lambda t_3}{1-e^{-\lambda t_3}} \tag{5-9}$$

式中　t_3——测量过程时长，s。

(4)级联符合相加修正

当放射性核素中发射出两条或两条以上 γ 射线的时间间隔在 γ 能谱仪的分辨时间内时，需要考虑级联符合相加对全能峰净面积的影响，这种影响可能是净面积增大，也可能是净面积减小。如^{60}Co发射的1 173.2 keV和1 332.5 keV的时间间隔是ps量级的，而目前使用的谱仪的分辨时间多为μs量级，所以1 173.2 keV与1 332.5 keV容易被记录成2 505.7 keV，1 173.2 keV与1 332.5 keV净面积减小，而2 505.7 keV的净面积增大，故在使用上述三条射线的净面积时，须对其进行符合相加修正。

级联符合相加效应的影响因素较多，如探测器的尺寸大小、源测量距离的远近、角关联等，可通过适当增加样品与探测器的距离来减小符合相加效应的影响，但此方法受样品活度、铅屏蔽室内腔大小的制约。

符合相加修正因子可通过实验方法和计算方法得到，在这里介绍一种常用的实验方法。制备一套单能γ射线标准源，可获得认为无符合相加的峰效率ε_1与能量的关系曲线，在测量条件一致的情况下，用含有待确定符合相加修正因子的核素的标准制备大小、形状相同，基质一致的标准源，可获得相应核素的相应γ射线具有符合相加的峰效率ε_2，两效率之比为该核素的相应γ射线的符合相加修正因子K_4，见式(5－10)。上述γ标准源的基质应当一致，但可以不同于待测样品或用于刻度的刻度源的基质。

$$K_4 = \varepsilon_1 / \varepsilon_2 \tag{5-10}$$

更多信息可参考《生物样品中放射性核素的γ能谱分析方法》(GB/T 16145—2020)中的附录B。

(5)干扰峰的修正

在实际测量中，所需要分析的特征峰可能会受到其他核素在此发射的γ射线的影响，如不考虑这些干扰峰的影响，将直接影响分析结果的准确性。如^{40}K 1 460.8 keV的峰会受到^{228}Ac 1 459.1 keV的干扰(分支比0.83%)，^{235}U 185.7 keV会受到^{226}Ra 186.2 keV的干扰(分支比3.64%)。分析过程中，在有其他γ射线计算条件下，可选择避开用这些γ射线计算；也可通过干扰峰修正获得准确结果。

(6)几何、自吸收修正

当样品与标准源的几何尺寸、密度、基质成分相差较大时，应考虑相应的几何修正和自吸收修正。

(7)气溶胶过滤效率修正

对于气溶胶的计算分析，应考虑滤膜的过滤效率，它表征了滤膜对采集的气溶胶的过滤性能，与滤膜材质、采样流量、气溶胶粒径大小等参数相关。在采购滤膜时，应该要求厂家提供过滤效率参数，并通过实验验证此参数值。

验证方法为：在采样器性能允许的条件下，将2～3张滤膜叠在一起采样，分别按本章6.2(2)～(7)步骤制备样品，分别测量这些滤膜的^{7}Be或其他稳定的天然核素的净计数率，可推算出该型号滤膜的近似过滤效率(理论上每种核素在滤膜中的过滤效率是有区别的)。

7.4　探测下限

对于气溶胶样品，取置信水平为95%，即犯第一类和第二类的错误的概率均为5%。探测下限计算式为

$$\mathrm{MDC} = \frac{4.65\sqrt{\dfrac{n_b' + n_b}{t_s}}}{\varepsilon \eta m} \tag{5-11}$$

式中　n_b'——核素特征γ全能峰能区内2.54倍FWHM的连续本底计数率,cps;

n_b——本底测量时核素特征γ全能峰能区天然本底或干扰峰净计数率,cps;

t_s——样品测量活时间,s;

ε——特征γ射线的全能峰探测效率;

η——特征γ射线的发射概率(绝对强度);

m——采集的空气标准体积,m^3。

7.5　不确定度计算

在实际的气溶胶分析结果不确定度评定工作中,首先要识别不确定度来源和建立数学测量模型,然后评定各个不确定度分量,重点放在对测量结果影响较大的不确定度分量,再计算合成标准不确定度,确定扩展不确定度。

对于气溶胶不同的分析计算方法有不同的测量模型,如果使用效率曲线法或者相对测量法,在确定各个不确定度分量以及灵敏系数后,且各个不确定度分量是相互独立的,合成标准不确定度可用下式近似计算:

$$u_c^2 = \sum_{i=1}^{n} u_i^2 \tag{5-12}$$

式中　u_i——包含灵敏系数的标准不确定度分量;

u_c——测量的合成标准不确定度。

对于气溶胶的分析测量,取包含因子$k=2$,确定扩展不确定度。

气溶胶测量结果的不确定度来源主要有采样体积、计数统计、探测效率、过滤效率、分支比、半衰期、各种修正等。

采样体积、过滤效率、分支比、半衰期的不确定度可通过B类评定得到。由探测效率、各种修正因子的计算式可知,它们的不确定度也是由多个不确定度分量所贡献的,有各自的测量模型,所以它们的不确定度应该是这些分量的合成标准不确定度。测量不确定度评定的重点应放在识别并评定那些重要的、占支配地位的分量上。

8　质量保证

8.1　采样设备

为了便于评价,气溶胶采集体积最后应校正到标准状况体积,换算过程需要使用空气的温度、气压、流量参数,所以定期对气溶胶采样器的温度计、气压计、流量计进行检定是必要的,而且检定单位应该给出采样体积的不确定度。

8.2　HPGe γ能谱仪

(1)检定或校准:每年或者核心部件维修后,应对仪器进行检定或者自校,检定的参数至少包括相对效率、分辨率(FWHM)、峰康比、本底计数率、峰形。基本的方法是使用活度适中的^{60}Co点源,置于探头表面上方25 cm处,循环测量若干组数据,用1 332.5 keV的峰数据计算上述参数。

(2)泊松分布检验:一台低本底放射性测量装置,其本底计数或对同一稳定放射源的计数应该符合泊松分布。泊松分布检验每年至少进行一次,新仪器或检修后的仪器正式使用前也应进行检验。以测量本底为例,具体的方法是对同一感兴趣本底区域重复测量20次

(n 次),读取该区域的本底总计数,计算平均值 N 和标准偏差 S,χ^2 查表检验泊松分布。

$$\chi^2 = \frac{(n-1)S^2}{N} \tag{5-13}$$

(3)本底、效率质控:通过每月进行两次的本底和效率质控(本底测量时间为 86 400 s,效率质控测量时间取决于关注的全能峰计数,一般 10 000 以上的,测量 5 次取平均值),检验谱仪的长期稳定性。将测量获得的本底或效率数据作本底质控图和效率质控图,典型的质控如图 5-2、图 5-3 所示。平均值取某一年的统计值,以后每年的数据以此为基准作质控图,检验仪器的长期稳定性。当有连续数个测量数据点在同一边时,应考虑仪器的稳定性是否出现了问题。

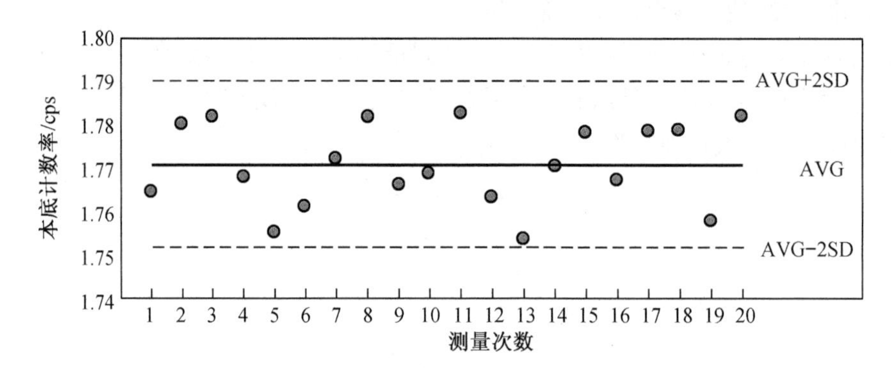

图 5-2　典型的本底质控图

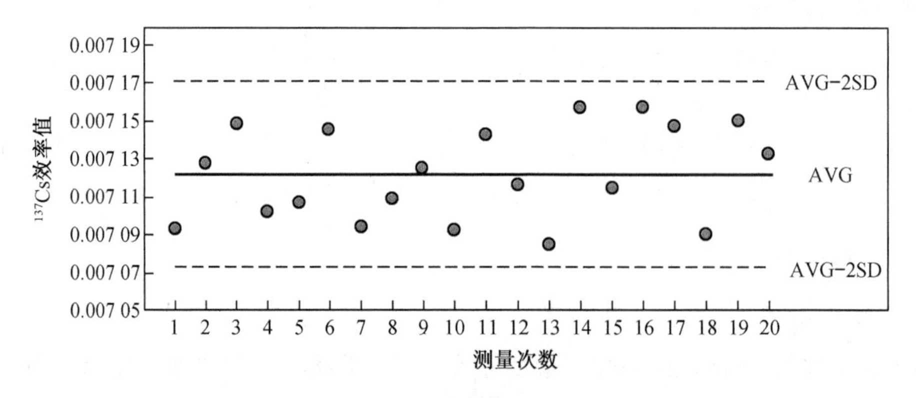

图 5-3　典型的效率质控图

(4)峰道及能量分辨率检验:定期用校验源检查峰道值,一般峰位偏移应在调试峰道的 0.2% 以内,能量分辨率(1 322 keV)变化不超过上次测试的 10%,频次为 2 次/年。

(5)样品外检与比对:将日常所测量的样品送至外单位测量,两家实验室比较测量过程及结果,有目标地改进分析测量工作;或者参加地区、全国或国际性实验比对项目,持续改进分析测量工作。

(6)平行样和复检样:设定一定比例的平行样和复检样,将质量保证贯穿日常分析测量中,通过分析结果,持续改进测量工作。

8.3　样品保存管理

测量完毕的样品应保存在干燥、通风良好的样品库，做好出入库记录，根据监测要求选择存放时间。

附件 5A　气溶胶中 γ 核素测量分析不确定度评定实例

以分析几何尺寸为 ϕ50 mm × H5 mm 的气溶胶中的 ^{7}Be 为例，计算活度浓度、探测下限以及评定不确定度。以下示例仅供参考，因为不同的样品、不同的核素会有所差别。气溶胶实例计算样品采集与测量信息见表 5A－1。

表 5A－1　气溶胶实例计算样品采集与测量信息

滤膜材质	聚丙烯	477.6 keV 感兴趣区总计数	5 143
采样体积	11 728 m^3	477.6 keV 感兴趣区净计数	4 471
滤膜收集效率	95%（厂家参数）	净计数标准偏差	78
采样时间	2014.08.15 12:00—08.18 12:00	477.6 keV 空白滤膜本底计数	0
477.6 keV 处效率	6.652%	477.6 keV 发射概率	10.44%
测量日期	2014.09.06 9:00 开始	感兴趣区总道数	21
测量时长	86 400 s（活时间）	2.54FWHM 道数	15

5A.1　探测下限的计算

探测下限 MDC 按下式计算：

$$\mathrm{MDC}=\frac{4.65\sqrt{\dfrac{n_b'+n_b}{t_s}}}{\varepsilon\eta m}=\frac{4.65\sqrt{\dfrac{(5\ 143-4\ 471)\times 15\div 21\div 86\ 400+0}{86\ 400}}}{0.066\ 52\times 0.104\ 4\times 11\ 728}\approx 14\ \mu\mathrm{Bq/m^3}$$

5A.2　活度浓度的计算

要求最后结果校正到采样结束时间，^{7}Be 的半衰期为 53.22 d，而测量时长为 86 400 s，测量过程中的衰变校正可以忽略不计；样品与标准源尺寸、材质、密度相近，不用考虑几何、密度修正，477.6 keV 处无级联符合与干扰，所以主要考虑放置过程的衰变修正与过滤效率修正。

$$C(^{7}\mathrm{Be})=\frac{\dfrac{4\ 471}{86\ 400}-0}{0.066\ 52\times 0.104\ 4\times 11\ 728\times 0.95}\times\frac{1}{e^{-(\ln 2/53.22)\times 18.875}}\approx 855\ \mu\mathrm{Bq/m^3}$$

5A.3　不确定度的评估

以式（5－5）为近似数学模型，^{7}Be 活度浓度结果不确定度的主要来源有计数统计、探测效率、分支比、采样体积、过滤效率、半衰期。探测效率的标准不确定度是由标准源活度、标准测量计数统计、分支比等贡献，这些分量合成得到探测效率的标准不确定度。

(1)计数统计不确定度评估

由仪器读取4 471 ±78，标准偏差为78，计数的不确定度分量为

$$u_1 = \frac{78}{4\,471} \times 100\% \approx 1.7\%$$

(2)探测效率的不确定度评估

以式(5－3)为测量模型，探测效率的不确定度主要由刻度时计数不确定度分量(0.97%)、标准源活度不确定度分量(5.0%，$k=2$)、分支比的不确定度分量(0.38%)贡献。探测效率的不确定度为

$$u_2 = \sqrt{0.97\%^2 + \left(\frac{5.0\%}{2}\right)^2 + 0.38\%^2} \approx 2.7\%$$

(3)半衰期的不确定度评估

由核素库中资料给出的标准偏差可知，$u_3 = 0.11\%$。

(4)分支比的不确定度评估

由核素库中资料给出的标准偏差可知，$u_4 = 0.38\%$。

(5)采样体积的不确定度评估

检定证书中给的体积不确定度为8.0%，依据经验假设等概率落在区间内，即为均匀分布，查表得 $k=\sqrt{3}$。

$$u_5 = \frac{8.0\%}{\sqrt{3}} \approx 4.6\%$$

(6)过滤效率的不确定度评估

过滤效率的不确定度为5.0%(由滤膜厂家的信息给出)，依据经验，其为均匀分布，查表得 $k=\sqrt{3}$。

$$u_6 = \frac{5.0\%}{\sqrt{3}} \approx 2.9\%$$

合成标准不确定度(灵敏系数均取1.0)为

$$\begin{aligned} U_{\mathrm{rel}} &= \sqrt{u_1^2 + u_2^2 + u_3^2 + u_4^2 + u_5^2 + u_6^2} \\ &= \sqrt{1.7\%^2 + 2.7\%^2 + 0.11\%^2 + 0.38\%^2 + 4.6\%^2 + 2.9\%^2} \\ &\approx 6.3\% \end{aligned}$$

扩展标准不确定度：取包含因子为 $k=2$，$U_{95} = 2 \times 6.3\% = 12.6\%$。

第6章　热释光剂量计辐射场累积剂量测量分析——手动测量系统

1　目的

本章规定了国控网辐射环境质量监测项目热释光剂量计(TLD)辐射场累积剂量的测量分析方法,包括热释光探测器筛选、热释光探测器刻度、热释光剂量计布放与回收、热释光计量计测量、数据处理、质量保证和不确定度计算等主要技术要求。

2　方法依据

(1)《个人和环境监测用热释光剂量测量系统》(GB/T 10264—2014)。

(2)《辐射环境监测技术规范》(HJ/T 61—2021)。

3　基本原理

热释光探测器在受辐射场作用后积蓄的能量在加热过程中会以光的形式释放出来。热释光探测器的发光量与所受累积剂量之间存在一定的比例关系,通过测量发光量并进行数据处理后能够得到累积剂量值。受辐照后的热释光探测器只有第一次被加热时所释放出来的光才可用来进行累积剂量计算。

4　仪器、设备

4.1　热释光探测器

本章采用的热释光探测器为LiF(Mg,Cu,P)材质的热释光片,规格为ϕ4.5 mm×H0.8 mm。LiF(Mg,Cu,P)材料具有组织等效性好、灵敏度高、信噪比较理想等优良的剂量学特性。

4.2　热释光剂读出器

热释光读出器用来对经过辐照后的热释光探测器进行测量,读出发光值及累积剂量值。本章采用RGD-3B型热释光读出器。

4.3　热释光退火炉

热释光退火炉用于对热释光探测器进行高温退火处理,消除热释光探测器的残留能量,恢复探测器的原有灵敏度,以供重复使用。本章采用TLD-2000B型热释光退火炉。

4.4　辐照器

辐照器能够对热释光探测器进行指定剂量值的照射。本章采用含^{137}Cs源辐照器,实际操作时可与计时器一同使用。

4.5　干燥箱、低本底铅屏蔽室

4.6　镊子、退火盘

4.7　酒精、白绸布、自封袋

5　采样及前处理(含样品保存、采样量)、剂量计布放与回收

5.1　热释光探测器的筛选

开启退火炉,将退火温度设置为240 ℃,待退火炉温度稳定在240 ℃后,将待筛选的热释光探测器均匀平铺在退火盘中,再放入退火炉中,关闭炉门,等退火炉温度再次达到240 ℃时开始计时,10 min后,迅速将退火盘取出放置于风扇或空调下冷却至室温。

使用辐照器对退火后的热释光探测器照射一定的剂量 D(0.5 ~5 mGy),放入低本底铅屏蔽室中存放一段时间 T($T>30$ min)之后,随机抽取20个热释光片读出,求出平均值 X。按 $\pm n\%$ 分散性筛选($n\leqslant5$),则选片区间为 $[(1-n\%)X,(1+n\%)X]$,为了充分利用热释光片,可再定出 $[(1-3n\%)X,(1-n\%)X]$、$[(1+n\%)X,(1+3n\%)X]$ 等区间。根据热释光探测器的测量值,按照区间对其进行分组。

5.2　计算热释光探测器的总数

确定需要进行累积剂量测量点位的数量、每个测量点位布放剂量计的数目及每个剂量计中热释光探测器的个数(3 ~5 片)。计算所需热释光探测器的总数。

5.3　热释光探测器的退火

开启退火炉,将退火温度设置为240 ℃,待退火炉温度稳定在240 ℃ 5 min后,打开炉门,将同一组热释光探测器(使用相同的刻度系数)均匀平铺在退火盘中(不能重叠),再放入退火炉中,关闭炉门,等退火炉温度再次达到240 ℃时开始计时,10 min后,迅速将退火盘取出放置于风扇或空调下冷却至室温。记录好退火日期。

5.4　制作剂量计

在保持清洁条件下将热释光探测器进行密封包装、编号,得到热释光剂量计。为防止阳光照射,应采用白色和反光性好的材料。为达到电子平衡,消除β辐射影响,包装材料质量应大于300 mg/cm^2。外层包装要注意防潮,可用自封袋包装。

5.5　剂量计的存放

将剂量计放置在剂量率已知的环境中,最好是低本底铅屏蔽室里,且环境温度为-20 ~50 ℃,相对湿度为40% ~90%,无冷凝(最大水汽含量30 g/m^3)。

5.6　剂量计的布放

剂量计要注意防止太阳直射,宜布放在隐蔽、阴凉的地方并有避雨措施。合适的悬挂方法是把剂量计放在特制的收集箱内,收集箱保持良好的通风,所用材料应质量小,含有放射性杂质要少。剂量计也可挂在铁栅栏、小树或轻质木桩上。考虑到布放的隐蔽性,悬挂在小树枝上是种不错的方法。在布放完毕后,应准确记录所布放热释光探测器编号及布放地址。可用GPS定位经纬度,数码相机拍摄参照物,并附以文字描述,以助回收。

5.7　剂量计的回收

剂量计布放期满(典型布放周期为1个季度)后须到现场回收。回收时应记录回收日期及相关情况(如丢失、受潮等),回收的剂量计带回实验室后要及时测量;若不能及时测

量,须按要求存放。

6　分析程序、剂量计测量程序

打开剂量计仔细检查热释光探测器有无受潮、变色、裂缝等,在热释光读出器上测量,并记录测量结果和测量日期。同时注意以下几点:保持测量室清洁无尘,温湿度适当;使用与热释光探测器刻度时相同的读出器和测量程序(对于 LiF(Mg,Cu,P)材质的热释光探测器选用 M2 程序)进行测量;测量前需要对读出器进行预热,并且测量光源值和空盘本底;可通入纯度为 99.99% 的氮气,以保持读出器光路清洁并减少加热盘表面热致化学发光。

7　仪器刻度、热释光探测器刻度

从筛选后的一组热释光片中随机抽取 20 个,退火后使用辐照器照射剂量 D(0.5 ~ 5 mGy),读出后求出测量示值平均值 X,则该组的刻度系数 $K = D/X$。

8　结果计算及数据处理

热释光探测器在读出器上测量后,根据以下公式计算得出累积剂量:

$$D_{\mathrm{i}} = K(I_{\mathrm{i}} - I_0) \tag{6-1}$$

式中　D_{i}——布放点的累积剂量;

K——刻度系数;

I_{i}——布放点剂量计读出值的平均值;

I_0——储存本底值。

为得到储存本底值,可将装有 10 个探测器的本底剂量计退火后放在剂量计储存处,一段时间后,取出本底剂量计测量并按下式计算:

$$I_0 = t_0 \bar{I}_{\mathrm{b}} / t_{\mathrm{b}} \tag{6-2}$$

式中　t_0——剂量计储存的时间;

$\bar{I}_{\mathrm{b}}$——本底探测器读出值的平均值;

t_{b}——本底剂量计储存的时间。

9　最低探测限计算及探测下限的计算

测量 10 个退火后的热释光探测器,计算测量值 x_i 的 $u_{\mathrm{A}}(x_i)$。

$$u_{\mathrm{A}}(x_i) = \sqrt{\frac{\sum (\bar{x} - x_i)^2}{n-1}} \tag{6-3}$$

式中　$\bar{x} = \dfrac{\sum_{i}^{n} x_i}{n}$。

$$\mathrm{MDC} = 4.65 K u_{\mathrm{A}}(x_i)$$

式中　K——热释光探测器的刻度系数。

10 质量保证及质量控制

10.1 剂量计使用的环境要求:环境温度 -20 ~50 ℃,相对湿度 40% ~90%,无冷凝(最大水汽含量 30 g/m^3)。读出器的使用要求:环境温度 10 ~40 ℃。

10.2 探测器应 1 ~2 年重新筛选一次,分散性要求≤5%,并对每组探测器刻度。

10.3 探测器由熟练的专业技术人员负责专门测读,在测读过程中每半小时检查一次读出器的光源读数,其变化应不大于 1%。

10.4 读出器使用前需要清洗加热盘。用白绸布和酒精轻轻擦拭加热槽,直到擦出光亮为止,然后空盘加热 3 ~4 次。

10.5 在测量热释光探测器时通入高纯氮气,可有效地降低和消除加热槽表面热致化学发光或热辐射发光,也可以使加热槽加热时不氧化变黑,提高测量质量。

11 不确定度

11.1 建立数学模式

$$D_i = K(I_i - I_0) \tag{6-4}$$

式中 D_i——布放点的累积剂量;

K——刻度系数;

I_i——布放点剂量计读出值的平均值;

I_0——储存本底值。

为得到储存本底值,可将装有 10 个探测器的本底剂量计退火后放在剂量计储存处,一段时间后,取出本底剂量计测量并按下式计算:

$$I_0 = t_0 \cdot \overline{I_b}/t_b \tag{6-5}$$

式中 t_0——剂量计储存的时间;

$\overline{I_b}$——本底探测器读出值的平均值;

t_b——本底剂量计储存的时间。

11.2 标准不确定度分量

测量的标准不确定度分量由两部分构成,其一是由仪器检定时刻度系数带来的 B 类不确定度;其二是测量中带来的 A 类不确定度。

(1)刻度系数的相对标准不确定度的计算

检定证书中给出刻度系数的不确定度为 $n\%$,扩展因子为 k。因此,刻度系数的相对标准不确定度为

$$u_{\mathrm{rel}(C_f)} = n\%/k \tag{6-6}$$

(2)测量的相对标准不确定度的计算

储存本底的标准不确定度为

$$u_{(\bar{I}_0)} = \frac{u_{(I_0)}}{\sqrt{n}} = \frac{t_0 u_{(I_b)}/t_b}{\sqrt{n}} \tag{6-7}$$

式中 n——本底探测器的数目。

布放点剂量计的标准不确定度为

$$u_{(\bar{I}_i)}=\frac{u_{(I_i)}}{\sqrt{n}} \tag{6-8}$$

式中 n——布放点剂量计中探测器的数目。

测量的相对标准不确定度为

$$u_{rel(M)}=\frac{(u_{(\bar{I}_0)}^2+u_{(\bar{I}_i)}^2)^{1/2}}{I_i-I_0} \tag{6-9}$$

(3)合成相对标准不确定度为

$$u_{rel(D_i)}=(u_{rel(C_f)}{}^2+u_{rel(M)}{}^2)^{1/2} \tag{6-10}$$

(4)计算扩展不确定度为

$$U_{rel(D_i)}=ku_{rel(D_i)},k=2 \tag{6-11}$$

附件6A 实验操作实例及热释光剂量计辐射场累积剂量测量分析实例

使用热释光剂量计测量北京市环境 γ 射线的累积剂量。

6A.1 仪器、设备

采用的热释光探测器为 LiF(Mg,Cu,P)材质的热释光片,规格为 ϕ4.5 mm × H0.8 mm。使用 RGD-3B 型热释光读出器、TLD-2000B 型热释光退火炉、含 ^{137}Cs 源辐照器。实际操作时可与计时器一同使用。

6A.2 实验步骤

6A.2.1 热释光探测器的筛选

开启退火炉,将退火温度设置在240 ℃,等退火炉温度稳定在240 ℃后将待筛选的热释光探测器均匀平铺在退火盘中,再放入退火炉中,关闭炉门,等退火炉温度再次达到240 ℃时开始计时,10 min 后,迅速将退火盘取出放置于风扇或空调下冷却至室温。

使用辐照器对退火后的热释光探测器照射一定的剂量 D(600 μGy),放入低本底铅屏蔽室中存放一段时间 T(T=24 h)之后,随机抽取20个热释光片读出,求出平均值 X。按 $\pm n\%$ 分散性筛选($n=5$),则选片区间为[$(1-n\%)X$,$(1+n\%)X$],为了充分利用热释光片,可再定出[$(1-3n\%)X$,$(1-n\%)X$]、[$(1+n\%)X$,$(1+3n\%)X$]等区间。根据热释光探测器的测量值按照区间对其进行分组。

6A.2.2 热释光探测器的刻度

从筛选后的一组热释光片中随机抽取20个,退火后使用辐照器照射剂量 $D=600$ μGy,读出后求出测量示值平均值 $X=408.4$,则该组的刻度系数 $K=D/X=1.47$ μGy。

6A.2.3 计算热释光探测器的总数

确定需要进行累积剂量测量点位的数量、每个测量点位布放剂量计的数量及每个剂量计中热释光探测器的数量(3 片)。计算所需热释光探测器的总数。

6A.2.4 热释光探测器的退火

开启退火炉,将退火温度设置在 240 ℃,待退火炉温度稳定在 240 ℃ 5 min 后,打开炉门,将同一组热释光探测器(使用相同的刻度系数)均匀平铺在退火盘中(不能重叠),再放入退火炉中,等退火炉温度再次达到 240 ℃时开始计时,10 min 后,迅速将退火盘取出放置于风扇或空调下冷却至室温。记录好退火日期。

6A.2.5 制作剂量计

在保持清洁条件下将热释光探测器进行密封包装、编号,得到热释光剂量计。为防止阳光照射,应采用白色和反光性好的材料。为达到电子平衡,消除 β 辐射影响,包装材料质量应大于 300 mg/cm^2。

6A.2.6 剂量计的存放

因剂量计个数多,现有低本底铅屏蔽室容积小,故把制作好的剂量计放置在剂量率已知的干燥箱中,环境温度为 -20 ~ 50 ℃,相对湿度为 40% ~90%,无冷凝(最大水汽含量 30 g/m^3)。

6A.2.7 剂量计的布放

剂量计要注意防止太阳直射,宜布放在隐蔽、阴凉的地方并有避雨措施。剂量计挂在小树上。在布放完毕后应准确记录所布放热释光探测器编号及布放地址。

6A.2.8 剂量计的回收

剂量计布放期满(1 个季度)后到现场回收。回收时应记录回收日期及相关情况(如丢失、受潮等),回收的剂量计带回实验室后要及时测量。

6A.2.9 剂量计测量

打开剂量计,仔细检查热释光探测器有无受潮、变色、裂缝等,开启 RGD - 3B 型热释光测量仪,预热 45 min 后,测读仪器的参考光源和本底,确认仪器稳定后,将探测器读出。

6A.2.10 数据处理

6A.2.10.1 储存本底值计算

为得到储存本底值,将装有 10 个探测器的本底剂量计退火后放在剂量计存放处,90 天后,取出剂量计测量并按下式计算:

$$I_0 = t_0 \bar{I}_b / t_b \tag{6B-1}$$

式中 t_0——剂量计的时间;

$\bar{I}_b$——本底探测器读出值的平均值;

t_b——本底剂量计储存的时间。

10 个探测器的读出值分别为 158.6,155.2,151.1,158.9,145.7,146.9,158.0,160.4,153.2,154.0,则 $\bar{I}_b = 154.2$。

记录的退火时间为 2014.08.05,布放时间为 2014.08.12,回收时间为 2014.11.17,测量时间为 2014.11.24。则剂量计储存时间 $t_0 = 14$ d。

$$I_0 = t_0 \bar{I}_b / t_b = 14 \times 154.2/90 = 24.0$$

6A.2.10.2　累积剂量计算

$$D_i = K(I_i - I_0) \tag{6B-2}$$

式中　D_i——布放点的累积剂量；

K——刻度系数；

I_i——布放点剂量计读出值的平均值；

I_0——储存本底值。

测得3个探测器的读出值分别为153.7,150.6,157.3,则 $I_i = 153.9$, $u_{(I_i)} = 3.4$, $D_i = K(I_i - I_0) = 1.47 \times (153.9 - 24.0) = 191.0\ \mu Gy$。

6A.2.10.3　不确定度计算

(1)建立数学模式

公式见式(6A-2)。

为得到储存本底值,可将装有10个探测器的本底剂量计退火后放在剂量计储存处,一段时间后,取出本底剂量计测量并按下式计算:

$$I_0 = t_0 \bar{I}_b / t_b$$

(2)标准不确定度分量

测量的标准不确定度分量由两部分构成,其一是由仪器检定时刻度系数带来的B类不确定度;其二是测量中带来的A类不确定度。

①刻度系数的相对标准不确定度的计算

检定证书中给出刻度系数的相对扩展不确定度为9%,扩展因子为2。因此,刻度系数的相对标准不确定度为

$$u_{rel(C_f)} = n\% / k = 0.09/2 = 0.045$$

②测量的相对标准不确定度的计算

储存本底的标准不确定度为

$$u_{(\bar{I}_0)} = \frac{u_{(I_0)}}{\sqrt{n}} = \frac{t_0 u_{(I_b)}/t_b}{\sqrt{n}} = \frac{14 \times 5.1/90}{\sqrt{10}} \approx 0.25$$

式中　n——本底探测器的数目。

布放点剂量计的标准不确定度为

$$u_{(\bar{I}_i)} = \frac{u_{(I_i)}}{\sqrt{n}} = \frac{3.4}{\sqrt{3}} \approx 2.0$$

式中　n——布放点剂量计中探测器的数目。

测量的相对标准不确定度为

$$u_{rel(M)} = \frac{(u^2_{(\bar{I}_0)} + u^2_{(\bar{I}_i)})^{1/2}}{I_i - I_0} = \frac{(0.25^2 + 2.0^2)^{1/2}}{153.9 - 24.0} \approx 0.016$$

(3)合成相对标准不确定度为

$$u_{rel(D_i)} = (u^2_{rel(C_f)} + u^2_{rel(M)})^{1/2} = 0.048$$

(4)计算扩展不确定度为

$$U_{rel(D_i)} = k u_{rel(D_i)} = 0.096 = 10\%, k = 2$$

第 7 章　热释光剂量计辐射场累积剂量测量分析——自动测量系统

1　目的

本章规定了国控网辐射环境质量监测项目热释光剂量计辐射场累积剂量的测量分析方法，包括热释光探测器刻度、热释光剂量计布放与回收、热释光探测器测量、数据处理、质量控制和不确定度计算等主要技术要求。

2　方法依据

(1)《个人和环境监测用热释光剂量测量系统》(GB/T 10264—2014)。

(2)《辐射环境监测技术规范》(HJ/T 61—2021)。

3　测量原理

热释光探测器在受辐射场作用后积蓄的能量在加热过程中会以光的形式释放出来。热释光探测器的发光量与所受累积剂量之间存在一定的比例关系，通过测量发光量并进行数据处理后能够得到累积剂量值。受辐照后的热释光探测器只有第一次被加热时所释放出来的光才可用来进行累积剂量计算。

4　仪器、设备

4.1　热释光探测器

本章采用的热释光探测器为 LiF(Mg,Cu,P)材质的热释光片，型号为 TLD-700H。LiF(Mg,Cu,P)材料具有组织等效性好、灵敏度高、信噪比较理想等优良的剂量学特性。

4.2　热释光读出器

热释光读出器用来对经过辐照后的热释光探测器进行测量，读出发光值及累积剂量值。

4.3　干燥箱、低本底铅屏蔽室、自封袋

5　采样及前处理(含样品保存、采样量)、剂量计布放与回收

5.1　热释光探测器刻度

使用热释光读出器将待筛选的热释光探测器退火后，使用内置辐照器对退火后的热释光探测器进行辐照，例如 200 gU。辐照后，将热释光探测器放入低本底铅屏蔽室内，30 min 后取出。使用自动热释光读出器的 calib dosimeters 模式测量热释光探测器。测量完成后，

在测量结果中选择刚才测得的数据。单击菜单栏中的 Calibration,选择 Dosimeter Calibration。"Mark as"选择 field,"Irradiation"填写辐照的剂量。单击"Compute""Accept"完成热释光探测器的刻度。

5.2 计算热释光探测器的总数

确定需要进行累积剂量测量点位的数量、每个测量点位布放剂量计的数目。计算所需热释光探测器的总数。

5.3 热释光探测器的退火

使用热释光读出器将热释光探测器退火。

5.4 制作剂量计

在保持清洁条件下将热释光探测器进行密封包装、编号,得到热释光剂量计。为防止阳光照射,应采用白色和反光性好的材料。为达到电子平衡,消除 β 辐射影响,包装材料质量应大于 300 mg/cm^2。外层包装要注意防潮,可用自封袋包装。

5.5 剂量计的存放

将剂量计放置在剂量率已知的环境中,最好是铅屏蔽室里,且环境温度为 -20 ~ 50 ℃,相对湿度为 40% ~ 90%,无冷凝(最大水汽含量 30 g/m^3)。

5.6 剂量计的布放

剂量计放在铅罐中运输,布放时要注意防止太阳直射,宜布放在隐蔽、阴凉的地方并有避雨措施。合适的悬挂方法是把剂量计放在特制的收集箱内,收集箱保持良好的通风,所用材料应质量轻和含有放射性杂质要少。剂量计也可挂在铁栅栏、小树或轻质木桩上。考虑到布放的隐蔽性,选择悬挂在小树枝上是种不错的方法。在布放完毕后,应准确记录所布放热释光探测器编号及布放地址。可用 GPS 定位经纬度,数码相机拍摄参照物,并附以文字描述,以助回收。

5.7 剂量计的回收

剂量计布放期满(典型布放周期为 1 个季度)后须到现场回收。回收时应记录回收日期及相关情况(如丢失、受潮等),回收的剂量计带回实验室后要及时测量;若不能及时测量,须按要求存放。

分析程序/剂量计测量程序:打开剂量计仔细检查热释光探测器有无受潮、变色、裂缝等,在热释光读出器上测量,并记录测量结果和测量日期。同时注意以下几点:保持测量室清洁无尘,温湿度适当;使用与热释光探测器刻度时相同的读出器和测量程序进行测量。

6 仪器刻度、热释光测量系统刻度

按照计量部门的要求,使用^{137}Cs 源完成热释光测量系统的空气吸收剂量的刻度,得到刻度系数 K(片数按照计量部门的要求准备)。

7 结果计算、数据处理

热释光探测器在读出器上测量后,根据以下公式计算得出累积剂量:

$$D_i = K(I_i - I_0) \tag{7-1}$$

式中　D_i——布放点的累积剂量；

K——刻度系数；

I_i——布放点剂量计读出值的平均值；

I_0——储存本底值。

为得到储存本底值，可将装有 10 个探测器的本底剂量计退火后放在剂量计储存处（例如铅屏蔽室内），一段时间后，取出本底剂量计测量并按下式计算：

$$I_0 = t_0 \bar{I}_b / t_b \tag{7-2}$$

式中　t_0——剂量计储存的时间；

$\bar{I}_b$——本底探测器读出值的平均值；

t_b——本底剂量计储存的时间。

8　最低探测限计算及探测下限的计算

测量 10 个退火后的热释光探测器，计算测值 x_i 的 $u_A(x_i)$。

$$u_A(x_i) = \sqrt{\frac{\sum(\bar{x} - x_i)^2}{n-1}} \tag{7-3}$$

式中　$\bar{x} = \dfrac{\sum_i^n x_i}{n}$。

$$MDC = 4.65Ku_A(x_i)$$

式中　K——热释光探测器的刻度系数。

9　质量控制

9.1　剂量计使用的环境要求：环境温度 -20 ~ 50 ℃，相对湿度 40% ~ 90%，无冷凝（最大水汽含量 30 g/m^3）。

9.2　读出器的使用要求：环境温度 10 ~ 40 ℃。

9.3　测量系统的检定周期为 1 年。

9.4　在测读过程中每测量 10 个探测器，测量一次读出器的光源读数，其变化应不大于 1%。

10　不确定度

10.1　建立数学模式

公式见式(7-1)和式(7-2)。

10.2　标准不确定度分量

测量的标准不确定度分量由两部分构成，其一是由仪器检定时刻度系数带来的 B 类不确定度；其二是测量中带来的 A 类不确定度。

(1)刻度系数的相对标准不确定度的计算

检定证书中给出刻度系数的不确定度为 $n\%$，扩展因子为 k。因此刻度系数的相对标准

不确定度为

$$u_{\text{rel}(C_f)} = n\%/k \tag{7-4}$$

(2)测量的相对标准不确定度的计算

储存本底的标准不确定度为

$$u_{(\overline{I_0})} = \frac{u_{(I_0)}}{\sqrt{n}} = \frac{t_0 u_{(I_b)}/t_b}{\sqrt{n}} \tag{7-5}$$

式中　n——本底探测器的数目。

布放点剂量计的标准不确定度为

$$u_{(\overline{I_i})} = \frac{u_{(I_i)}}{\sqrt{n}} \tag{7-6}$$

式中　n——布放点剂量计中探测器的数目。

测量的相对标准不确定度为

$$u_{\text{rel}(M)} = \frac{(u^2_{(\overline{I_0})} + u^2_{(\overline{I_i})})^{1/2}}{I_i - I_0} \tag{7-7}$$

(3)合成相对标准不确定度为

$$u_{\text{rel}(D_i)} = (u^2_{\text{rel}(C_f)} + u^2_{\text{rel}(M)})^{1/2} \tag{7-8}$$

(4)计算扩展不确定度为

$$U_{\text{rel}(D_i)} = k \cdot u_{\text{rel}(D_i)}, k = 2 \tag{7-9}$$

第 8 章　环境水中氚测量分析

1　目的

本章规定了国控网辐射环境质量监测项目水中氚的分析测量方法，包括样品的采集、保存和管理、测量、数据处理、质量控制、仪器刻度和不确定度计算等主要技术要求。

2　方法依据

《水中氚的分析方法》（HJ 1126—2020）。

3　测量原理

3.1　一般水样：向水样中加入适量的高锰酸钾（若水样呈酸性或含碘，则还须加入适量过氧化钠），蒸馏净化，除去杂质。然后取适量馏出液与一定量的闪烁液混合，用低本底液体闪烁谱仪测量样品的活度。当入射粒子在闪烁体内产生闪光后，传输到光电倍增管的光阴极而转换成光电子，再经光电倍增管打拿极而产生输出信号，将信号放大后得到测量结果。

3.2　氚活度浓度水平较低的样品，可取经重新蒸馏或过离子交换柱至电导率≤5 μS · cm^{-1}的水样 500 ~ 1 000 mL 进行电解浓缩（参见附件 8A）后测量。

4　试剂

除另有说明，分析时均使用符合国家标准的分析纯试剂。

（1）高锰酸钾（$KMnO_4$）。

（2）过氧化钠（Na_2O_2）。

（3）无氚水（深层地下水或氚浓度≤0.1 Bq/L 的水）。

（4）闪烁液，由闪烁体和溶剂按一定比例配制，或选用合适的商用闪烁液。目前使用较多的为 HisafeⅢ或 Ultima Gold LLT 闪烁液。

（5）氚标准溶液。

5　仪器

（1）低本底液体闪烁谱仪，典型计数条件下，对水中氚的探测下限≤2.0 Bq/L。

（2）分析天平，感量 0.1 mg，最大测量值 >100 g。

（3）恒温加热套。

（4）蒸馏瓶，250 mL、500 mL。

（5）蛇形冷凝管，250 mm。

(6)磨口带塞玻璃瓶,250 mL、500 mL。

(7)移液管,10 mL。

(8)容量瓶。

(9)电导率仪,测量范围 0 ~ 20 $\mu S \cdot cm^{-1}$。

(10)样品瓶:聚乙烯或聚四氟乙烯瓶,20 mL。

(11)电解装置。

6　样品采集和保存

各类环境水样的采集要严格按《辐射环境监测技术规范》(HJ/T 61—2021)和《水质采样技术指导》(HJ 494—2009)中样品的采集要求进行。因是含氚水样,应采用玻璃容器密封储存,防止交叉污染。采集的样品量除满足监测分析的用量外,应该留有适当的余量,以备复检。一般来说,若不需要电解,采样量为 0.5 ~ 1 L 即可,需要电解则采样量为 2 L 左右。

7　工作标准溶液的配制

根据工作标准溶液浓度的要求,准确称取一定量已知浓度的^{3}H 标准溶液于容量瓶中,用无氚水稀释至刻度,摇匀待用。标准氚水活度约 50 Bq/mL,注意密封保存。

8　样品分析测量

8.1　样品蒸馏

8.1.1　取约 150 mL 水样注入蒸馏瓶中,然后向蒸馏瓶中加入适量的高锰酸钾,需要时(如酸性样品或含碘样品)还应加入适量的过氧化钠,连接好蒸馏装置,检查气密性并打开冷凝水。

8.1.2　加热蒸馏,将蒸馏出的水全部收集于带磨口塞的玻璃瓶中,密封保存。

8.2　待测样品制备

在制备用于测量的试样前,可按 HJ 1126—2020 的方法步骤确定水样与闪烁液(4(4))的质量、体积配比。目前常用的 HisafeⅢ或 Ultima Gold LLT 闪烁液,比较典型的质量、体积配比为 8.00 g/12 mL。量取(8.1.2)蒸馏合格的水样 8.00 g 于样品计数瓶中,加入 12.0 mL Hisafe Ⅲ 或 Ultima Gold LLT 混合摇匀,保存备用。

8.3　本底样品制备

将无氚水按 8.1 步骤进行蒸馏,取其蒸馏液 8.00 g 放入 20 mL 样品计数瓶中,再加入 12.0 mL Hisafe Ⅲ或 Ultima Gold LLT 闪烁液混合摇匀,保存备用。

8.4　标准样品制备

取 8.00 g 氚标准溶液水(4(5))放入 20 mL 样品计数瓶中,再加入 12.0 mL Hisafe Ⅲ或 Ultima Gold LLT 闪烁液混合摇匀,保存备用。

8.5　测量

把制备好的试样,包括待测样品(8.2)、本底样品(8.3)和标准样品(8.4)用酒精湿棉球擦拭计数瓶外壁,然后放入低本底液闪谱仪中进行暗适应。上述样品暗适应 12 h 后开始测量。一般环境样品以及本底样品的计数时间应大于 1 000 min。

9 计算

9.1 探测下限

探测下限按下式计算:

$$\mathrm{MDC}=\frac{(K_\alpha+K_\beta)\sqrt{N_c+N_b}}{6\times10^{-2}ME\sqrt{t}}\quad(\mathrm{Bq/L})$$

当样品计数接近本底计数(即 $N_c\approx N_b$),取 $\alpha=\beta=0.05$ 时,$K_\alpha+K_\beta=1.645+1.645=3.29$,有

$$\mathrm{MDC}=\frac{3.29\times\sqrt{2N_b}}{6\times10^{-2}ME\sqrt{t}}\approx\frac{4.65\sqrt{N_b}}{6\times10^{-2}ME\sqrt{t}}\quad(\mathrm{Bq/L})$$

式中 K_α——犯第Ⅰ类错误的显著性水平等于概率 α 时的标准正态变量的上侧分位数;

K_β——犯第Ⅱ类错误的显著性水平等于概率 β 时的标准正态变量的上侧分位数;

N_c——样品计数率,cpm;

N_b——本底计数率,cpm;

6×10^{-2}——单位换算系数;

M——测量用水量, mL;

E——计数效率,%;

t——样品总测量时间,min。

例 1 对某个水样测量,不经电解,取样量为 8.00 mL。样品测量计数率为 1.12 cpm,样品测量时间为 1 000 min,本底计数率为 0.73 cpm,本底测量时间为 1 000 min,则探测下限:

$$\mathrm{MDC}=\frac{4.65\sqrt{N_b}}{6\times10^{-2}ME\sqrt{t}}=\frac{4.65\times\sqrt{0.73}}{6\times10^{-2}\times8.00\times0.308\times\sqrt{1\,000}}\approx0.85\ \mathrm{Bq/L}$$

9.2 计数效率

计数效率 E 按下式计算:

$$E=\frac{N_s-N_b}{S}\times100\%$$

式中 E——仪器对氚的计数效率,%;

N_s——标准样品计数率,cpm;

N_b——本底计数率,cpm;

S——标准样品衰变数,dpm。

例 2 测量标准样品,测量计数率为 6 720 cpm,测量时间为 100 min(10 min 循环 10 次),本底计数率为 0.73 cpm,本底测量时间为 1 000 min,标准样品衰变数为 21 840 dpm。计数效率:

$$E=\frac{N_s-N_b}{S}=\frac{6\,720-0.73}{21\,840}\times100\%\approx30.8\%$$

9.3　氚活度浓度

氚活度浓度 C 按下式计算：

$$C = \frac{N_c - N_b}{6 \times 10^{-2} EM} \quad (\text{Bq/L})$$

式中　C——水中氚的活度浓度，Bq/L；

N_c——样品计数率，cpm；

N_b——本底计数率，cpm；

6×10^{-2}——单位换算系数；

E——计数效率，%；

M——测量用水量，g。

例 3　对某个水样测量，不经电解，取样量为 8.00 g。样品测量计数率为 1.12 min^{-1}，样品测量时间为 1 000 min，本底计数率为 0.73 min^{-1}，本底测量时间为 1 000 min，则水中氚活度浓度：

$$C = \frac{N_c - N_b}{6 \times 10^{-2} EM} = \frac{1.12 - 0.73}{6 \times 10^{-2} \times 0.308 \times 8.00} \approx 2.64 \text{ Bq/L}$$

10　不确定度评定

见附件 8B。

11　质量控制

(1)测量仪器在检定或自检的有效周期内使用。

(2)测量仪器定期做期间核查。

(3)测量仪器做稳定性检验，包括泊松分布检验和质控图。

(4)随机抽取 10% ~15% 的样品做平行样分析。

(5)每年做约 10% 加标样分析。

(6)参加实验室间氚比活度分析比对。

附件 8A　水中氚电解浓集方法

目前，氚的电解浓集方法主要有碱式电解浓集法和固体聚合膜电解(SPE)浓集法。对于水样氚的测量，碱式电解法与 SPE 电解法都能达到电解浓集氚水的目的，各单位可根据自己实验室条件采用其中一种电解方法。

8A.1　碱式电解法

具体方法参照《水中氚的分析方法》(HJ 1126—2020)。

8A.2 SPE 电解法

8A.2.1 SPE 电解法原理

进行电化学反应的正、负催化电极，以多孔薄层形式紧贴在阳离子交换膜的两面，与膜成为一体。反应水（纯水）在催化阳极分解，$2H_2O \longrightarrow 4H^+ + 2O^{2-}$，与此同时，氧负离子在阳极放出电子，产生氧气，正氢离子在电场力作用下，以水合离子的形式穿过阳离子交换膜，到达电催化阴极，在此吸收电子，放出氢气。

对于氚化水（HTO），H_2O 的电解速度要比 HTO 快，利用这一特性，随着电解的进行，水中氚将不断得到浓集。

8A.2.2 SPE 电解法分析步骤

8A.2.2.1 取须电解的水样，加入适量的高锰酸钾，进行常压蒸馏纯化。测量纯化后水样的电导率，电导率大于 5 μS/cm 时，继续蒸馏纯化，直至电导率小于 5 μS/cm 时密封待用。

8A.2.2.2 打开电解槽放水阀，使电解槽内原有的水排空。量取约 100 mL 纯化后的样品水分别倒入两个样品瓶中，开启电解电源电解片刻，然后关闭电解电源，将电解池内的样品水排空。量取 500 ~ 1 000 mL 水样（8A.2.2.1）装入电解浓集系统的样品瓶中，连接好 H_2 和 O_2 的排气管，打开电源开关，先制冷至冰柜温度达 10 ℃以下，再开始电解。

8A.2.2.3 电解结束后，将电解浓集系统中浓集液全部排出，收集于收集瓶中，密封保存，待测量用。

8A.2.2.4 用与电解浓集系统样品瓶容量相当的去离子水，清洗电解浓集系统 3 次以上。清洗时打开电源，电解 3 ~ 5 min。

8A.2.2.5 清洗结束后，仍留部分水于电解浓集系统中，保持 SPE 电解槽处于潮湿状态。待下次电解时，再将水排出。

8A.3 电解浓集因子的确定

在测量条件一致的情况下，电解浓集因子（K）的定义是电解后水样氚的净计数率与电解前水样氚的净计数率之比。

取净计数率为本底 10 倍左右的标准氚水，按电解步骤进行电解，然后按下式计算电解浓集系统的 K 值：

$$K = (N_f - N_b)/(N_i - N_b)$$

其中 N_f——样品电解后的计数率，cpm；

N_b——本底计数率，cpm；

N_i——样品电解前的计数率，cpm。

按上式计算电解浓集因子，无须知道电解标准氚水的准确活度浓度，而计算结果与 HJ 1126—2020 无本质区别。测量人员在正常情况下，可参考 HJ 1126—2020 电解浓集因子的计算方法；在条件不允许时，可按上式进行计算。

正常情况下，每半年须对电解浓集系统进行一次刻度（至少电解三份标准氚水，然后取平均值作为该电解浓集系统的 K 值）。电解条件（如水样电解浓集前后体积、电流密度、电解系统冷却温度等)发生变化时,以及电解系统维修(如更换了电解槽)后,须重新对电解浓集系统进行刻度。

8A.4　分析结果的计算

8A.4.1　探测下限

探测下限按下式计算:

$$\mathrm{MDC}=\frac{(K_\alpha+K_\beta)\sqrt{N_c+N_b}}{6\times10^{-2}ME\sqrt{t}K}\quad(\mathrm{Bq/L})\tag{8A-1}$$

当样品计数接近本底计数(即 $N_c \approx N_b$),取 $\alpha=\beta=0.05$ 时,$K_\alpha+K_\beta=1.645+1.645=3.29$,有

$$\mathrm{MDC}=\frac{3.29\sqrt{2N_b}}{6\times10^{-2}ME\sqrt{t}K}\approx\frac{4.65\sqrt{N_b}}{6\times10^{-2}ME\sqrt{t}K}\quad(\mathrm{Bq/L})\tag{8A-2}$$

式中　K_α——犯第Ⅰ类错误的显著性水平等于概率 α 时的标准正态变量的上侧分位数;

K_β——犯第Ⅱ类错误的显著性水平等于概率 β 时的标准正态变量的上侧分位数;

N_c——样品计数率,cpm;

N_b——本底计数率,cpm;

M——测量用水量,g;

E——计数效率,%;

6×10^{-2}——单位换算系数;

K——电解浓集因子,无量纲;

t——样品总测量时间,min。

例 1　对某个水样测量,经电解,电解浓集因子为 11.4,取样量为 8.00 g。样品测量计数率为 5.18 cpm,样品测量时间为 1 000 min,本底计数率为 0.73 cpm,本底测量时间为 1 000 min,因样品计数率较本底计数高,所以探测下限为

$$\mathrm{MDC}=\frac{3.29\sqrt{N_c+N_b}}{6\times10^{-2}ME\sqrt{t}K}=\frac{3.29\times\sqrt{5.18+0.73}}{6\times10^{-2}\times8.00\times0.308\times\sqrt{1\ 000}\times11.4}\approx0.15\ \mathrm{Bq/L}$$

8A.4.2　氚活度浓度

水中氚活度浓度 C 按下式计算:

$$C=\frac{N_c-N_b}{6\times10^{-2}EMK}\quad(\mathrm{Bq/L})$$

其他参数同式(8A-2)。

例 2　对某个水样测量,经电解,电解浓集因子为 11.4,取样量为 8.00 g。样品测量计数率为 5.18 cpm,样品测量时间为 1 000 min,本底计数率为 0.73 cpm,本底测量时间为 1 000 min,则水中氚活度浓度为

$$C=\frac{N_c-N_b}{6\times10^{-2}EMK}=\frac{5.18-0.73}{6\times10^{-2}\times0.308\times8.00\times11.4}\approx2.64\ \mathrm{Bq/L}$$

附件 8B　测量不确定度的评定

8B.1　概述

8B.1.1　一般水样:向水样中依次加入适量的高锰酸钾和过氧化钠,蒸馏净化,除去杂质。然后取 8.00 mL 馏出液与 12.0 mL 闪烁液混合,用低本底液体闪烁谱仪测量样品的活性。

8B.1.2　氚活度浓度水平较低的样品,可取经重新蒸馏或过离子交换柱至电导率≤5 $\mu S \cdot cm^{-1}$的 700 mL 水样进行电解浓集(参见附件 8A)后测量。

若不进行电解浓集,不确定度评定时不考虑电解浓集部分。采用淬灭校正曲线的,还应考虑校正曲线的不确定度。

8B.2　测量结果的计算

8B.2.3　测量效率 E 的计算

测量效率 E 按下式计算:

$$E = \frac{N_s - N_b}{S} \times 100\%$$

式中　N_s——标准样品计数率,cpm;

N_b——本底计数率,cpm;

S——标准样品衰变数,dpm。

8B.2.4　电解浓集因子的计算

电解浓集因子按下式计算:

$$K = (N_f - N_b)/(N_i - N_b)$$

式中　N_f——样品电解后计数率,cpm;

N_i——样品电解前计数率,cpm。

8B.2.5　样品比活度的计算

样品比活度按下式计算:

$$C = \frac{N_c - N_b}{6 \times 10^{-2} \cdot E \cdot M \cdot K} \quad (\mathrm{Bq/L})$$

式中　N_c——样品计数率,cpm;

6×10^{-2}——单位换算系数;

E——仪器对氚的计数效率;

M——测量用水量,g;

K——电解浓集因子,无量纲,不进行电解浓缩时 K 值取 1。

8B.3　不确定度来源分析

测量过程引入的不确定度来源见图 8B-1,包括样品测量净计数的不确定度、测量效率的不确定度、移液管移取样品的不确定度和电解浓集因子的不确定度。

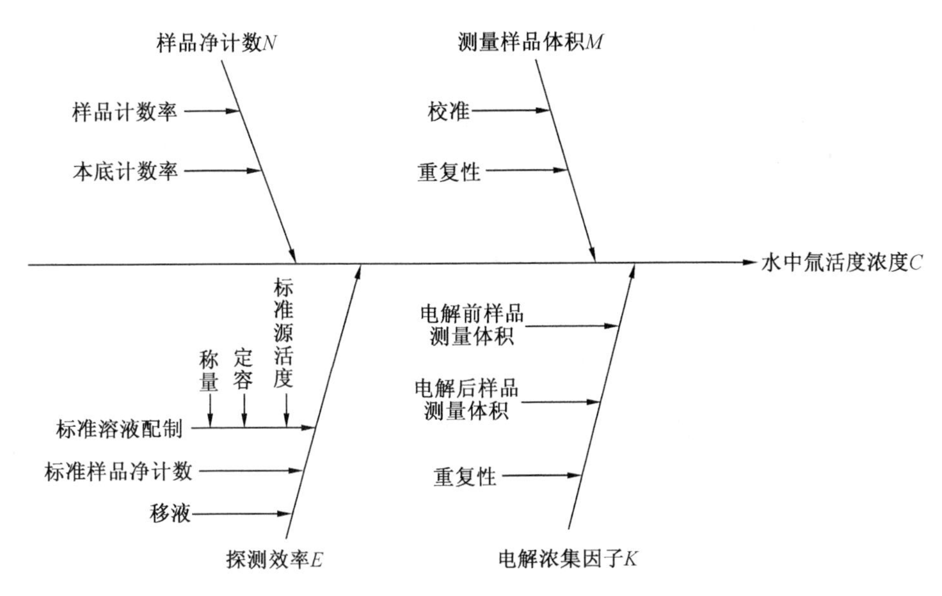

图 8B－1　水中氚活度浓度测量不确定度来源因果图

8B.3.1　液闪谱仪对样品测量的不确定度分量 u_1（A 类评定）

8B.3.2　液闪谱仪在刻度时的不确定度分量 u_2

8B.3.2.1　标准溶液配制的相对不确定度 u_{21}

（1）标准源的不确定度 u_{211}（B 类评定）。

（2）分析天平称量标准样品的不确定度 u_{212}（B 类评定）。

（3）定容引入的相对不确定度 u_{213}（B 类评定）。

8B.3.2.2　标准溶液样品测量净计数率的相对不确定度 u_{22}（A 类评定）

8B.3.2.3　移液管移取样品的不确定度分量 u_{23}（B 类评定）

8B.3.3　移液管移取样品的不确定度分量 u_3（B 类评定）

8B.3.4　电解浓集因子的不确定度分量 u_4

8B.3.4.1　重复性的不确定度 u_{43}（A 类评定）

8B.3.4.2　样品电解前测量体积的不确定度 u_{41}（B 类评定）

8B.3.4.3　样品电解后测量体积的不确定度 u_{42}（B 类评定）

8B.4　不确定度分量的评定

8B.4.1　液闪谱仪对样品测量的相对不确定度 u_1

本次测量样品，样品测量计数率为 5.18 cpm，样品测量时间为 1 000 min，本底计数率为 0.73 cpm，本底测量时间为 1 000 min，则液闪谱仪对样品测量的相对不确定度为

$$u_1=\frac{\sqrt{\dfrac{N_c}{t_c}+\dfrac{N_b}{t_b}}}{N_c-N_b}=\frac{\sqrt{\dfrac{5.18}{1\ 000}+\dfrac{0.73}{1\ 000}}}{5.18-0.73}\approx 0.017$$

式中　t_c——样品测量时间,min;

　　t_b——本底测量时间,min。

8B.4.2　液闪谱仪在效率刻度时的相对不确定度 u_2

本次液闪谱仪在刻度时,用分析天平称取 1.094 0 g 活度为 1.21×10^4 Bq/g 的标准源(证书号为 DYHy20080228,参考日期为 2008 年 2 月 28 日),转移至 200 mL 容量瓶中,用无氚水稀释至刻度。移取 8.00 g 上述氚标准溶液放入 20 mL 样品计数瓶中,再加入12.0 mL Ultima Gold LLT 混合摇匀测量。

8B.4.2.1　标准溶液配制的相对不确定度 u_{21}

(1)标准源的相对不确定度

由标准源的证书可知,标准源的扩展不确定度为 4.6%,$k=2$,所以 $u_{211}=U/k=4.6\%/2=0.023$。

(2)分析天平称量标准样品的相对不确定度

由天平的检定证书可知,分析天平允差为 0.2 mg,$k=2$,则分析天平称量标准样品的相对不确定度为

$$u_{212}=m/(km_s)=0.2/(2\times1.094\ 0\times1\ 000)\approx9.1\times10^{-5}$$

式中　m——分析天平允差,mg;

　　m_s——标准样品质量,mg。

(3)定容引入的相对不确定度

200 mL A 级容量瓶的允差为 0.15 mL,忽略重复性,假设三角分布,则

$$u_{213}=\frac{0.15}{200\times\sqrt{6}}\approx0.000\ 31$$

由上述计算可知,配制标准溶液的过程中,分析天平和定容引入的相对不确定度很小,可忽略不计,在实际计算时可只考虑标准源的相对不确定。即

$$u_{21}=u_{211}\approx0.023$$

8B.4.2.2　标准溶液样品测量净计数率的相对不确定度 u_{22}

测量标准样品,测量计数率为 6 720 cpm,测量时间为 100 min(10 min 循环 10 次),本底计数率为 0.73 cpm,本底测量时间为 1 000 min,则液闪谱仪对样品测量的相对不确定度 u_1 为

$$u_{22}=\frac{\sqrt{\frac{N_s}{t_s}+\frac{N_b}{t_b}}}{N_s-N_b}=\frac{\sqrt{\frac{6\ 720}{100}+\frac{0.73}{1\ 000}}}{6\ 720-0.73}\approx0.001$$

式中　N_s——标准溶液样品的测量计数率,cpm;

　　t_s——标准溶液样品的测量时间,min。

8B.4.2.3　移液管移取样品的相对不确定度 u_{23}

若使用移用管移取样品,则 10 mL A 级分度移液管的允差为 0.05 mL,移取 8.00 mL 进行液闪测量。忽略重复性,假设三角分布,则

$$u_{23}=\frac{2\times0.05}{8.00\times\sqrt{6}}\approx0.005\ 1$$

若使用分析天平称取样品，则由天平的检定证书可知，分析天平允差为 0.2 mg，$k=2$，则分析天平称量测量样品 8.00 g 的相对不确定度为

$$u_{23}=m/(km_s)=0.2\ \text{mg}/(2\times 8.00\ \text{g})\approx 1.3\times 10^{-5}$$

在本例不确定计算中，都按移液管移取样品来进行评定。

综上所述，液闪谱仪在效率刻度时的相对不确定度

$$u_2=\sqrt{u_{21}^2+u_{22}^2+u_{23}^2}=\sqrt{0.023^2+0.001^2+0.0051^2}\approx 0.024$$

8B.4.3　移取样品的相对不确定度 u_3

10 mL A 级分度移液管的允差为 0.05 mL，同 u_{23}，有

$$u_3=\frac{2\times 0.05}{8.00\times\sqrt{6}}\approx 0.0051$$

8B.4.4　电解浓集因子的相对不确定度 u_4

8B.4.4.1　重复性 u_{41}

电解样品体积取 700 mL，参照 8A.3 步骤对同一台电解浓缩装置刻度 8 次，结果见表 8B－1。

表 8B－1　电解浓集因子 K 测量结果

序号	1	2	3	4	5	6	7	8
电解浓集因子 K	10.9	11.3	11.3	11.5	11.9	11.8	11.6	11.1

电解浓集因子 K 测量结果的重复性用标准偏差表示，按贝塞尔公式计算：

$$s(X)=\sqrt{\frac{\sum_{i=1}^{n}(X_i-\overline{X})^2}{n-1}}=0.34$$

电解浓集因子重复性的相对不确定度：

$$u_{41}=\frac{s(X)}{\overline{X}}=\frac{0.34}{11.4}\approx 0.030$$

8B.4.4.2　移液管移取样品的相对不确定度 u_{43}，同 u_3，须移取 2 次：

$$u_{42}=\frac{4\times 0.05}{8.00\times\sqrt{6}}\approx 0.010$$

电解浓集因子的相对不确定度：

$$u_4=\sqrt{u_{41}^2+u_{42}^2}=\sqrt{0.030^2+0.010^2}\approx 0.032$$

8B.5　合成相对标准不确定度的评定

$$u_c=\sqrt{u_1^2+u_2^2+u_3^2+u_4^2}=\sqrt{0.017^2+0.024^2+0.0051^2+0.032^2}\approx 0.044=4.4\%$$

8B.6　相对扩展不确定度的计算

取包含因子 $k=2$，相对扩展不确定度 $U=ku_c=2\times 4.4\%=8.8\%$。

附件 8C 注意事项

8C.1 本技术规范采用的是相对测量法,要求本底、标准和样品的淬灭程度和测量条件一致,对于淬灭程度不同的样品,须绘制淬灭曲线进行校正。

8C.2 一般环境样品与高水平活度样品(如流出物)要分开保存,以防交叉污染。

8C.3 在操作过程中,例如制备试样、蒸馏等每一个可能引起样品间交叉污染的步骤中,要注意避免交叉污染。操作要按先低水平后高水平的顺序进行。

8C.4 蒸馏过程中,高锰酸钾和过氧化钠的加入量应根据实际样品需要,一般而言,海水所需的加入量要高于一般淡水。若蒸馏结束后,样品有颜色,要重新蒸馏至无色为止。

8C.5 当闪烁液和样品瓶种类或批次发生改变时,应重新测定仪器效率和本底。

8C.6 建议已加闪烁液的样品,应及时测量。

8C.7 碱式电解法产生的混合气体以及 SPE 电解法产生的 H_2 须排出室外,以防发生爆炸危险。

8C.8 若电解的样品活度浓度较高(如电解浓集系统的浓集因子刻度),则电解结束后须对电解浓集系统多清洗几次(一般清洗电解时间为 1 ~2 h,清洗 4 ~5 次),以防交叉污染。清洗结束后,可先电解一个本底样品并进行测量,若测量结果正常,可进行其他样品的电解。

8C.9 对于 SPE 电解系统,无论在电解进行还是停止使用的情况下,都要严防电解槽缺水。长期不使用时,应该在电解池中保存有一定量的二次蒸馏水,最好每隔一段时间更换一次,并通电电解一段时间,使电解池一直保持在良好状态。

第9章　空气中氚测量分析

1　目的

本章规定了国控网辐射环境质量监测项目空气中氚分析测量方法，包括样品的采集、保存、测量、数据处理、质量控制、仪器刻度和不确定度计算等主要技术要求。

2　方法依据

《水中氚的分析方法》（HJ 1126—2020）。

3　测量原理

空气中的氚主要以氚化水（HTO）形式存在，而以 T_2、HT 或 CH_3T 等形态存在的氚极少。并且氚化水（HTO）对人体可能造成的危害较将 T_2、HT 或 CH_3T 等含氚气体（对人体造成）的危害大。因此，在辐射环境监测中，大部分时候采集的是氚化水。若监测项目特别要求，可采用有高温催化单元的仪器将空气中含 ^3H 的有机化合物经高温催化氧化成氚化水。

向采集的水样中加入适量的高锰酸钾（若水样呈酸性或含碘，则还需加入适量的过氧化钠），蒸馏净化，除去杂质。然后取适量馏出液与一定量的闪烁液混合，用低本底液体闪烁谱仪测量样品 ^3H 的活度。当入射粒子在闪烁体内产生闪光后，传输到光电倍增管的光阴极转换成光电子，再经光电倍增管的打拿极而产生输出信号，将信号放大后得到需要的信息。

对于氚活度浓度水平较低的样品，可取经重新蒸馏或过离子交换柱至电导率≤ $5\ \mu S \cdot cm^{-1}$ 的水样 500～1 000 mL 进行电解浓缩（参见附件9A）后测量。

4　试剂

除非另有说明，分析时均使用符合国家标准的分析纯试剂。

（1）高锰酸钾（$KMnO_4$）。

（2）过氧化钠（Na_2O_2）。

（3）无氚水（氚浓度≤0.1 Bq/L 的水）。

（4）闪烁液，由闪烁体和溶剂按一定比例配制，或选用合适的商用闪烁液。目前使用较多的为 HisafeⅢ或 Ultima Gold LLT 闪烁液。

（5）氚标准溶液。

5　仪器

（1）低本底液体闪烁谱仪，典型计数条件下，对水中氚的探测下限＜2.0 Bq/L。

(2)采样器:除湿机或其他符合采样要求的气氚采样器(如中国辐射防护研究院生产的HC－Ⅳ型气氚取样器、法国SDEC生产的H3R7000气氚采样器等)。

(3)具有自动连续记录、存储温湿度功能的温湿度计。

(4)分析天平,感量0.1 mg,最大测量值>100 g。

(5)恒温加热套。

(6)蒸馏瓶(250 mL、500 mL)。

(7)蛇形冷凝管(250 mm)。

(8)磨口带塞玻璃瓶(250 mL、500 mL)。

(9)移液管(10 mL)。

(10)容量瓶(100 mL、200 mL、500 mL)。

(11)电导率仪,测量范围0～200 $\mu S \cdot cm^{-1}$。

(12)样品瓶:聚乙烯或聚四氟乙烯瓶(20 mL)。

(13)电解装置。

6 样品采集和保存

空气中氚的采样参照仪器说明书。这里以除湿机为例,简单说明采样步骤:

(1)将除湿机置于预先确定的采样点上。

(2)用事先洗净的集水容器置于除湿器的出水端。

(3)接通电源,经检查无误后打开除湿器开关,开始采样。

(4)打开温湿度计记录空气温度和相对湿度,记录频次为半小时一次。根据水样体积决定采样终止时间。

(5)关掉除湿器、温湿度计,切断电源。取出集水容器,将采集的水样注入采样瓶,盖紧瓶盖,贴上样品标签。

(6)撤去电源,将除湿器放回原处(清洗干净集水容器以备下次使用)。

(7)将样品与记录等送至实验室。

水样因含氚,应采用玻璃容器密封储存,防止交叉污染。采集的样品量除满足监测分析的用量外,应该留有适当的余量,以备复检。一般来说,若不需要电解,采样量在0.5～1 L即可;若需要电解,则采用量在2 L左右。

7 工作标准溶液的配制

根据工作标准溶液浓度要求,准确称取一定量已知浓度的^{3}H标准溶液于容量瓶中,用无氚水稀释至刻度,摇匀待用,标准氚水活度约50 Bq/mL,注意密封保存。

8 样品分析测量

8.1 样品蒸馏

8.1.1 取约150 mL水样注入蒸馏瓶中,然后向蒸馏瓶中加入适量的高锰酸钾,需要时(如酸性样品或含碘样品)还应加入适量的过氧化钠,连接好蒸馏装置,检查气密性并打开冷凝水。

8.1.2 加热蒸馏,将蒸馏出的水全部收集于带磨口塞玻璃瓶中,密封保存。

8.2 待测样品制备

在制备用于测量的试样前,可按 HJ 1126—2020 的方法确定水样与闪烁液(4.4)的质量、体积配比。目前常用的 HisafeⅢ或 Ultima Gold LLT 闪烁液,比较典型的质量、体积配比为8.00 g/12 mL。量取(8.1.2)蒸馏合格的水样8.00 g于样品计数瓶中,加入12.0 mL Hisafe Ⅲ 或 Ultima Gold LLT 闪烁液混合摇匀,保存备用。

8.3 本底样品制备

将无氚水按8.1步骤进行蒸馏,取其蒸馏液8.00 g放入20 mL样品计数瓶中,再加入12.0 mL Hisafe Ⅲ或 Ultima Gold LLT 闪烁液混合摇匀,保存备用。

8.4 标准样品制备

取8.00 g氚标准溶液水放入20 mL样品计数瓶中,再加入 Hisafe Ⅲ或 Ultima Gold LLT 闪烁液混合摇匀,保存备用。

8.5 测量

把制备好的试样,包括待测样品(8.2)、本底样品(8.3)和标准样品(8.4)用酒精棉球擦拭计数瓶外壁,然后放入低本底液闪谱仪中进行暗适应。上述样品暗适应12 h后开始测量,一般环境样品以及本底样品的计数时间应大于1 000 min。

9 计算

9.1 探测下限

探测下限按下式计算:

$$\mathrm{MDC}=\frac{(K_\alpha+K_\beta)\sqrt{N_c+N_b}}{6\times10^{-2}ME\sqrt{t}}\quad(\mathrm{Bq/L})\tag{9-1}$$

式中 K_α——犯第Ⅰ类错误的显著性水平等于概率α时的标准正态变量的上侧分位数;

K_β——犯第Ⅱ类错误的显著性水平等于概率β时的标准正态变量的上侧分位数;

N_c——样品计数率,cpm;

N_b——本底计数率,cpm;

M——测样用水量,g;

E——计数效率,%;

6×10^{-2}——单位换算系数;

t——样品总测量时间,min。

当样品计数接近本底计数(即$N_c\approx N_b$),取$\alpha=\beta=0.05$时,$K_\alpha+K_\beta=1.645+1.645=3.29$,则有

$$\mathrm{MDC}=\frac{3.29\sqrt{2N_b}}{6\times10^{-2}ME\sqrt{t}}=\frac{4.65\sqrt{N_b}}{6\times10^{-2}ME\sqrt{t}}\quad(\mathrm{Bq/L})\tag{9-2}$$

若记录了采样期间的气温和相对湿度,则探测下限可按下式计算:

$$\mathrm{MDC}=\frac{4.65\sqrt{N_b}}{6\times10^{-2}\dfrac{M}{\rho_{饱和}H}E\sqrt{t}}\quad(\mathrm{Bq/m^3})\tag{9-3}$$

式中 M——测样用水量,g;

$\rho_{饱和}$——采样期间(平均温度下的饱和水蒸气密度),g/m^3;

H——采样期间空气的(平均)相对湿度,%。

例1 对某个气氚样测量,不经电解,取样量为 8.00 g。样品测量计数率为1.12 cpm,样品测量时间为 1 000 min,本底计数率为 0.73 cpm,本底测量时间为 1 000 min,则探测下限:

$$\mathrm{MDC}=\frac{4.65\sqrt{N_b}}{6\times10^{-2}VE\sqrt{t}}=\frac{4.65\times\sqrt{0.73}}{6\times10^{-2}\times8.00\times0.308\times\sqrt{1\,000}}\approx0.85\ \mathrm{Bq/L}\tag{9-4}$$

根据记录,得到采样时的平均温度为 27.5 ℃,平均相对湿度为 78%,则水中氚活度浓度也可按下式计算:

$$\mathrm{MDC}=\frac{4.65\sqrt{N_b}}{6\times10^{-2}\dfrac{M}{\rho_{饱和}H}E\sqrt{t}}=\frac{4.65\times\sqrt{0.73}}{6\times10^{-2}\times\dfrac{8.00}{26.6\times0.78}\times0.308\times\sqrt{1\,000}}\approx18\ \mathrm{Bq/m^3}\tag{9-5}$$

9.2 计数效率

计数效率按下式计算:

$$E=\frac{N_s-N_b}{S}\times100\%\tag{9-6}$$

式中 N_s——标准样品计数率,cpm;

S——标准样品衰变数,dpm。

例2 测量标准样品,测量计数率为 6 720 cpm,测量时间为 100 min(10 min 循环 10 次),本底计数率为 0.73 cpm,本底测量时间为 1 000 min,标准样品衰变数为 21 840 cpm。则计数效率:

$$E=\frac{N_s-N_b}{S}\times100\%=\frac{6\,720-0.73}{21\,840}\times100\%\approx30.8\%\tag{9-7}$$

9.3 氚活度浓度

氚活度浓度按下式计算:

$$C=\frac{N_c-N_b}{6\times10^{-2}ME}\quad(\mathrm{Bq/L})\tag{9-8}$$

若记录了采样期间的气温和相对湿度,则氚活度浓度 C 可按下式计算:

$$C=\frac{N_c-N_b}{6\times10^{-2}E\dfrac{M}{\rho_{饱和}H}}\quad(\mathrm{Bq/m^3})\tag{9-9}$$

例3 对某个气氚样测量,不经电解,取样量为 8.0 g。样品测量计数率为 1.12 cpm,样品测量时间为 1 000 min,本底计数率为 0.73 cpm,本底测量时间为 1 000 min,则水中氚活度浓度:

$$C=\frac{N_c-N_b}{6\times10^{-2}ME}=\frac{1.12-0.73}{6\times10^{-2}\times0.308\times8.00}\approx2.64\ \text{Bq/L} \tag{9-10}$$

根据记录,得到采样时的平均温度为27.5 ℃,平均相对湿度为78%,则水中氚活度浓度也可按下式计算:

$$C=\frac{N_c-N_b}{6\times10^{-2}E\dfrac{M}{\rho_{饱和}H}}=\frac{1.12-0.73}{6\times10^{-2}\times0.308\times\dfrac{8.00}{26.6\times0.78}}\approx54.7\ \text{Bq/m}^3 \tag{9-11}$$

10　不确定度评定

可参考附件8B进行评定。

11　质量控制

(1)测量仪器在检定或校准的有效周期内使用。

(2)测量仪器定期做期间核查。

(3)测量仪器做稳定性检验,包括泊松分布检验和质控图。

(4)随机抽取10% ~15%的样品做平行样分析。

(5)每年做约10%加标样分析。

(6)参加实验室间氚比活度分析比对。

附件9A　注 意 事 项

9A.1　本技术规范采用的是相对测量法,要求本底、标准和样品的淬灭程度和测量条件一致。对于淬灭程度不同的样品,须绘制淬灭曲线进行校正。

9A.2　一般环境样品与高水平活度样品(如流出物)要分开保存,以防交叉污染。

9A.3　在操作过程中,例如制备试样、蒸馏等每一个可能引起样品间交叉污染的步骤中,要注意避免交叉污染。操作要按先低水平后高水平的顺序进行。

9A.4　当闪烁液和样品瓶种类或批次发生改变时,应重新测定仪器效率和本底。

9A.5　建议已加闪烁液的样品,应及时测量。

9A.6　碱式电解法产生的混合气体以及SPE电解法产生的H_2气须排出室外,以防发生爆炸危险。

9A.7　若电解的样品活度浓度较高(如电解浓集系统的浓集因子刻度),则电解结束后须对电解浓集系统多清洗几次(一般清洗电解时间为1 ~2 h,清洗4 ~5 次),以防交叉污染。清洗结束后,可先电解一个本底样品并进行测量,若测量结果正常,可进行其他样品的电解。

9A.8　对于SPE电解系统,无论在电解进行还是停止使用的情况下,都要严防电解槽缺水。长期不使用时,应该在电解池中保存有一定量的二次蒸馏水,最好每隔一段时间更换一次,并通电电解一段时间,使电解池一直保持在良好状态。

9A.9　气氚采样点应选择在空旷处。

9A.10　应经常清洗除湿器的防尘网。

9A.11　应注意除湿机的最低工作湿度，所选除湿器的最低工作湿度应尽量低，以防天气干燥时，采样困难。

9A.12　除湿机的采样效率假定为100%。

不同气温空气饱和蒸气压与密度见附表9A－1。

附表9A－1　不同气温空气饱和蒸气压与密度表

气温 t/℃	饱和蒸气压 $p_{饱和}$		饱和密度	气温 t/℃	饱和蒸气压 $p_{饱和}$		饱和密度
	mmHg	hPa	$\rho_{饱和}$/(g·m^{-3})		mmHg	hPa	$\rho_{饱和}$/(g·m^{-3})
-2	4.0	5.27	4.24	11	9.8	13.1	9.97
-1.5	4.1	5.47	4.32	11.5	10.2	13.6	10.35
-1	4.3	5.68	4.55	12	10.5	14.0	10.63
-0.5	4.4	5.89	4.65	12.5	10.9	14.5	11.02
0	4.6	6.1	4.86	13	11.3	15.0	11.41
0.5	4.7	6.3	4.97	13.5	11.6	15.5	11.70
1	4.9	6.6	5.18	14	12	16.0	12.08
1.5	5.1	6.8	5.37	14.5	12.4	16.5	12.45
2	5.3	7.0	5.57	15	12.8	17.1	12.84
2.5	5.5	7.3	5.78	15.5	13.2	17.6	13.22
3	5.7	7.6	5.96	16	13.7	18.2	13.69
3.5	5.9	7.8	6.16	16.5	14.1	18.8	14.07
4	6.1	8.1	6.36	17	14.6	19.4	14.55
4.5	6.3	8.4	6.57	17.5	15	20.0	14.92
5	6.5	8.7	6.76	18	15.5	20.6	15.41
5.5	6.8	9	7.07	18.5	16	21.3	15.89
6	7	9.4	7.25	19	16.5	22.0	16.33
6.5	7.3	9.7	7.47	19.5	17.0	22.7	16.79
7	7.5	10.0	7.74	20	17.6	23.4	17.35
7.5	7.8	10.4	8.04	20.5	18.1	24.1	18.00
8	8	10.7	8.23	21	18.7	24.9	18.39
8.5	8.3	11.1	8.53	21.5	19.3	25.7	18.96
9	8.6	11.5	8.82	22	19.8	26.5	19.40
9.5	8.9	11.9	9.11	22.5	20.3	27.3	19.84
10	9.2	12.3	9.40	23	21.1	28.1	20.60

附表 9A－1(续)

气温 t/℃	饱和蒸气压 $p_{饱和}$		饱和密度	气温 t/℃	饱和蒸气压 $p_{饱和}$		饱和密度
	mmHg	hPa	$\rho_{饱和}$/(g·m^{-3})		mmHg	hPa	$\rho_{饱和}$/(g·m^{-3})
10.5	9.5	12.7	9.70	23.5	21.8	29.0	21.26
24	22.5	29.9	21.90	32.5	36.8	49.0	34.05
24.5	23.2	30.8	22.55	33	37.8	50.4	35.65
25	23.8	31.7	23.05	33.5	39.0	51.8	36.73
25.5	24.6	32.7	23.80	34	40.1	53.3	37.75
26	25.2	33.6	24.35	34.5	41.2	54.8	38.75
26.5	26.0	34.6	25.10	35	42.3	56.3	39.70
27	26.8	35.7	25.83	35.5	43.5	57.9	40.75
27.5	27.7	36.8	26.60	36	44.7	59.5	41.75
28	28.4	37.8	27.28	36.5	46.0	61.1	42.90
28.5	29.3	39.0	28.10	37	47.2	62.8	44.00
29	30.1	40.1	28.85	37.5	48.5	64.6	45.20
29.5	31.1	41.3	29.75	38	49.7	66.3	45.25
30	32	42.5	30.53	38.5	51.2	68.2	47.50
30.5	32.8	43.7	31.23	39	52.6	70.0	48.70
31	33.8	45.0	32.13	39.5	54.0	71.9	50.00
31.5	34.8	46.3	33.05	40	55.4	73.8	51.20
32	35.8	47.6	33.95	40.5	57.0	75.8	52.70

注:该表摘自潘自强主编的《电离辐射环境监测与评价》(原子能出版社,2007 年 12 月第 1 版)418－419 页。

第10章　工频电场和磁场监测

1　目的

本章规定了交流输电线路、变电站产生的工频电磁场以及一般环境中工频电磁场的测量方法，包括仪器、设备、环境条件、测量方法、布点要求、数据记录与处理、质量保证和不确定度计算等主要技术要求。

2　方法依据

(1)《交流输变电工程电磁环境监测方法(试行)》(HJ 681—2013)。

(2)《辐射环境保护管理导则　电磁辐射监测仪器和方法》(HJ/T 10.2—1996)。

3　测量原理

工频电场测量探头较常用的是悬浮型场强仪。悬浮型探头的工作原理是测量引入到被测电场的一个孤立导体的两部分(极板)之间的工频感应电流和感应电荷，由两部分之间的电容和取样电阻形成回路，测量电阻上的电压，以得到工频感应电流，通过校准获得电流和场强的对应关系。

工频磁场测量仪器的工作原理是由在工频磁场中的电屏蔽线圈感应出电动势，线圈端接取样电路形成回路，由此获得回路中电路与磁场之间的关系。

4　仪器、设备

工频电场和磁场的监测应使用专用的探头或工频电场、磁场监测仪器。工频电场监测仪器和工频磁场监测仪器可以是单独的探头，也可以是将两者合成的仪器。

工频电场和磁场监测仪器的探头可为一维或三维。一维探头一次只能监测空间某点一个方向的电场或磁场强度；三维探头可以同时测出空间某一点三个相互垂直方向(X、Y、Z)的电场、磁场强度分量。

探头通过光纤与主机(手持式)连接时，光纤长度不应小于2.5 m。监测仪器应用电池供电。

工频电场监测仪器探头支架应采用不易受潮的非导电材质。

仪器的监测结果应选用仪器的方均根值读数，方均根值参见《电工术语 基本术语》(GB/T 2900.1—2008)。

在使用仪器前后应清点各附件是否齐全，附件包括天线(探头)、连接光纤、远程读数器和三脚架。

5　环境条件

环境条件应符合行业标准和仪器标准中规定的使用条件。监测工作应在无雪、无雨、无雾、无冰雹的天气下进行。监测时环境湿度应在 80% 以下,避免监测仪器支架泄漏电流等影响。

6　测量方法

监测点应选择在地势平坦、远离树木且没有其他电力线路、通信线路及广播线路的空地上。

监测仪器的探头应架设在地面(或立足平面)上方 1.5 m 高度处,也可根据需要在其他高度监测,并在监测报告中注明。

监测工频电场时,监测人员与监测仪器探头的距离不应小于 2.5 m。监测仪器探头与固定物体的距离不应小于 1 m。

监测工频磁场时,监测探头可以用一个小的电介质手柄支撑,并可由监测人员手持。采用一维探头监测工频磁场时,应调整探头使其位置在监测最大值的方向。

7　布点要求

验收监测按《交流输变电工程电磁环境监测方法(试行)》(HJ 681—2013)和监测方案进行布点。

委托监测原则上根据委托单位要求进行布点。

7.1　架空输电线路

断面监测路径应选择在以导线挡距中央弧垂最低位置的横截面方向上。单回输电线路应以弧垂最低位置处中相导线对地投影点为起点,同塔多回输电线路应为弧垂最低位置处档距对应两杆塔中央连线对地投影为起点,监测点应均匀分布在边相导线两侧的横断面方向上。对于挂线方式以杆塔对称排列的输电线路,只需要在杆塔一侧的横断面方向上布置监测点。监测点间距一般为 5 m,顺序测至距离边导线对地投影外 50 m 处为止。在测量最大值时,两相邻监测点的距离应不大于 1 m。

除在线路横断面监测外,也可在线路其他位置监测,应记录监测点与线路的相对位置关系以及周围的环境情况。

7.2　地下输电电缆

断面监测路径是以地下输电电缆线路中心正上方的地面为起点,沿垂直于线路方向进行,监测点间距为 1 m,顺序测至电缆管廊两侧边缘各外延 5 m 处为止。对于以电缆管廊中心对称排列的地下输电电缆,只需要在管廊一侧的横断面方向上布置监测点。

除在电缆横断面监测外,也可在线路其他位置监测,应记录监测点与电缆管廊的相对位置关系以及周围的环境情况。

7.3　变电站(开关站、串补站)

监测点应选择在无进出线或远离进出线(距离边导线地面投影不小于 20 m)的围墙外且距离围墙 5 m 处布置。如在其他位置监测,应记录监测点与围墙的相对位置关系以及周围的环境情况。

断面监测路径应以变电站围墙周围的工频电场和工频磁场监测最大值处为起点,在垂直于围墙的方向上布置,监测点间距为 5 m,顺序测至距离围墙 50 m 处为止。

7.4　建(构)筑物

在建(构)筑物外监测,应选择在建筑物靠近输变电工程的一侧,且距离建筑物不小于 1 m 处布点。

在建(构)筑物内监测,应在距离墙壁或其他固定物体 1.5 m 外的区域处布点。如不能满足上述距离要求,则取房屋立足平面中心位置作为监测点,但监测点与周围固定物体(如墙壁)间的距离不小于 1 m。

在建(构)筑物的阳台或平台监测,应在距离墙壁或其他固定物体(如护栏)1.5 m 外的区域布点。如不能满足上述距离要求,则取阳台或平台立足平面中心位置作为监测点。

8　数据记录与处理

8.1　读取数据

每个监测点连续测 5 次,每次测量时间不少于 15 s,并读取稳定状态时的最大值。

若测量读数起伏较大,则应适当延长测量时间。

8.2　数据记录

原始数据的记录应该使用一定格式的记录纸。应记录监测时的环境温度、相对湿度、天气状况等环境条件以及监测仪器、监测时间等;对于输电线路,应记录线路电压、电流等;对于变电站,应记录监测位置处的设备布置、设备名称以及母线电压和电流等;记录周围环境状况,必要时可绘图说明。

8.3　数据处理

每个测点的监测结果表达方式为,5 次读数的算术平均值 ± 平均值的标准偏差。

9　质量保证

监测点位置的选取应具有代表性。

监测所用仪器应与所测对象中频率、量程、响应时间等方面相符合。

监测仪器应定期校准,并在其证书有效期内使用。每次监测前后均检查仪器,确保仪器在正常工作状态。

监测人员应经业务培训,考核合格并取得岗位合格证书。现场监测工作须不少于两名监测人员才能进行。

监测中异常数据的取舍以及监测结果的数据处理应按统计学原理处理。

监测时尽可能排除干扰因素,包括人为干扰因素和环境干扰因素。

应建立完整的监测文件档案。

10　不确定度

10.1　数学模型

工频电场

$$y_{[E]} = E$$

工频磁感应强度

$$y_{[B]} = B$$

式中　y——测量结果；

E——电场强度；

B——磁感应强度。

10.2　不确定度来源分析

10.2.1　A 类

测量重复性引入的不确定度。

10.2.2　B 类

仪器引入的不确定度，包括仪器固有误差（absolute error）、频响平坦度（flatness of frequency response）、线性（linearity）、各向同性响应（isotropic response）修正引入的不确定度。

10.3　标准不确定度

10.3.1　A 类

工频电场

$$u_{A[E]} = \sqrt{\frac{1}{n(n-1)}\sum_{i=1}^{n}(E_i - \overline{E})^2} \quad (\mathrm{V/m})$$

式中　$u_{A[E]}$——A 类标准不确定度；

n——单次测量次数（一般为 5 次）；

E_i——工频电场单次读数，V/m；

$\overline{E}$——工频电场单次测量平均值，V/m。

以 dB 表示的相对标准不确定度 $u_{\mathrm{rel\ A}[E]}$：

$$u_{\mathrm{rel\ A}[E]} = 20\lg\frac{u_{A[E]} + \overline{E}}{\overline{E}} \quad (\mathrm{dB})$$

工频磁场

$$u_{A[B]} = \sqrt{\frac{1}{n(n-1)}\sum_{i=1}^{n}(B_i - \overline{B})^2} \quad (\mathrm{mT、\mu T、nT})$$

式中　$u_{A[B]}$——A 类标准不确定度；

n——单次测量次数（一般为 5 次）；

B_i——工频磁感应强度单次读数，mT、μT、nT；

$\overline{B}$——工频磁感应强度测量平均值，mT、μT、nT。

以 dB 表示的相对标准不确定度 $u_{\mathrm{rel\ A}[B]}$：

$$u_{\mathrm{rel\ A}[B]} = 20\lg\frac{u_{A[B]} + \overline{B}}{\overline{B}} \quad (\mathrm{dB})$$

10.3.2　B 类

以常用仪器 PMM8053A/EHP50C 型工频仪和 HI－3604 型工频仪举例说明。

10.3.2.1　PMM8053A/EHP50C 型工频仪

根据 PMM8053A/EHP50C 型工频仪仪器说明书，各影响因子引入的允差和相对标准不确定度见表 10－1。

表 10－1　PMM8053A/EHP50C 型工频仪各影响因子引入的允差和标准不确定度

影响因子	允差/dB	k	$u_{\mathrm{rel\ B}_i}$/dB
固有误差	±0.5	$\sqrt{3}$ 平均分布	0.29
频响平坦度	±0.5		0.29
各向同性响应	±1		0.58
线性	±0.2		0.12

注：工频电场强度和工频磁感应强度各影响因子允差相同。

10.3.2.2　HI－3604 型工频仪

HI－3604 型工频仪仪器说明书直接给出了工频电场强度和工频磁感应强度的测量不确定度，均为 1.2 dB($k=2$)。则该仪器的 B 类相对标准不确定度为

$$u_{\mathrm{rel\ B}}=1.2/2=0.6\ \mathrm{dB}$$

10.3.3　合成相对标准不确定度

$$u_{\mathrm{rel}[E]}=\sqrt{u_{\mathrm{rel\ A}[E]}^2+\sum_{i=1}^{n}u_{\mathrm{rel\ B}_i[E]}^2}\quad(\mathrm{dB})$$

$$u_{\mathrm{rel}[B]}=\sqrt{u_{\mathrm{rel\ A}[B]}^2+\sum_{i=1}^{n}u_{\mathrm{rel\ B}_i[B]}^2}\quad(\mathrm{dB})$$

10.4　扩展不确定度

取置信概率为 95%，包含因子 $k=2$，工频电磁场测量相对扩展不确定度如下：

工频电场强度

$$U_{\mathrm{rel}[E]}=ku_{\mathrm{rel}[E]}=2u_{\mathrm{rel}[E]}\quad(\mathrm{dB})$$

工频磁感应强度

$$U_{\mathrm{rel}[B]}=ku_{\mathrm{rel}[B]}=2u_{\mathrm{rel}[B]}\quad(\mathrm{dB})$$

10.5　计算实例

在某变电站周围环境中，使用 PMM8053A/EHP50C 型工频仪进行测量，测得一组工频电场强度和工频磁感应强度数据。测量数据见表 10－2。

表 10－2　某变电站环境工频电磁场测量结果

测量项目	读数 1	读数 2	读数 3	读数 4	读数 5
工频电场强度/(V · m^{-1})	1.480	1.484	1.482	1.489	1.486
工频磁感应强度/μT	0.131 8	0.133 0	0.132 9	0.132 2	0.132 6

10.5.1　A 类

工频电场

$$\overline{E}=1.484\ \text{V/m}$$

$n=5$ 次

$$u_{A[E]}=\sqrt{\frac{1}{n(n-1)}\sum_{i=1}^{n}(E_i-\overline{E})^2}=1.56\times10^{-3}\ \text{V/m}$$

$$u_{\text{rel A}[E]}=20\lg\frac{u_{A[E]}+\overline{E}}{\overline{E}}=0.009\ \text{dB}$$

工频磁场

$$\overline{B}=0.132\ 5\ \mu\text{T}$$

$n=5$ 次

$$u_{A[B]}=\sqrt{\frac{1}{n(n-1)}\sum_{i=1}^{n}(B_i-\overline{B})^2}=2.24\times10^{-4}\ \mu\text{T}$$

$$u_{\text{rel A}[B]}=20\lg\frac{u_{A[B]}+\overline{B}}{\overline{B}}=0.015\ \text{dB}$$

10.5.2　B 类

根据 PMM8053A/EHP50C 型工频仪仪器说明书,各影响因子引入的相对标准不确定度见表 10－1。工频电场强度和工频磁感应强度各影响因子允差相同,各 $u_{\text{rel B}_i}$(dB)取值如下:

固有误差 0.29;

频响平坦度 0.29;

各向同性响应 0.58;

线性 0.12。

10.5.3　合成相对标准不确定度

$$u_{\text{rel}[E]}=\sqrt{u^2_{\text{rel A}[E]}+\sum_{i=1}^{n}u^2_{\text{rel B}_i[E]}}=0.72\ \text{dB}$$

$$u_{\text{rel}[B]}=\sqrt{u^2_{\text{rel A}[B]}+\sum_{i=1}^{n}u^2_{\text{rel B}_i[B]}}=0.72\ \text{dB}$$

10.5.4　扩展不确定度

取置信概率为 95%,包含因子 $k=2$,工频电磁场测量相对扩展不确定度如下:

工频电场强度

$$U_{\text{rel}[E]}=ku_{\text{rel}[E]}=2u_{\text{rel}[E]}=1.44\ \text{dB}$$

工频磁感应强度

$$U_{\text{rel}[B]}=ku_{\text{rel}[B]}=2u_{\text{rel}[B]}=1.44\ \text{dB}$$

第 11 章　综合场强监测

1　目的

本章规定了产生电磁辐射影响的设备、设施周围环境电磁场水平测量和环境背景中电磁场水平的测量方法，包括仪器、设备、环境条件、测量方法、布点要求、数据记录与处理、质量保证和不确定度计算等主要技术要求。

2　方法依据

(1)《辐射环境保护管理导则　电磁辐射监测仪器和方法》(HJ/T 10.2—1996)。

(2)《移动通信基站电磁辐射环境监测方法(试行)》(环发〔2007〕114 号)。

3　测量原理

空间的辐射电磁场经天线接收，将电磁场转换为电压，并将此电压输入到电压测量仪表进行电压测量。天线或其他类型传感器的基本作用是将电磁场转换为电压。只要知道从场(E)到电压(v)的转换系数，就可以从测得的电压得知电磁场强度的数值。

4　仪器、设备

非选频式宽带辐射测量仪是指具有各向同性响应或有方向性探头(天线)的宽带辐射测量仪。仪器监测值为仪器频率范围内所有频率点上场强的综合值，应用于宽频段电磁辐射的监测。

监测中应尽量选用具有全向性探头(天线)的测量仪器。使用非全向性探头(天线)时，监测期间必须调节探测方向，直至测到最大场强值。

使用非选频式宽带辐射测量仪实施环境监测时，为了确保环境监测的质量，应对这类仪器电性能提出基本要求：

(1)各向同性误差≤ ±1 dB；

(2)系统频率响应不均匀度≤ ±3 dB；

(3)灵敏度为 0.5 V/m；

(4)校准精度为 ±0.5 dB。

5　环境条件

气候条件应符合行业标准和仪器标准中规定的使用条件，即无雪、无雨、无雾、无冰雹。测量记录表应注明环境温度、相对湿度及天气状况。

6　测量方法

6.1　测量时间

基本测量时间为 5:00～9:00，11:00～14:00，18:00～23:00 等城市环境电磁辐射的高峰期。若 24 h 昼夜测量，昼夜测量点不应少于 10 个。

测量间隔时间为 1 h，每个测量部位连续测 5 次，每次测量观察时间不少于 15 s，若读数起伏过大，应适当延长观察时间。

6.2　测量高度

一般取离地面 1.7 m 高度，也可根据不同目的选择测量高度。

6.3　测量位置

(1)取作业人员操作位置，距地面 1 m、1.7 m。

(2)取辐射体各辅助设施(计算机房、供电室等)中作业人员经常操作的位置，测量部位距地面 1 m、1.7 m。

(3)取辐射体附近的固定哨位、值班位置等。

7　布点要求

验收监测根据《辐射环境保护管理导则 电磁辐射监测仪器和方法》(HJ/T10.2—1996)和监测方案进行布点。

委托检测原则上根据委托单位要求进行布点。

考虑地形地物影响，实际测点应避开高层建筑物、树木、高压线以及金属结构等，尽量选择空旷的地方。

7.1　典型辐射体环境测量布点

对典型辐射体(如某个电视发射塔)周围环境实施监测时，则以辐射体为中心，以间隔 45°的 8 个方位为测量线，每条测量线上选取距场源分别为 30 m、50 m、100 m 等不同距离定点测量，测量范围根据实际情况确定。

7.2　一般环境测量布点

对整个城市电磁辐射进行测量时，根据城市测绘地图，将全区划分为 1 km×1 km 或 2 km×2 km 小方格，取方格中心为测量位置。

按上述方法在测绘地图上布点后，应对实际测点进行考察。考虑地形地物影响，实际测点应避开高层建筑物、树木、高压线以及金属结构等，尽量选择空旷的地方测试。允许对规定测点调整,测点调整最大为方格边长的1/4,对特殊地区方格允许不进行测量。需要对高层建筑测量时,应在各层阳台或室内选点测量。

7.3 移动通信基站(室外宏站)测量布点

监测点一般包括以下各点:

(1)基站所在大楼的监测点。

发射天线下方以及可看见天线的房间窗口,楼顶公众活动区域。机房门口根据居民要求也可布设测点。

(2)基站周围的建筑物。

以发射天线为中心,半径为50 m的范围内可能受影响的保护目标。

(3)对基站周围的托儿所、幼儿园、小学、敬老院、医院等敏感建筑应增加有代表性的点位进行监测。

(4)天线架设在落地塔上的基站,在水平距离70 m以内无建筑物的情况下,参照附件11A布点。

8 数据记录与处理

8.1 读取数据

每个测点连续测5次,每次测量时间不少于15 s,并读取稳定状态时的最大值。

若测量读数起伏较大,则应适当延长测量时间。

8.2 数据记录

原始数据的记录应该使用具有一定格式的记录纸,测量人和数据校核人应签名。应记录监测时的环境温度、相对湿度、天气状况等环境条件以及监测仪器、监测时间等;电磁发射设备设施的工作频率、发射高度、工况等;记录周围环境状况,必要时可绘图说明。

8.3 数据处理

每个测点的监测结果表达方式为,5次读数的算术平均值±平均值的标准偏差。

9 质量保证

监测点位置的选取应具有代表性。

监测所用仪器应与所测对象中频率、量程、响应时间等方面相符合。

监测仪器应定期校准,并在其证书有效期内使用。每次监测前后均应检查仪器,确保仪器处于正常工作状态。

监测人员应经业务培训,考核合格并取得岗位合格证书。现场监测工作须不少于两名监测人员才能进行。

监测中异常数据的取舍以及监测结果的数据处理应按统计学原理处理。

监测时尽可能排除干扰因素,包括人为干扰因素和环境干扰因素。

应建立完整的监测文件档案。

10　不确定度

10.1　数学模型

$$y = E$$

10.2　不确定度来源分析

(1) A 类

测量重复性引入的不确定度。

(2) B 类

被测量的综合场强按下式计算：

$$E = S + \delta S_F + \delta S_C + \delta S_L + \delta S_I + \delta S_T \tag{11-1}$$

式中　S——仪器示值；

δS_F——频响平坦度误差修正；

δS_C——校准不确定度误差修正；

δS_L——线性误差修正；

S_I——各向同性响应误差修正；

S_T——温漂误差修正。

上述各项误差修正引入了 B 类不确定度。

10.3　标准不确定度

(1) A 类

$$u_A = \sqrt{\frac{1}{n(n-1)}\sum_{i=1}^{n}(x_i - \bar{x})^2} \quad (\text{V/m}) \tag{11-2}$$

式中　u_A——A 类标准不确定度；

n——单次测量次数（一般为 5 次）；

x_i——场强单次读数，V/m；

$\bar{x}$——单次测量平均值，V/m。

以 dB 表示的相对标准不确定度 $u_{rel\,A}$：

$$u_{rel\,A} = 20\lg\frac{u_A + \bar{x}}{\bar{x}} \quad (\text{dB})$$

(2) B 类

根据常用仪器 NBM500 系列的仪器说明书，10.2(2) 部分所述各因子允差和标准不确定度见表 11－1。

表 11－1　各因子允差和标准不确定度

仪器型号	影响因子	允差/dB	k	$u_{\text{rel B}_i}$/dB
NBM500series/EF0391	频响平坦度	±1(1 MHz～1 GHz) ±1.25(1 GHz～2.45 GHz)	$\sqrt{3}$ 平均分布	0.58(1 MHz～1 GHz) 0.72(1 GHz～2.45 GHz)
	校准不确定度	±1(<400 MHz) ±1.5(400 MHz～1.8 GHz) ±1(≥1.8 GHz)		0.58(<400 MHz) 0.87(400 MHz～1.8 GHz) 0.58(≥1.8 GHz)
	线性	±0.5(1.2～200 V/m) ±0.7(200～320 V/m)		0.29(1.2～200 V/m) 0.40(200～320 V/m)
	各向同性响应	±1		0.58
	温漂	+0.2/－1		0.35
NBM500series/EF1891	频响平坦度	±1(10 MHz～1.8 GHz) ±2(1.8 GHz～6 GHz) ±3(>6 GHz)		0.58(10 MHz～1.8 GHz) 1.15(1.8 GHz～6 GHz) 1.73(>6 GHz)
	校准不确定度	±1(<400 MHz) ±1.5(400 MHz～1.8 GHz) ±1(≥1.8 GHz)		0.58(<400 MHz) 0.87(400 MHz～1.8 GHz) 0.58(≥1.8 GHz)
	线性	±3(0.8～1.65 V/m) ±1(1.65～3.3 V/m) ±0.5(3.3～300 V/m) ±0.8(300～1 000 V/m)		1.73(0.8～1.65 V/m) 0.58(1.65～3.3 V/m) 0.29(3.3～300 V/m) 0.46(300～1 000 V/m)
	各向同性响应	±1(27 MHz～1 GHz) ±2(1 GHz～18 GHz)		0.58(27 MHz～1 GHz) 1.15(1 GHz～18 GHz)
	温漂	+0.2/－1.5		0.43

(3)合成相对标准不确定度

$$u_{\text{rel}} = \sqrt{u_{\text{rel A}}^2 + \sum_{i=1}^{m} u_{\text{rel B}_i}^2} \quad (\text{dB}) \qquad (11-3)$$

式中，$u_{\text{rel B}_i}$值根据测量对象的频率和测值范围，在表 11－1 中选取。

10.4　扩展不确定度

取置信概率为 95%，包含因子 $k=2$，综合场强测量相对扩展不确定度：

$$U_{\text{rel}} = ku_{\text{rel}} = 2u_{\text{rel}} \quad (\text{dB})$$

附件 11A　综合场强测量不确定度计算实例

在某发射频率为 1 800 MHz 的移动通信基站周围环境中,使用 NBM520/EF0391 型综合场强仪进行测量,测得一组电场强度数据。测量数据见表 11A－1。

表 11A－1　某移动通信基站环境综合电场测量结果

测量项目	读数 1	读数 2	读数 3	读数 4	读数 5
电场强度/(V/m)	1.47	1.42	1.46	1.48	1.44

(1)A 类

电场强度计算:

$$\bar{x}=1.45\ \text{V/m}$$

$n=5$ 次

$$u_{\text{A}}=\sqrt{\frac{1}{n(n-1)}\sum_{i=1}^{n}(x_i-\bar{x})^2}=1.08\times10^{-2}\ \text{V/m}$$

$$u_{\text{rel A}}=20\lg\frac{u_{\text{A}}+\bar{x}}{\bar{x}}=0.064\ \text{dB}$$

(2)B 类

根据 NBM520/EF0391 型综合场强仪仪器说明书,各影响因子引入的标准不确定度见表 11A－1。根据测量对象的频率和测值范围,各 $u_{\text{rel B}_i}$(dB)取值如下:

频响平坦度 0.72;

校准不确定度 0.58;

线性 0.29;

各向同性响应 0.58;

温漂 0.35。

(3)合成相对标准不确定度

$$u_{\text{rel}[E]}=\sqrt{u_{\text{rel A}[E]}^2+\sum_{i=1}^{n}u_{\text{rel B}_i[E]}^2}=1.18\ \text{dB}$$

(4)扩展不确定度

取置信概率为 95%,包含因子 $k=2$,电场强度测量相对扩展不确定度如下:

电场强度

$$U_{\text{rel}[E]}=ku_{\text{rel}[E]}=2u_{\text{rel}[E]}=2.36\ \text{dB}$$

第 12 章　环境 γ 辐射剂量率连续监测

1　目的

本章适用于辐射环境质量监测和核设施周围辐射环境监督性监测的 γ 辐射剂量率连续监测，包括仪器操作、数据采集、数据统计和分析、质量保证、仪器刻度和不确定度计算等主要技术要求。

2　方法依据

《环境 γ 辐射剂量率测量技术规范》（HJ 1157—2021）。

3　仪器、设备

环境 γ 辐射剂量率连续监测应采用高气压电离室或闪烁体探测器。仪器应具备数据自动采集、存储或遥控传输功能；量程必须兼顾正常与事故情况；有足够的灵敏度；有良好的温度特性、角响应特性和能量响应特性（50 keV ~ 3 MeV 相对响应之差小于 < ±30%，相对于 ^{137}Cs 参考 γ 辐射源）。

通常环境 γ 辐射剂量率连续监测还应同时同址连续监测雨量、风速、风向、温度、湿度、气压等气象数据。

4　布点原则

4.1　环境质量

环境质量监测中的 γ 辐射剂量率连续监测点选址应具有较好的代表性，兼顾区域面积和人口因素，充分考虑陆地代表性和居民剂量代表性；应与所在区域建设规划充分衔接，以保证监测数据的连续性和可比性；应综合考虑通信、交通、安全、供电、防雷、防水淹等因素。

γ 辐射剂量率连续监测点应选择周围环境相对稳定、开阔平坦的陆地，与铁路路基距离不小于 200 m，与公路路基距离不小于 30 m，与大型水体距离不小于 500 m，与高大建筑物距离不小于 30 m，避开陡峭的山体，与住宅、树林保持适当距离。

4.2　核设施周围监督性监测

核设施周围辐射环境监督性监测的 γ 辐射剂量率连续监测点应根据实际地形、人口分布和监测需要等因素选定，并考虑事故、灾害的影响，包括关键人群所在地区、核设施的主导下风向、人口密集区和应急通道等地区。

对照点应设置在不易受核设施影响的地方。

除对照点外，核设施周围辐射环境监督性监测的 γ 辐射剂量率连续监测点应设置在核设施烟羽应急计划区范围内；监测点应具备适宜的交通、通信、电力及工程地质等基础条件，选择电力供应长期有保证且电压稳定、环境条件安全可靠（避开可能造成高温、多湿、扬尘和易受事故、灾害影响的场所）的地区，以保证监测点的连续稳定管理。

监测点应尽可能选择不受人为活动影响的地点，选择周围环境、建筑物对监测点影响最小的位置，监测点和周围高大建筑的间距与建筑物高度比不小于1:1，直线距离不小于30 m。

5 测量时间

不间断连续监测，其中核设施周围辐射环境监督性监测应从核设施运行时开展连续测量。

6 测量方法与步骤

连续监测设备开启后即自动开始测量和保存数据，其中环境质量的γ辐射剂量率连续监测数据保存间隔一般为60 s，核设施辐射环境监督性监测γ辐射剂量率连续监测数据保存间隔一般为30 s。

如发生核与辐射事故，γ辐射剂量率应测量从本底水平到事故状况下环境辐射场空气吸收剂量率的连续变化值。

7 数据处理

原始数据自动保存在计算机中。每天定时处理所测数据，若发现异常数据，应及时查找原因，确保测量值的准确性和代表性。

环境γ辐射剂量率按照公式（12-1）计算。

$$D = k_1 R \text{（未扣除宇宙射线响应值）}$$

或

$$D = k_1 R - k_2 R_c \text{（扣除宇宙射线响应值）} \tag{12-1}$$

式中 D——测点处环境γ辐射空气吸收剂量率响应值，nGy/h；

k_1——仪器检定/校准因子；

R——仪器测量读数均值，nGy/h；

k_2——仪器在测量宇宙射线时所用量程刻度因子，nGy/h；

R_c——测点处宇宙射线响应值，nGy/h。

数据的有效位数和误差表达方式应符合误差理论的相关规定。保留的有效数字位数一般应比监测依据中技术参数的有效位数多1位。

8 原始记录

原始记录的内容应包括点位名称、刻度系数、测量时间、测量数据、气象数据（包括雨量、风速、风向、温度、湿度、气压等）。

9 质量控制

投入使用的连续监测设备须在检定/校准的有效期内。每次检定/校准前，应对仪器的工作状况做一次全面的检查，确保仪器工作状态正常。应定期在稳定辐射场内检查连续监测设备的稳定性和可靠性。

10 数据统计和分析

γ 辐射剂量率原始数据从连续 γ 辐射剂量率监测设备传输至数据中心，经过初步分析之后，再对初步分析出的偏离值进行人工分析，判断 γ 辐射剂量率的增高是否由人工放射性核素引起，是否与有效的放射性测量相符，是否由其他原因引起。

原始数据初步分析的准则包括单剂量率法、标准偏差法以及瞬间剂量率值和 5 min 平均值的标准差联合筛选等方法。单剂量率法是指根据连续 γ 辐射剂量率监测系统多年运行经验，用某一辐射剂量率为筛选标准，对超过筛选标准的瞬时 γ 剂量率监测数据进行人工分析。标准偏差法，即以标准偏差（一般为 5 min 平均值的标准偏差）的 k 倍为筛选标准，如式（12 - 3）所示：

$$\bar{x} - k\sigma \leqslant x_i \leqslant \bar{x} + k\sigma \tag{12-3}$$

式中，$\bar{x}$为长时间段（如 1 年）的 γ 辐射剂量率平均值，σ 为同时间段的 γ 辐射剂量率标准偏差，k 为可信因子。k 的取值一般为 2，3 或 4。IAEA 在其技术报告（IAEA - TECDOC - 1312）中指出，若将 k 值分别设为 4 和 3，则误报概率分别约为 10^{-4}和 10^{-3}。

引起 γ 辐射剂量率测量值异常的原因有很多，包括天然原因、仪器故障、外部人为原因（如周边场所开展 γ 探伤等）和核事故。一些天然因素会影响环境 γ 剂量率的监测，如降雨、风、温度、湿度、气压和宇宙射线强度的变化等。对于天然原因造成的 γ 连续监测异常值，可以结合气象数据和其他监测设备进行分析和排除。一旦确认是排放引起的剂量率变化，则要及时向上级主管部门上报异常时间、原始数据、剂量率曲线以及该时段的温度和雨量等参数。

11 仪器维护

为保证设备稳定可靠运行，须每周至少对测量系统进行一次日常维护，具体维护内容如下：

（1）检查站房电压是否稳定在 380 V 左右并记录站房电压，电压上下波动不应超过 20 V。

（2）检查站房运行过程中是否出现异常响声或异常味道。

（3）检查空调是否正常运行，可用遥控器开启测试制热或制冷功能。

（4）检查辐射环境自动监测系统软件是否正常运行，检查各设备在软件界面上显示是否运行正常；检查软件网络通信状态，看是否连接至省级及国家级数据中心。

（5）强降雨降尘后应检查站房有无漏雨积尘现象。

（6）若站房停电超过 7 h，再来电时须进入站房检查站房及软件是否正常启动。

12　不确定度分析

未扣除宇宙射线响应值的 γ 辐射剂量率不确定度分量由两部分构成：一是现场重复测量引入的 A 类不确定度；二是仪器检定时刻度因子引入的 B 类不确定度。

扣除宇宙射线响应值的 γ 辐射剂量率不确定度分量由三部分构成：一是现场重复测量引入的 A 类不确定度；二是仪器检定时刻度因子引入的 B 类不确定度；三是测量宇宙射线响应值时引入的 A 类不确定度。

12.1　现场测量引入的不确定度

（1）现场测量重复性引入的不确定度 u_1

现场重复测量时，测量 i 次，平均值为 $\bar{x}$，标准偏差为 u_{R1}，相对标准不确定度 u_1 为

$$u_1 = \frac{u_{R1}}{\bar{x}}$$

（2）仪器检定时刻度因子的标准不确定度 u_2

检定证书中给出刻度因子的不确定度为 u_k，包含因子为 k，则刻度因子的标准不确定度 u_2 为

$$u_2 = \frac{u_k}{k}$$

（3）现场测量合成标准不确定度 $u(R)$

$$u(R) = \sqrt{u_1^2 + u_2^2} \approx \sqrt{0.0346^2 + 0.05^2} \approx 0.0608 = 6.08\%$$

（4）未扣除宇宙射线响应值不确定度合成

监测结果不扣除宇宙射线响应值时，测量值的不确定度为

$$u(D) = u(R) = 6.08\%$$

则扩展不确定度为 $U = k \cdot u(D)$，扩展系数 $k = 2$ 或 3。

12.2　宇宙射线响应值测量时引入的不确定度

（1）重复测量 R_c 的相对标准不确定度

R_c 为水面上重复测量的平均值，因剂量率较低，不确定度较大，一般要测 80 次或更多。假定 80 次的相对标准不确定度最大约为 20%，按 80 次测量的平均值的相对标准不确定度 u_3 为

$$u_3 = \frac{20\%}{\sqrt{80}} \approx 2.24\%$$

（2）仪器检定时刻度系数的标准不确定度

假定中国计量院检定证书中给出刻度因子的不确定度为 10%，$k = 2$，则刻度系数的相对标准不确定度为

$$u_4 = \frac{u(k_2)}{k} = 5\%$$

（3）宇宙射线响应值测量的相对合成标准不确定度

$$u(R_c) = \sqrt{u_3^2 + u_4^2}$$

12.3 扣除宇宙射线响应值的合成不确定度

扣除宇宙射线响应值测量结果标准不确定度为

$$u(D)=\sqrt{u_R^2+u_{R_c}^2}=\sqrt{u_1^2+u_2^2+u_3^2+u_4^2}$$

则扩展不确定度为 $U=k\cdot u(D)$，扩展系数 $k=2$ 或 3。

附件 12A 环境γ辐射剂量率连续监测不确定度评价实例

12A.1 测量不确定度的评定过程和方法

(1)建立数学模型；

(2)列出测量不确定度的来源；

(3)不确定度的分类评定；

(4)计算合成标准不确定度；

(5)评定扩展不确定度；

(6)测量不确定度的报告。

12A.2 建立数学模型

$$D=k_1R\text{（未扣除宇宙射线响应值）}$$

或

$$D=k_1R-R_c\text{（扣除宇宙射线响应值）}$$

式中 D——测点处环境γ辐射空气吸收剂量率响应值，nGy/h；

k_1——仪器检定/校准因子；

R——仪器测量读数均值，nGy/h；

k_2——仪器在测量宇宙射线时所用量程刻度因子，nGy/h；

R_c——测点处宇宙射线响应值，nGy/h。

12A.3 标准不确定度分量

未扣除宇宙射线响应值的γ辐射剂量率不确定度分量由两部分构成：一是现场重复测量引入的A类不确定度；二是仪器检定时刻度因子引入的B类不确定度。

扣除宇宙射线响应值的γ辐射剂量率不确定度分量由三部分构成：一是现场重复测量引入的A类不确定度；二是仪器检定时刻度因子引入的B类不确定度；三是测量宇宙射线响应值时引入的A类不确定度。

12A.3.1 测量R的相对标准不确定度

(1)重复测量引入的不确定度

测量同点位的γ辐射剂量率10次，读取稳定状态值，共获得10个数据，结果见表

12A－1。计算其平均值和标准偏差 u_{R_1}，则相对标准不确定度为

$$u_1=\frac{u_{R_1}}{\bar{x}}=\frac{3.0}{86.6}\approx 3.46\%$$

表 12A－1　环境γ辐射剂量率监测结果　　单位：nGy/h

次数	1	2	3	4	5	6	7	8	9	10
读数	82.4	84.3	84.5	84.4	85.3	85.8	87.6	91.1	90.4	90.1
平均值 X	86.6									
标准偏差 S	3.0									
宇宙射线响应值	17.0									

（2）仪器检定时刻度系数的标准不确定度

假定中国计量院检定证书中给出刻度因子的不确定度为10%，$k=2$，则刻度系数的相对标准不确定度为

$$u_2=\frac{u(k_1)}{k}=5.0\%$$

（3）现场测量合成标准不确定度

$$u(R)=\sqrt{u_1^2+u_2^2}=\sqrt{0.0346^2+0.05^2}\approx 0.0608=6.08\%$$

（4）未扣除宇宙射线响应值不确定度合成

监测结果不扣除宇宙射线响应值时，测量值的不确定度为

$$u(D)=u(R)=6.08\%$$

则扩展不确定度为 $U=k\cdot u(D)$，扩展系数 $k=2$ 或3。

表12A－1监测结果最终表示如下：

86.6±10.5 nGy/h（未扣除宇宙射线响应值）

12A.3.2　宇宙射线响应值测量的相对标准不确定度

（1）重复测量 R_c 的相对标准不确定度

R_c 为水面上重复测量的平均值，因剂量率较低，不确定度较大，一般要测80次或更多。假定80次的相对标准不确定度最大约为20%，按80次测量的平均值的相对标准不确定度 u_3 为

$$u_3=\frac{20\%}{\sqrt{80}}\approx 2.24\%$$

（2）仪器检定时刻度系数的标准不确定度的计算

假定中国计量院检定证书中给出刻度因子的不确定度为10%，$k=2$，则刻度系数的相对标准不确定度为

$$u_4=\frac{u(k_2)}{k}=5\%$$

(3)宇宙射线响应值测量的相对合成标准不确定度 $u(R_c)$ 为

$$u(R_c) = \sqrt{u_3^2 + u_4^2}$$

$$u(R_c) = \sqrt{(0.05^2 + 0.0224^2)} = 5.48\%$$

12A.3.3 扣除宇宙射线响应值的合成不确定度

扣除宇宙射线响应值的相对合成标准不确定度为

$$u(D) = \sqrt{u_R^2 + u_{R_c}^2} = \sqrt{u_1^2 + u_2^2 + u_3^2 + u_4^2}$$

则

$$u(D) = \sqrt{0.0346^2 + 0.05^2 + 0.05^2 + 0.0224^2} \approx 8.18\%$$

扩展不确定度 $U_R = 16.4\%$ $(k = 2)$。

如果宇宙射线响应值为 17.0 nGy/h,那么表 12A－1 扣除宇宙射线响应值后监测结果最终表示如下:

69.6 ± 11.4 nGy/h(已扣除宇宙射线响应值)

第二篇　化学分析技术

第13章　沉降物中^{90}Sr测量分析

1　目的

本章规定了国控网辐射环境质量监测项目沉降物中的^{90}Sr核素的测量分析方法，包括样品的采集、保存和管理、测量方法、数据处理、质量保证、仪器刻度和不确定度计算等主要技术要求。

2　方法依据

大气沉降物由Si、Al^{3+}、K^{+}、Na^{+}、Ca^{2+}、Mg^{2+}、NH_4^{+}等阳离子，以及SO_4^{2-}、NO_3^{-}、NO_2^{-}、PO_4^{3-}、SiO_3^{2-}等阴离子构成，其组分与土壤主要化学成分（碳、氧、硅、铝、钠、磷、铁等元素）较为接近，因此，在辐射环境监测工作中，根据理论推断和实际操作经验，我们可以借鉴、比照《土壤中锶-90的分析方法》（EJ/T 1035—2011），以及一些放射性核素在各种介质中的分析方法，对沉降物中的^{90}Sr核素进行处理和分析。

3　测量原理

前处理使用浸取法，用盐酸浸取沉降灰样，经草酸盐和柠檬酸三钠沉淀，灼烧，用硝酸溶解，通过涂有二-(2-乙基己基)磷酸酯（D2EHP）的聚三氟氯乙烯（kel-F）色层柱定量吸附钇，使钇与锶、铯等低价离子分离，再以1.0 mol/L盐酸溶液和1.3 mol/L硝酸溶液依次淋洗色层柱，消除铈、钷等稀土离子，最终以6.0 mol/L硝酸解吸钇。以草酸钇沉淀形式进行β计数，实现^{90}Sr的快速测定。

4　试剂、材料

除非另有说明，试剂均为分析纯，实验用水为新制备的去离子水或蒸馏水，试剂中的放射性必须保证空白样品测得的计数率低于探测仪器本底的统计误差。

(1)HDEHP-kel-F色层柱（内径8~10 mm）。

装柱：色层柱的下部用脱脂棉填充，关紧活塞。将制备好的色层粉用0.1 mol/L硝酸溶液湿法装柱，沉积3天以上。

每次使用后用50 mL 6.0 mol/L硝酸溶液洗涤柱子，流速1 mL/min。再用水洗涤至流出液的pH值为1.0，待用。再生不应超过3次。

(2)P204萃淋树脂：涂有二-(2-乙基己基)磷酸酯的聚三氟氯乙烯，40~80目。

(3)浓硝酸：浓度65.0%~68.0%（质量分数）。

(4)过氧化氢：浓度不小于30%（质量分数）。

(5)草酸。

(6)无水乙醇:浓度不小于99.5%(质量分数)。

(7)浓盐酸:浓度36.0% ~38.0%(质量分数)。

(8)氢氧化铵(或氨水):浓度25.0% ~28.0%(质量分数)。

(9)硝酸:6.0 mol/L。

(10)硝酸:1.5 mol/L。

(11)硝酸:0.1 mol/L。

(12)饱和碳酸铵溶液。

(13)饱和草酸溶液:称取110 g草酸溶于1 L水中,稍许加热,不断搅拌,冷却后盛于试剂瓶中。

(14)草酸溶液:浓度0.5%(质量分数)。

(15)盐酸:6.0 mol/L。

(16)盐酸:2.0 mol/L。

(17)盐酸:0.1 mol/L。

(18)二水合柠檬水三钠:纯度99%。

(19)锶载体溶液:约50 mg Sr/mL。

配制:称取153 g氯化锶($SrCl_2 \cdot 6H_2O$)溶解于0.1 mol/L硝酸溶液中,转入1 L容量瓶中,用0.1 mol/L硝酸溶液稀释至刻度。

标定:取4份2.00 mL锶载体溶液4(19)分别置于烧杯中,加入20 mL水,用氢氧化铵(4(8))调节pH值至8.0,加入5 mL饱和碳酸铵溶液(4(12)),加热至近沸,使沉淀凝聚,冷却。用已恒重的G4玻璃砂芯漏斗抽滤,用水和无水乙醇(4(6))各10 mL洗涤沉淀,在105 ℃下烘1 h,直至恒重。冷却,称重。

(20)$^{90}Sr-^{90}Y$标准溶液:约1 000 dpm/mL。

(21)钇载体溶液:约20 mg/mL。

配制:称取86.2 g硝酸钇[$Y(NO_3)_3 \cdot 6H_2O$]于100 mL 6.0 mol/L HNO_3烧杯中,加热溶解后,冷却,转入1 L容量瓶中,用水稀释至刻度。

标定:取4份2.00 mL钇载体溶液分别置于烧杯中,加入30 mL水和5 mL饱和草酸溶液(4(13)),用氢氧化铵(4(8))调节pH值至1.5。在水浴中加热,使沉淀凝聚,冷却至室温。沉淀过滤在置有定量滤纸的漏斗中,依次用水、无水乙醇(4(6))各10 mL洗涤沉淀。取下滤纸置于瓷坩埚中,在电炉上烘干,炭化后,置于900 ℃马弗炉中灼烧1 h,直至恒重。在干燥器中冷却,称重。

5 仪器、设备

(1)低本底β测量仪,推荐β本底计数率在0.5 cpm以下。

(2)分析天平,感量0.1 mg。

(3)电热板、电炉或其他加热设备。

(4)烘箱。

(5)红外箱或红外灯。

(6)马弗炉,能在600±10 ℃下保持恒温。

(7)测量盘。测量盘的厚度至少为250 mg/cm^2,应为带有边沿的不锈钢盘,盘的直径取决于探测器的大小,即由探测器直径和样品盘托的大小决定。

(8)烧杯。

(9)瓷坩埚。

瓷坩埚的恒重:将瓷坩埚在350±10 ℃下灼烧1 h,取出在干燥器内冷却,恒重到±1 mg。

(10)可拆卸式漏斗。

(11)一般实验室常用仪器和设备。

6　采样与预处理

6.1　沉降物采样点位设置

取样器安放在距地面一定高度、周围开阔、无遮盖的平台上,收集盘底面保持水平,盘口离地面1~1.5 m,以防扬尘干扰。

6.2　沉降物采样器

常用的放射性干沉降物收集器一般为有一定接收面积和一定深度的不锈钢盘(盆)。湿沉降物则主要为带有储水器(桶)的降水(雪)采集盘。

6.3　沉降物的采集

(1)干沉降物的采集

湿法采样:采样盘中注入蒸馏水,须保证水深常在1~2 cm,常规监测中,一般收集时间为一个月。针对^{90}Sr分析进行收集时,为保证样品量,可适当增大采样面积和延长放置时间。

干法采样:在采样盘内涂抹一层硅油或甘油,供收集之用。

在采样过程中,应间隔一定时间对采样器进行观察和维护,防止地面大块扬尘和落叶、小虫之类的杂物直接进入采样盘,并做好记录。有必要时,可在沉降盘顶设置适当的百叶窗片进行一定的遮蔽。

(2)湿沉降物的采集

储水器(桶)要定时观察,雨季时最好每日进行观察。在暴雨情况下要及时更换储水器(桶),防止外溢。

采样完毕后,采样盆和储水器(桶)用蒸馏水充分洗涤,以备下次使用。

在有条件的地方,最好使用带自动顶盖的干沉降物和雨水(湿沉降物)收集器,降雨时可自动关闭沉降物收集盘的顶盖(同时打开雨水收集器),不降雨时则反之。在雨季须注意及时更换满溢的雨水收集器。

6.4　沉降物保存方法

采样结束后,把整个采样期间接受的沉降物(干、湿)全部转入样品容器密封。附着在盘底上的沉降物,用橡胶刮板之类工具刮擦干净,放入样品容器中密封待分析。如藻类微生物较多,可用硝酸酸化至pH值为2左右密封保存,尽早分析。对于湿沉降物,则把采集到的样品充分搅拌后用量筒量出总量后记录。如为雪样,须移至室内待其自然融化后再对水样进行体积测量,酸化保存等步骤同干沉降物。

7 分析程序

7.1 前处理

(1)将收集到的沉降物样品在电热板上蒸发至黏液状或湿盐状，再 110 ℃烘干、磨碎、过筛，取粒径小于 80 目的沉降物准确称量，记为 M，称取全部或部分沉降物质量 m 放入瓷坩埚中，加入 0.50 mL 锶载体和 1.00 mL 钇载体，在马弗炉内于 600 ℃灼烧 1 h，冷却后，转移到浸取装置中，加入 6.0 mol/L 盐酸溶液 80 mL，加热煮沸 1 h，冷却、离心，上清液收集于 500 mL 烧杯中，再用 1.0 mol/L 盐酸溶液 40 mL 洗涤残渣一次，将上清液与洗涤液合并，弃去残渣。

(2)向浸取液中加入 20 g 草酸和 7 g 二水合柠檬水三钠，加热溶解，加入适量 10.0 mol/L 氢氧化钠溶液，调节溶液 pH 值为 3(若无白色沉淀出现，再加适量草酸)；然后在沸水浴中加热，不断搅拌使氢氧化铁沉淀完全消失，得到带有白色沉淀的亮绿色溶液，继续加热 15 min，冷却至室温。

注：pH = 1 ~ 4 能保证钇定量沉淀；pH = 3 ~ 4 能保证锶定量沉淀；pH = 3，可保证锶、钇均能定量沉淀，使 $^{90}Sr-^{90}Y$ 的放射性平衡不受破坏。

(3)用定量滤纸过滤沉淀，用 1% 草酸溶液洗涤沉淀 2 次，每次 10 mL，弃去滤液；将沉淀连同滤纸移入 100 mL 瓷坩埚中，烘干、炭化后，在马弗炉中于 700 ℃灼烧 1 h。

(4)坩埚冷却后，将残渣转入 150 mL 烧杯中，先用少量 6.0 mol/L 硝酸溶液润湿残渣，再加入 65% ~68% 浓硝酸，然后加入 1 mL H_2O_2脱色，将其在沙浴上低温加盖加热至完全溶解，再开盖加热至无气泡冒出，得到透明无色溶液，体积控制在 80 mL，冷却。将溶液 pH 值调至 0.1 后抽滤。

(5)滤液以 2.0 mL/min 的流速通过 P204 萃淋树脂色层柱，记下从开始过柱到过柱完毕的中间时刻，作为 $^{90}Sr-^{90}Y$ 分离时刻 t_1；用 10 mL pH = 0.1 的硝酸溶液洗涤色层柱，流出液和洗涤液合并至 200 mL 烧杯中作为保存液供放置法用，用 50 mL 1.0 mol/L 盐酸溶液和 40 mL 1.3 mol/L 硝酸溶液以相同流速洗涤柱子，弃去洗涤液。

(6)用 50 mL 6.0 mol/L 硝酸溶液以 0.5 mL/min 的流速解吸钇。解吸液收集于 150 mL 烧杯中，加入 1.00 mL 铋载体，用氨水调至 pH = 1.0，并滴加 0.5 mL 饱和硫化钠溶液，生成黑色硫化铋沉淀，采用 G4 玻璃砂芯漏斗抽滤，滤液收集于 150 mL 烧杯中。如果确定试样中铕和铈等稀土核素含量小于 ^{90}Sr 含量的 5 倍时，可直接按照(9)操作。

(7)将滤液以 2.0 mL/min 的流速通过 P204 萃淋树脂色层柱，用 50 mL 1.0 mol/L 盐酸溶液和 40 mL 1.3 mol/L 硝酸溶液以相同流速洗涤柱子，弃去洗涤液。

(8)用 50 mL 6.0 mol/L 硝酸溶液以 0.5 mL/min 的流速解吸钇。将滤液收集于 150 mL 烧杯中。

(9)加入 5 mL 饱和草酸溶液，用氨水调节溶液 pH 值至 1.5 ~ 2，将烧杯置于水浴中加热煮沸 30 min。

原理：加氨水→降低酸度而析出钇沉淀；煮沸 30 min→挥发硝酸，进一步降低酸度。

(10)沉淀转移到已铺有恒重定量滤纸的可拆卸漏斗中，抽吸过滤。依次用 0.5% 草酸溶液、水、无水乙醇各 5 mL 洗涤沉淀。将沉淀连同滤纸放在测量盘上，于 110 ℃烘 1 h

后待测。

7.2　测量

(1)样品计数前测量仪器本底的计数。

(2)将沉淀及滤纸固定在测量盘上,在低本底β计数器上计数。记下测量开始时刻和测量结束时刻,以测量进行到一半的时刻为测量时刻t_3。

(3)样品测量完毕后,测量校正点源的净计数率,记为J。

8　仪器刻度

用于测量^{90}Y活度的计数装置必须进行校准,即确定测量装置对已知活度^{90}Y源的响应,可用仪器计数效率来表示。其步骤如下:

(1)向4个离心管中加入锶载体和钇载体溶液各1 mL,再加入1 mL已知活度的^{90}Sr-^{90}Y标准溶液和30 mL水。将离心管置于沸水浴中加热,用氨水调节溶液pH值至8,继续加热使沉淀凝聚。取出离心管置于冷水浴中,冷却到室温。离心,弃去上层清液。记下锶、钇分离时刻t_2。

(2)用2.0 mol/L硝酸溶液溶解沉淀,加入0.5 mL锶载体溶液和30 mL水。将离心管置于沸水浴中加热,用氨水调节溶液pH值至8,继续加热使沉淀凝聚。取出离心管并将其置于冷水浴中,冷却到室温。离心,弃去上层清液。

(3)用2.0 mol/L硝酸溶液溶解沉淀,加入20 mL水,调节溶液pH值为1.5~2,将离心管置于沸水浴中3 min,搅拌下滴加5 mL饱和草酸溶液,继续加热至草酸钇沉淀凝聚。将离心管置于冷水浴中,冷却至室温。

(4)在铺有已称重的慢速定量滤纸的可拆卸漏斗上抽吸过滤。依次用5%的草酸溶液和无水乙醇各10 mL洗涤沉淀。沉淀及滤纸于45 ℃烘箱中干燥30 min,称重,计算钇的化学回收率。

(5)将沉淀及滤纸固定在测量盘上,在低本底β计数器上计数。记下测量开始时刻和测量结束时刻,以测量进行到一半的时刻作为测量时刻t_2。

(6)按式(13-1)计算仪器对^{90}Y的效率

$$E_f = \frac{N_s}{DY_Y e^{-\lambda(t_3 - t_2)}} \tag{13-1}$$

式中　E_f——^{90}Y的仪器效率,%;

N_s——^{90}Y标准源的净计数率,cps;

D——加入^{90}Y标准液的活度,Bq;

Y_Y——钇的化学回收率;

$e^{-\lambda(t_2-t_1)}$——^{90}Y的衰变因子,此处的t_1为锶、钇分离时刻,t_2为测量^{90}Y源进行到一半的时刻;

λ——^{90}Y的衰变常数,$\lambda = 0.693/T_{1/2}$,其中$T_{1/2} = 64.1$ h。

在标定测量仪器的探测效率时,同步测量已知计数的^{90}Sr-^{90}Y点源(电镀板源)的净计数率,记为J_0。

9 结果计算

用快速法时按下式计算沉降物中^{90}Sr的含量：

$$A=\frac{NM}{E_f Y_Y e^{-\lambda(t_2-t_1)} sTm} \quad (13-2)$$

式中 A——^{90}Sr的含量，Bq/(m^2 · d)；

N——试样的净计数率，cps；

s——采样盘面积，m^2；

T——采样天数，d；

M——沉降物经蒸发、烘干和过筛后的总质量；

m——分析时的取样质量，在取全部样品分析时，$M/m=1$；

其他符号的意义同式(13－1)。

用放置法时按下式计算^{90}Sr的含量：

$$A=\frac{NM}{E_f Y_Y Y_{Sr}(1-e^{-\lambda t_3}) e^{-\lambda(t_2-t_1)} sTm} \quad (13-3)$$

式中 t_3——^{90}Y的生长时间。

10 探测下限计算

探测下限是用于评价某一测量（包括方法、仪器和人员的操作等）的技术规范，取决于很多因素，如水样中固体物质的含量、样品源的尺寸、测量时间、本底和计数效率。探测下限MDC按照式(13－4)进行计算：

$$\mathrm{MDC}=\frac{k}{E_f m Y_Y e^{-\lambda(t_2-t_1)} sT}\sqrt{\frac{R_0}{t_x}\left(1+\frac{t_x}{t_0}\right)} \quad (13-4)$$

式中 t_0——本底测量时间，min；

t_x——样品测量时间k_α，min。

系数$k=k_\alpha+k_\beta$，其中，k_α是概率为α时的标准正态变量的分位数，k_β是概率为β时的标准正态变量的分位数。当$\alpha=\beta=0.05$时，$k_\alpha=k_\beta=1.645$。

其他量同前。

当$t_x=t_0$时，采用泊松分布标准差，若统计置信水平为95%时，本方法的探测下限MDC，按照式(13－5)进行计算：

$$\mathrm{MDC}=\frac{\sqrt{2}k}{E_f m Y_Y e^{-\lambda(t_2-t_1)} sT}\sqrt{\frac{R_0}{t_0}} \quad (13-5)$$

11 质量控制措施

测量仪器必须在检定的有效周期内使用；根据样品数量，做10%～20%的平行样分析实验；每年按照5%～10%的比例进行加标分析实验；确保标准物质和标准源能够进行量值溯源。

11.1　测量装置的性能检验

(1)泊松分布检验

每年至少进行一次本底计数是否满足泊松分布的检验，如果本底很低，可用一定活度的标准源代替。可选一个工作日或一个工作单位(如完成一个或一组样品测量所需的时间)为检验的时间区间，在该时间区间内，测量 10～20 次相同时间间隔的本底计数，按照式(13-6)进行计算统计量值：

$$\chi^2 = (n-1)S^2/N \tag{13-6}$$

式中　χ^2——统计量值；

n——所测本底的次数；

S——按高斯分布计算的本底计数的标准偏差；

N——n 次本底计数的平均值，也是按泊松分布计算的本底计数的方差。

(2)长期可靠性检验

使用质量控制图能检验仪器的稳定性，保证日常工作的一致性。在仪器工作电压以及其他可调参数均固定不变的情况下，定期以固定的测量时间测量仪器的本底和检验源的计数效率(可使用仪器出厂自带的电镀平面源或购买有证标准物质进行测量)，绘制本底和效率质控图。

本底测量频次为 1 次/半月，测量时间取 60～300 min；效率测量频次为 1 次/2 个月，测量时间取 5～10 min。

当有 20 个以上这样的数据时，则可绘制质控图。以计数率为纵坐标，日期(或测量次序)为横坐标，在平均 $\bar{n}$ 的上下各标出控制线($\bar{n} \pm 3\sigma$)和警告信线($\bar{n} \pm 2\sigma$)。若定期测量的本底计数率或效率在警告线内，则表示仪器性能正常；若超过控制线或连续 2 次同侧超过警告线，则表示仪器性能可能不正常，应及时寻找故障原因；若测量结果长期(连续 7 次)偏于平均值一侧，则须绘制新的质控图。

11.2　放化分析过程的质量控制

(1)空白试验

测量一批样品需要进行一次空白样的测定，同时每更新一批试剂均须进行空白样的测定。若测量的计数率在本底计数率 3 倍标准偏差范围内则可以忽略。如果空白值不能忽略，则应选用具有更低放射性的试剂或选用空白值代替本底值。

沉降物中^{90}Sr 的空白试验可按照水中^{90}Sr 的空白试验进行。

(2)平行双样

在日常工作中，可按照样品的复杂程度、仪器的精密度及分析操作的技术水平等因素安排平行和加标回收率的测定数量。条件允许时，应全部做平行双样分析。否则，至少应按同批次的样品数随机抽取 10%～20% 的样品进行平行双样测定，一批样品的数量较少时，应增加平行样的测定率，保证每批样品测试中至少测定一份样品的平行双样。测量结果应在方法给定水平范围内或按式(13-7)来判断。

平行样合格判定：

平行样之间的差值满足下列公式要求，则结果判定为满意：

$$|y_1 - y_2| \leqslant \sqrt{2}U(y) \tag{13-7}$$

式中 y_1、y_2——两次测量值；

U——测量的不确定度。

附件 13A 沉降物中^{90}Sr 测量分析不确定度评定实例

沉降物中^{90}Sr 分析不确定度主要来源有计数装置的不确定度、称量质量的不确定度以及分析过程中的不确定度(包括化学回收率、载体标定和玻璃器皿等)。

13A.1 建立数学模型

沉降物中^{90}Sr 浓度的计算公式为

$$A = \frac{NM}{E_f Y_Y e^{-\lambda(t_2 - t_1)} sTm}$$

式中 A——样品中^{90}Sr 的放射性浓度，Bq/(m^2·d)；

N——样品源的净计数率，cps；

M——沉降物经蒸发、烘干和过筛后的总质量；

E_f——仪器对^{90}Y 的探测效率；

Y_Y——钇的化学回收率；

m——取样质量，g；

J_0——标定测量仪器的探测效率时，所测得的^{90}Sr－^{90}Y 参考源的计数率，cpm；

J——测量样品时，所测得的^{90}Sr－^{90}Y 参考源的计数率，cpm；

$e^{-\lambda(t_2 - t_1)}$——^{90}Y 的衰变因子，其中，t_2 为锶、钇分离的时刻，h；t_3 为^{90}Y 测量进行到一半的时刻，h；$\lambda = 0.693/T$，T 为^{90}Y 的半衰期，64.1 h。

13A.2 不确定度分量评定

(1)计数装置测量不确定度 u_1

$$u_1 = \frac{\sqrt{\frac{n_x}{t_x} + \frac{n_b}{t_b}}}{n_x - n_b}$$

式中 t_x——样品测量时间，min；

t_b——本底测量时间，min；

n_x——样品总计数率，cpm；

n_b——本底计数率，cpm。

(2)E_f 测量不确定度 u_2

计算公式为

$$E_f = \frac{n_s - n_b}{m_s a_s}$$

式中　n_s——标准溶液样品计数率,cps;

m_s——标准溶液取样量,g;

a_s——标准溶液放射性浓度,Bq/g。

u_2按下式计算:

$$u_2=\sqrt{u_{21}^2+u_{22}^2+u_{23}^2}$$

式中　u_{21}——计数装置不确定度;

u_{22}——移液管不确定度;

u_{23}——标准溶液不确定度。

①低本底 α、β 测量装置测量不确定度 u_{21}

$$u_{21}=\frac{\sqrt{\frac{n_s}{t_s}+\frac{n_b}{t_b}}}{n_s-n_b}$$

式中　t_s——标准溶液样品测量时间,min;

t_b——本底测量时间,min;

n_s——标准溶液样品总计数率,cpm;

n_b——本底计数率,cpm。

②移液器移液不确定度 u_{22}

$$u_{22}=\sqrt{u_j^2+u_c^2}$$

式中　u_c——温度对移液管校正不确定度;

u_j——移液管不确定度,$u_j=U_{移}/(kv)$,其中,$U_{移}$为移液管检定不确定度,k 为扩展系数,v 为移液体积。

20 ℃温度校准,实验室的温度在 ±4 ℃范围内变化,因膨胀系数作用可引起液体体积变化,水的体积膨胀系数为 2.1×10^{-4}/℃,假定温度变化分布为矩形分布,则温度校准的不确定度为

$$u_c=\frac{2.1\times10^{-4}\times4}{\sqrt{3}}\approx0.049\%$$

③标准溶液不确定度 u_{23}

标准溶液的扩展不确定度为 U,扩展系数 k,移取的标准溶液体积 v,则

$$u_{23}=\frac{U}{kv}=3.0\%$$

(3)化学回收率 R_Y不确定度 u_3

$$u_3=\sqrt{u_{31}^2+u_{32}^2}$$

式中　u_{31}——样品源不确定度;

u_{32}——载体标定不确定度。

①样品源不确定度 u_{31}

$$u_{31}=\sqrt{u_{311}^2+u_{312}^2}$$

式中　u_{311}——移液管不确定度;

u_{312}——天平不确定度。

a. 移液管带来的不确定 u_{311}

$$u_{311} = \sqrt{u_{3111}^2 + u_{3112}^2}$$

式中 u_{3111}——移液管不确定度；

u_{3112}——温度校正不确定度。

移液管的扩展不确定度为 $U_{移}$，扩展系数为 k，则移液管

$$u_{3111} = \frac{U_{移}}{kv}$$

温度对移液体积的影响（同 2.2）

$$u_{3112} = \frac{2.1 \times 10^{-4} \times 4}{\sqrt{3}} \approx 0.049\%$$

b. 天平不确定度

$$u_{312} = \sqrt{2}\ \frac{U_{天平}}{k\ \overline{m}_{载}}$$

②载体标定不确定度 u_{32}

$$u_{32} = \sqrt{u_{321}^2 + u_{322}^2 + u_{323}^2}$$

式中 u_{321}——天平不确定度；

u_{322}——移液管不确定度；

u_{323}——载体标定重复性不确定度。

a. 天平不确定度 u_{321}

$$u_{321} = \sqrt{2}\frac{U_{天平}}{k\ \overline{m}_{载}}$$

b. 移液体积不确定度 u_{322}

$$u_{322} = \sqrt{u_{3221}^2 + u_{3222}^2}$$

式中 u_{3221}——移液管不确定度；

u_{3222}——温度校正不确定度。

移液管的扩展不确定度为 $U_{移}$，扩展系数为 k，则移液管

$$u_{3221} = \frac{U_{移}}{kv}$$

温度对移液体积的影响

$$u_{3222} = \frac{2.1 \times 10^{-4} \times 4}{\sqrt{3}} = 0.049\%$$

c. 载体标定的重复性 u_{323}

4 份样品称量，由贝塞尔公式算得 $S_{载}$，则

$$u_{323} = \frac{S_{载}}{\overline{m}_{载}}$$

(4)取样不确定度 u_4

$$u_4 = \sqrt{u_{41}^2 + u_{42}^2}$$

采样盘面积为 s,重复测量 n 次,测量工具的扩展不确定度为 $U_{测}$,扩展系数为 k,则

$$u_{41} = \sqrt{n}\frac{U_{测}}{ks}$$

取样量为 m,用天平称量不确定度

$$u_{42} = \sqrt{2}\frac{U_{天平}}{km}$$

(5)J_0与 J

因采用的是检验源,每分钟计数上千,不确定度很小,可以不作考虑。

由上可知,合成不确定度

$$u = \sqrt{u_1^2 + u_2^2 + u_3^2 + u_4^2}$$

扩展不确定度为 U,扩展系数 $k=2$,则

$$U = ku$$

第14章　气溶胶中^{210}Pb测量分析

1　目的

本章规定了国控网辐射环境质量监测项目气溶胶中^{210}Pb分析测量方法，包括样品的采集、保存和管理、测量方法、数据处理、质量保证、仪器刻度和不确定度计算等主要技术要求。

取样量为1 000 m^3时，探测下限为0.01 mBq/m^3。

2　方法依据

《水中铅-210的标准试验方法》(ASTM D7535—2009)。

3　测量原理

将大气气溶胶中的^{210}Pb收集到滤膜上，经预处理后加入^{206}Pb作为^{210}Pb分析的稳定同位素载体，经盐酸处理后，用强碱性阴离子交换树脂吸附铅，再用高纯水洗脱出铅。以硫酸铅沉淀形式称重，确定^{210}Pb的全程化学回收率。样品放置一个月平衡后，在低本底α/β计数器上测定其子体^{210}Bi(1.16 MeV)计数，进而得出原始样品中^{210}Pb的活度浓度。

4　试剂、材料

除特别申明外，分析时均使用符合国家标准的分析纯试剂，试剂用水均为去离子水。

(1)强碱性阴离子交换树脂(201×7)，聚苯乙烯骨架，季胺基，2%交联度，干粒度0.3~1.2 mm，Cl^-型。

(2)盐酸:1.0 mol/L。

(3)硝酸:0.1 mol/L。

(4)硫酸:2.0 mol/L。

(5)硝酸铅:含量不少于99%。

(6)稳定铅载体:约10 mg Pb^{2+}/(mL 0.1 $mol\cdot L^{-1}$硝酸溶液)。

(7)饱和硫酸钠溶液。

(8)无水乙醇:含量不少于99.5%(质量分数)。

(9)^{210}Pb标准溶液:16 Bq/(mL 1 $mol\cdot L^{-1}$硝酸溶液)。

(10)盐酸:4.0 mol/L。

5　仪器、设备

(1)低本底α/β计数器。

(2)离子交换柱,柱高 20 cm,内径 1.5 cm。

(3)可拆卸式不锈钢抽滤漏斗。

(4)真空泵。

(5)恒温电热板。

(6)马弗炉。

(7)恒温烘箱。

(8)分析天平,感量 0.1 mg。

(9)滤纸(快速),ϕ2.8 cm。

(10)漏斗。

6　采样及前处理

(1)采样方法和原则:按《环境核辐射监测规定》(GB 12379—90)的方法和原则进行。

(2)分析样品量:根据需要,取样量一般为 1 000 m^3。

(3)样品前处理:将气溶胶滤膜样品切割成小片,置于 200 mL 蒸发皿中。在 110 ℃恒温烘箱中烘 2 h 后,样品转入马弗炉,温度调至 200 ℃炭化 2 h,升温至 300 ℃连续炭化12 h,温度调至 450 ℃继续炭化 2 h,升温至 500 ℃连续灰化 5 h,直至呈灰白色。

7　分析程序

(1)将灰化好的气溶胶滤膜样品放入 100 mL 烧杯中,加入 2 mL 稳定铅(^{206}Pb)载体(4(6)),再加入 40 mL 盐酸(4(2)),在电热板上水浴加热浸取半小时,上清液过滤,滤液收集于 100 mL 烧杯中,残渣仍保留在原烧杯中,加入 30 mL 盐酸(4(2))浸取,过滤,重复上一次浸取,残渣随溶液一起过滤,弃去残渣,保留滤液。

(2)离子交换柱的准备。

树脂处理:将新树脂于盐酸(4(10))中浸泡 2 天,连续反复 3 次后,用去离子水洗涤至中性。

树脂装柱:将树脂装入玻璃交换柱中,柱床高 20 cm,柱的上下端用少量聚四氟乙烯细丝填塞。用 100 mL 盐酸(4(2))以每滴 10 ~ 15 s 的流速通过树脂柱待用。

(3)溶液转入交换柱储液池中,用 10 mL 盐酸(4(2))清洗烧杯,洗液并入交换柱。调节溶液流速,以每滴 15 ~ 20 s 的流速过柱。当溶液流至聚四氟乙烯细丝与树脂交界面后加入 40 mL 盐酸(4(2)),以相同流速继续过柱。当溶液流至聚四氟乙烯细丝与树脂交界面后加入 100 mL 盐酸(4(2)),以相同流速继续过柱。当溶液再次流至聚四氟乙烯细丝与树脂交界面后加入 80 mL 去离子水,用 100 mL 烧杯接收洗脱液,弃去前面的 10 mL,保留后面的 70 mL。

(4)烧杯置于电热板上直接加热蒸发至近干后,换用水浴蒸发的方式继续加热直至溶液全部蒸干。加入 20 mL 去离子水在水浴中溶解,冷却后加入两滴硫酸(4(4)),再加入 1 mL 饱和硫酸钠溶液(4(7)),充分搅拌 2 min 以上,直至出现大量白色沉淀。

(5)过滤用的滤纸在 45 ℃烘箱中烘 1 h 以上,称重待用。

(6)沉淀采用可拆卸式不锈钢漏斗抽滤,依次用去离子水和无水乙醇(4(8))洗涤。沉淀在45 ℃烘箱中烘1 h以上,称重后置于培养皿中,放在干燥器中保存。

(7)样品放置一个月后达平衡,在低本底α/β计数器上进行β计数。

8 仪器刻度

8.1 稳定铅载体配制及铅回收率标定

(1)配制:称取硝酸铅(4(5))4 g,转入250 mL烧杯中,加入100 mL硝酸(4(3)),搅拌直至全部溶解,定容于250 mL容量瓶。

(2)标定:取4个100 mL烧杯,分别加入2 mL稳定铅载体(4(6)),分别加入20 mL去离子水、2滴硫酸(4(4))和1 mL饱和硫酸钠溶液(4(7)),充分搅拌2 min以上,直至出现大量白色沉淀。沉淀转入可拆卸式漏斗中抽滤,依次用去离子水和无水乙醇(4(8))洗涤。滤纸置于45 ℃烘箱中烘1 h以上,称重。滤纸两次称量之差即为硫酸铅沉淀的质量。

(3)计算。

稳定铅载体Pb^{2+}含量计算公式如下:

$$c = \frac{\Delta m}{2} \cdot \frac{M[\mathrm{Pb}]}{M[\mathrm{PbSO_4}]} \tag{14-1}$$

式中 c——稳定铅载体Pb^{2+}含量,mg/mL;

Δm——硫酸铅沉淀的质量,mg;

$M[\mathrm{Pb}]$——Pb的分子量,207.2;

$M[\mathrm{PbSO_4}]$——$PbSO_4$的分子量,303.25。

8.2 仪器刻度

(1)取4个100 mL烧杯,分别加入2 mL稳定铅载体(4(6))和0.5 mL ^{210}Pb标准溶液(4(9))和20 mL盐酸(4(2)),充分搅拌。

(2)按照7(3)~(7)操作程序完成实验。

(3)探测效率计算公式如下:

$$E = \frac{n_s - n_b}{KY_sAV_s} \tag{14-2}$$

式中 E——^{210}Bi的探测效率,%;

n_s——标准源样品计数率,cpm;

n_b——本底计数率,cpm;

K——分钟转换为秒的系数,$K=60$;

Y_s——铅的化学回收率,%;

A——加入^{210}Pb标准溶液的活度浓度,Bq/mL;

V_s——加入^{210}Pb标准溶液的体积, mL。

(4)将4个标准源样品依次放在低本底α/β测量仪样品盘中心位置测量,探头对^{210}Bi的探测效率为4次测量的平均值。

9 结果计算

气溶胶中^{210}Pb活度浓度计算公式如下:

$$A = \frac{n_c - n_b}{KEYV} \tag{14-3}$$

式中　A——气溶胶中^{210}Pb 的活度浓度,Bq/m^3;

n_c——样品计数率,cpm;

n_b——本底计数率,cpm;

K——分钟转换为秒的系数,$K=60$;

E——仪器的探测效率,%;

Y——铅的化学回收率,%;

V——气溶胶取样总体积,m^3。

其中铅的化学回收率 Y 计算公式如下:

$$Y = \frac{m_c}{m_o} \tag{14-4}$$

式中　m_c——硫酸铅沉淀中 Pb^{2+} 的质量,mg;

m_o——加入载体中 Pb^{2+} 的质量,mg。

10　探测下限计算

探测下限计算公式如下:

$$\mathrm{MDC} = \frac{\frac{2.71}{t_c} + 3.29\sqrt{\frac{n_b}{t_c} + \frac{n_b}{t_b}}}{KEYV} \tag{14-5}$$

式中　MDC——探测下限,Bq/m^3;

t_b——本底测量时间,min;

t_c——样品测量时间,min。

其他量同前。

11　质量保证

11.1　测量装置的性能检验

(1)泊松分布的检验

每年至少进行一次本底计数是否满足泊松分布的检验,如果本底很低,可用一定活度的标准源代替。可选一个工作日或一个工作单位(如完成一个或一组样品测量所需的时间)为检验的时间区间,在该时间区间内,测量 10~20 次相同时间间隔的本底计数,按照式(14-6)计算统计量值:

$$\chi^2 = (n-1)S^2/N \tag{14-6}$$

式中　χ^2——统计量值;

n——所测本底的次数;

S——按高斯分布计算的本底计数的标准偏差;

N——n 次本底计数的平均值,也是按泊松分布计算的本底计数的方差。

(2)长期可靠性检验

使用质量控制图能检验仪器的稳定性,保证日常工作的一致性。在仪器工作电压以及其他可调参数均固定不变的情况下,定期以固定的测量时间测量仪器的本底和检验源的计数效率(可使用仪器出厂自带的电镀平面源或购买有证标准物质进行测量),绘制本底和效率质控图。

本底测量频次为 1 次/半月,测量时间取 60 ~ 300 min;效率测量频次为 1 次/2 个月,测量时间取 5 ~ 10 min。

当有 20 个以上这样的数据时,则可绘制质控图。以计数率为纵坐标,日期(或测量次序)为横坐标,在平均 $\bar{n}$ 的上下各标出控制线($\bar{n} \pm 3\sigma$)和警告线($\bar{n} \pm 2\sigma$)。若定期测量的本底计数率或效率在警告线内,则表示仪器性能正常;若超过控制线或连续 2 次同侧超过警告线,则表示仪器性能可能不正常,应及时寻找故障原因;若测量结果长期(连续 7 次)偏于平均值一侧,则须绘制新的质控图。

11.2　放化分析过程质量控制

(1)空白试验

测量一批样品需要进行一次空白样的测定,同时每更新一批试剂均须进行空白样的测定。空白试样数不少于 4 个,其测定方法如下:取 4 张空白滤膜,按 4(3)进行样品预处理,转入 4 个 100 mL 烧杯中,加入 20 mL 盐酸(4(2)),再加入 2 mL 稳定铅(^{206}Pb)载体(4(6))。按 7((3) ~ (7))操作程序完成实验,在与试样相同的条件下测量空白试样的计数率。将 4 个样品依次放在低本底 α/β 计数器样品盘中心位置测量,本底为 4 次测量的平均值。

(2)平行双样

在日常工作中,可按照样品的复杂程度、仪器的精密度及分析操作的技术水平等因素安排平行和加标回收率的测定数量。条件允许时,应全部做平行双样分析。否则,至少应按同批次的样品数随机抽取 10% ~ 20% 的样品进行平行双样测定,一批样品的数量较少时,应增加平行样的测定率,保证每批样品测试中至少测定一份样品的平行双样。测量结果应在方法给定水平范围内或按式(14 - 7)来判断。

平行样合格判定:

平行样之间的差值满足下列公式要求,则结果判定为满意:

$$|y_1 - y_2| \leqslant \sqrt{2}U(y) \tag{14-7}$$

式中　y_1、y_2——两次测量值;

U——测量不确定度。

附件 14A　气溶胶中^{210}Pb 测量分析不确定度评定实例

14A.1　数学模型的建立

气溶胶中^{210}Pb 活度浓度计算公式如下:

$$A = \frac{n_c - n_b}{KEYV}$$

式中　A——气溶胶中^{210}Pb的活度浓度,Bq/m^3;

n_c——样品计数率,cpm;

n_b——本底计数率,cpm;

K——分钟转换为秒的系数,$K=60$;

E——仪器的探测效率,%;

Y——铅的化学回收率,%;

V——气溶胶取样总体积,m^3。

14A.2　不确定度分量的确定

根据数学模型,总不确定度由四部分组成,分别是仪器计数的不确定度 $u_{rel}(n_c-n_b)$、仪器探测效率的不确定度 $u_{rel}(E)$、回收率的不确定度 $u_{rel}(Y)$ 以及样品取样的不确定度$u_{rel}(V)$。

$$u_{rel}=\sqrt{u_{rel}^2(n_c-n_b)+u_{rel}^2(E)+u_{rel}^2(Y)+u_{rel}^2(V)} \tag{14A-1}$$

(1)仪器计数的不确定度 $u_{rel}(n_c-n_b)$

$$u_{rel}(n_c-n_b)=\frac{\sqrt{\frac{n_c}{t_c}+\frac{n_b}{t_b}}}{n_c-n_b} \tag{14A-2}$$

式中　t_c——样品测量时间,min;

t_b——本底测量时间,min;

n_c——样品计数率,cpm;

n_b——本底计数率,cpm。

(2)仪器探测效率的不确定度 $u_{rel}(E)$

$$u_{rel}(E)=\sqrt{u_{rel}^2(n_s-n_b)+u_{rel}^2(Y_s)+u_{rel}^2(V_s)+u_{rel}^2(A)} \tag{14A-3}$$

式中　$u_{rel}(n_s-n_b)$——仪器刻度时计数不确定度;

$u_{rel}(Y_s)$——仪器刻度时回收率不确定度;

$u_{rel}(V_s)$——移液管移取^{210}Pb标准溶液不确定度;

$u_{rel}(A)$——标准溶液活度浓度不确定度。

①仪器刻度时计数不确定度 $u_{rel}(n_s-n_b)$ 计算方法同 $u_{rel}(n_c-n_b)$。

②仪器刻度时回收率不确定度 $u_{rel}(Y_s)$

$$u_{rel}(Y_s)=\sqrt{u_{rel}^2(m_s)+u_{rel}^2(m_o)} \tag{14A-4}$$

式中　$u_{rel}(m_s)$——硫酸铅沉淀中 Pb^{2+} 质量的不确定度;

$u_{rel}(m_o)$——加入载体中 Pb^{2+} 质量的不确定度。

a. 硫酸铅沉淀中 Pb^{2+} 质量的不确定度 $u_{rel}(m_s)$

分析天平的分辨力 0.1 mg,检定证书给出重复性误差 0.2 mg,最大允许误差 ±0.5 mg,则天平称量的不确定度可以按照下式计算:

$$u_{rel}(m_s)=\frac{\sqrt{0.2^2+\left(\frac{0.5}{\sqrt{3}}\right)^2+\left(\frac{0.1}{2\times\sqrt{3}}\right)^2}}{m_s}=\frac{0.35}{m_s} \tag{14A-5}$$

b. 加入载体中 Pb^{2+} 质量的不确定度 $u_{rel}(m_o)$ 计算方法同 $u_{rel}(m_s)$。

③移液管移取 ^{210}Pb 标准溶液的不确定度 $u_{rel}(V_s)$

$$u_{rel}(V_s)=\sqrt{u_{rel}^2(V_V)+u_{rel}^2(V_T)} \tag{14A-6}$$

式中 $u_{rel}(V_V)$——移液管移取 ^{210}Pb 标准溶液的不确定度；

$u_{rel}(V_T)$——温度对移液管校正的不确定度。

a. 移液管取样的不确定度 $u_{rel}(V_V)$

制造商给出移液管在 20 ℃的体积为 $(a \pm b)$ mL，假定为三角形分布，则移液管取样的不确定度可以按照下式计算：

$$u_{rel}(V_V)=\frac{b}{\sqrt{6}a} \tag{14A-7}$$

b. 温度对移液管校正的不确定度 $u_{rel}(V_T)$

移液管在温度为 20 ℃时校准，而实验室室温的变化范围为 20～24 ℃，由于膨胀作用可引起液体体积变化，水的体积膨胀系数为 2.1×10^{-4}/℃。假定温度变化分布为矩形分布，则温度对移液管校正的不确定度 $u_{rel}(V_T)$ 可以按照下式计算：

$$u_{rel}(V_T)=\frac{2.1\times10-4\times4}{\sqrt{3}}\approx0.000\ 48\% \tag{14A-8}$$

④^{210}Pb 标准溶液活度浓度的不确定度 $u_{rel}(A)$

检定证书给出 ^{210}Pb 标准溶液活度浓度的扩展不确定度 U_A，扩展系数 $k=2$，则标准溶液活度浓度的不确定度可以按照下式计算：

$$u_{rel}(A)=\frac{U_A}{k} \tag{14A-9}$$

(3)回收率的不确定度 $u_{rel}(Y)$

回收率的不确定度 $u_{rel}(Y)$ 计算方法同 $u_{rel}(Y_s)$。

(4)样品取样的不确定度 $u_{rel}(V)$

由证书给出取样体积的扩展不确定度 U_V，扩展系数 $k=2$，则取样的不确定度可以按照下式计算：

$$u_{rel}(V)=\frac{U_V}{k} \tag{14A-10}$$

(5)不确定度计算

由(1)～(4)可知，合成标准不确定度 u_{rel} 可由下式给出：

$$u_{rel}=\sqrt{u_{rel}^2(n_c-n_b)+u_{rel}^2(E)+u_{rel}^2(Y)+u_{rel}^2(V)} \tag{14A-11}$$

扩展不确定度 U_{95rel} 可由下式给出：

$$U_{95rel}=u_{rel}k,k=2 \tag{14A-12}$$

14A.3 不确定度计算实例

根据数学模型，总不确定度由四部分组成，分别是仪器计数的不确定度 $u_{rel}(n_c-n_b)$、仪器探测效率的不确定度 $u_{rel}(E)$、回收率的不确定度 $u_{rel}(Y)$ 以及样品取样的不确定度 $u_{rel}(V)$。

$$u_{rel}=\sqrt{u_{rel}^2(n_c-n_b)+u_{rel}^2(E)+u_{rel}^2(Y)+u_{rel}^2(V)}$$

(1)仪器计数的不确定度 $u_{rel}(n_c-n_b)$

$$u_{rel}(n_c-n_b)=\frac{\sqrt{\frac{n_c}{t_c}+\frac{n_b}{t_b}}}{n_c-n_b}=\frac{\sqrt{\frac{104.757}{300}+\frac{0.7}{300}}}{104.757-0.7}\approx 0.0057$$

(2)仪器探测效率的不确定度 $u_{rel}(E)$

$$u_{rel}(E)=\sqrt{u_{rel}^2(n_s-n_b)+u_{rel}^2(Y_s)+u_{rel}^2(V_s)+u_{rel}^2(A)}$$

①仪器刻度时计数不确定度 $u_{rel}(n_s-n_b)$

$$u_{rel}(n_s-n_b)=\frac{\sqrt{\frac{n_s}{t_s}+\frac{n_b}{t_b}}}{n_s-n_b}=\frac{\sqrt{\frac{210.712}{300}+\frac{0.7}{300}}}{210.712-0.7}\approx 0.0040$$

②仪器刻度时回收率不确定度 $u_{rel}(Y_s)$

$$u_{rel}(Y_s)=\sqrt{u_{rel}^2(m_s)+u_{rel}^2(m_o)}$$

硫酸铅沉淀中 Pb^{2+} 质量的不确定度 $u_{rel}(m_s)$

$$u_{rel}(m_s)=\frac{0.35}{m_s}=\frac{0.35}{15.9}\approx 0.022$$

加入载体中 Pb^{2+} 质量的不确定度 $u_{rel}(m_o)$

$$u_{rel}(m_o)=\frac{0.35}{m_o}=\frac{0.35}{16.0}\approx 0.022$$

③移液管移取^{210}Pb标准溶液的不确定度 $u_{rel}(V_s)$

$$u_{rel}(V_s)=\sqrt{u_{rel}^2(V_V)+u_{rel}^2(V_T)}$$

移液管取样的不确定度 $u_{rel}(V_V)$

$$u_{rel}(V_V)=\frac{b}{\sqrt{6}a}=\frac{0.05}{2.45\times 10}\approx 0.0021$$

温度对移液管校正的不确定度 $u_{rel}(V_T)$

$$u_{rel}(V_T)=\frac{2.1\times 10-4\times 4}{\sqrt{3}}\approx 0.00048$$

④^{210}Pb标准溶液活度浓度的不确定度 $u_{rel}(A)$

$$u_{rel}(A)=\frac{U_A}{k}=\frac{2.4\%}{2}\approx 0.012$$

因此，$u_{rel}(E)=0.034$。

(3)回收率的不确定度 $u_{rel}(Y)$

$$u_{rel}(Y)=\sqrt{u_{rel}^2(m_c)+u_{rel}^2(m_o)}$$

①硫酸铅沉淀中 Pb^{2+} 质量的不确定度 $u_{rel}(m_c)$

$$u_{rel}(m_c)=\frac{0.35}{m_c}=\frac{0.35}{18.3}\approx 0.019$$

②加入载体中 Pb^{2+} 质量的不确定度 $u_{rel}(m_o)$

$$u_{rel}(m_o) = \frac{0.35}{m_o} = \frac{0.35}{16.0} \approx 0.022$$

因此，$u_{rel}(Y) = 0.029$。

(4)样品取样的不确定度 $u_{rel}(V)$

$$u_{rel}(V) = \frac{U_V}{k} = \frac{1.4\%}{2} = 0.007$$

(5)不确定度计算

由(1)～(4)可知，合成标准不确定度

$$u_{rel} = \sqrt{u_{rel}^2(n_c - n_b) + u_{rel}^2(E) + u_{rel}^2(Y) + u_{rel}^2(V)} = 0.046$$

扩展不确定度

$$U_{95rel} = u_{rel}k = 0.046 \times 2 = 9.2\%$$

第15章 气溶胶中^{90}Sr测量分析

1 目的

本章规定了国控网辐射环境质量监测项目气溶胶中的^{90}Sr核素的分析测量方法，包括样品的采集、保存和管理、测量方法、数据处理、质量保证、仪器刻度和不确定度计算等主要技术要求。

2 方法依据

气溶胶按其动力学直径可分为TSP（直径小于100 μm）、PM10（直径小于10 μm）、PM2.5（直径小于2.5 μm），成分主要由硅、碳、钙、铝、硫、铁、钾、钠、锌、镁、铜、磷等元素构成，形态多以离子结合经过二次转化的SO_4^{2-}、NO_3^-、NH_4^+等离子为主，组分与土壤的主要化学成分（碳、氧、硅、铝、钠、磷、铁等元素）较为接近。因此，在辐射环境监测工作中，根据理论推断和实际操作经验，我们可以借鉴、比照《土壤中锶－90的分析方法》（EJ/T 1035—2011），以及一些放射性核素在气溶胶等介质中的分析方法，对气溶胶中的^{90}Sr核素进行处理和分析。

3 测量原理

气溶胶灰分加浓硝酸和高氯酸消解，用氢氟酸溶解硅酸盐，用盐酸萃取锶、钇，用碳酸铵沉淀锶、钇，再用硝酸溶解，通过涂有二－(2－乙基己基)磷酸酯的聚三氟氯乙烯（kel－F）色层柱定量吸附钇，使钇与锶、铯等低价离子分离，再以1.0 mol/L盐酸溶液和1.3 mol/L硝酸溶液依次淋洗色层柱，消除铈、钷等稀土离子，最终以6 mol/L硝酸解吸钇，并加入铋载体和硫化钠除去铋对结果的干扰。以草酸钇沉淀形式进行β计数，实现^{90}Sr的快速测定。

4 试剂、材料

除非另有说明，所有试剂均为分析纯，实验用水为新制备的去离子水或蒸馏水，试剂中的放射性必须保证空白样品测得的计数率低于探测仪器本底的统计误差。

（1）HDEHP－kel－F色层柱（内径8～10 mm）

装柱：色层柱的下部用脱脂棉填充，关紧活塞。将制备好的色层粉用0.1 mol/L硝酸溶液湿法装柱，沉积3天以上。

每次使用后用50 mL 6.0 mol/L硝酸溶液洗涤柱子，流速1 mL/min。再用水洗涤至流出液的pH值为1，待用。再生不应超过3次。

（2）P204萃淋树脂（涂有二－(2－乙基己基)磷酸酯的聚三氟氯乙烯，40～80目）。

（3）浓硝酸：浓度65.0%～68.0%（质量分数）。

(4)过氧化氢:浓度不小于30%(质量分数)。

(5)草酸。

(6)无水乙醇:浓度不小于99.5%(质量分数)。

(7)浓盐酸:浓度36.0% ~38.0%(质量分数)。

(8)氢氧化铵(或氨水):浓度25.0% ~28.0%(质量分数)。

(9)硝酸:6.0 mol/L。

(10)硝酸:1.5 mol/L。

(11)硝酸:0.1 mol/L。

(12)饱和碳酸铵溶液。

(13)饱和草酸溶液:称取110 g草酸溶于1 L水中,稍许加热,不断搅拌,冷却后盛于试剂瓶中。

(14)草酸溶液:浓度0.5%(质量分数)。

(15)盐酸:6.0 mol/L。

(16)盐酸:2.0 mol/L。

(17)盐酸:0.1 mol/L。

(18)二水合柠檬水三钠:纯度99% 。

(19)锶载体溶液:约50 mg Sr/mL。

配制:称取153 g氯化锶($SrCl_2 \cdot 6H_2O$)溶解于0.1 mol/L硝酸溶液中,转入1 L容量瓶中,用0.1 mol/L硝酸溶液稀释至刻度。

标定:取4份2.00 mL锶载体溶液(4(19))分别置于烧杯中,加入20 mL水,用氢氧化铵(4(8))调节pH值至8.0,加入5 mL饱和碳酸铵溶液(4(12)),加热至近沸,使沉淀凝聚,冷却。用已恒重的G4玻璃砂芯漏斗抽滤,用水和无水乙醇(4(6))各10 mL洗涤沉淀,在105 ℃下烘1 h。冷却,称重,直至恒重。

(20)$^{90}Sr-^{90}Y$标准溶液:约1 000 dpm/mL。

(21)钇载体溶液:约20 mg/mL。

配制:称取86.2 g硝酸钇[$Y(NO_3)_3 \cdot 6H_2O$]于100 mL 6.0 mol/L HNO_3烧杯中,加热溶解后,冷却,转入1 L容量瓶中,用水稀释至刻度。

标定:取4份2.00 mL钇载体分别置于烧杯中,加入30 mL水和5 mL饱和草酸溶液(4(13)),用氢氧化铵(4(8)调节pH值至1.5。在水浴中加热,使沉淀凝聚,冷却至室温。沉淀过滤在置有定量滤纸的漏斗中,依次用水、无水乙醇(4(6))各10 mL洗涤沉淀。取下滤纸置于瓷坩埚中,在电炉上烘干,炭化后,置于900 ℃马弗炉中灼烧1 h。在干燥器中冷却,称重,直至恒重。

(22)钙载体溶液(约10 mg Ca/mL):使用氯化钙配制成溶液。

5 仪器、设备

(1)低本底β测量仪,推荐β本底计数在0.5 cpm以下。

(2)分析天平,感量0.1 mg。

(3)电热板、电炉或其他加热设备。

(4)烘箱。

(5)红外箱或红外灯。

(6)马弗炉,能在 600 ± 10 ℃下保持恒温。

(7)测量盘。测量盘的厚度至少为 250 mg/cm^2,应为带有边沿的不锈钢盘,盘的直径取决于探测器的大小,即由探测器直径和样品源托的大小决定。

(8)烧杯。

(9)瓷坩埚。

瓷坩埚的恒重:将瓷坩埚在 350 ± 10 ℃下灼烧 1 h,取出在干燥器内冷却,恒重到 ±1 mg。

(10)可拆卸式漏斗。

(11)一般实验室常用仪器和设备。

6　采样与预处理

6.1　气溶胶采样点位设置

放射性气溶胶采样的所有点位设置均应遵循如下要求:地形开阔,半径 50 m 范围内无高大建筑物,以免阻碍气溶胶的扩散、沉降和采样;半径 50 m 范围内无主要交通公路经过,无大、中型晒谷场和公共活动场所,以免扬尘影响采样;半径 500 m 范围内无工矿企业的高大烟囱和产生粉尘的加工厂(如水泥厂、矿石厂、碾米厂等),以免烟尘或粉尘所含放射性核素影响采样;要有比较稳定、可靠的电力供应;便于工作人员安全操作和管理。

6.2　气溶胶采样仪器及放置

因放射性气溶胶分析所需样品量较大,一般使用国产或进口的大流量采样器及超大流量采样器,流量均在 1.0 m^3/min 以上(超大流量采样器可达 10 m^3/min 以上),可连续工作 12 h 以上。为灰化方便,滤纸使用表面收集特性和过滤效率好的无灰滤膜。

(1)采样系统所用的流量计、温度计、湿度计、气压计须经计量检定,确认性能良好后方可使用。

(2)在已确定的采样点,选择一个空气流通、地面平整的安装位置,一般距离地面 1.5 m 左右。

(3)采样装置的进气口和出气口方向不同,且两者之间距离足够大,防止形成部分自循环。

(4)采样器就位安装,处于垂直状态,加以固定,防止采样器被大风刮倒。

(5)装上滤膜,接通电源,检查采样器的电机、自动控制系统是否正常工作,注意仪器发热情况和散热条件。检查完毕,关闭电源,准备随时使用。

6.3　气溶胶的采集

采样量的大小直接关系到取样是否具备代表性。原则上讲,取样量越大,方法的探测下限越低,通常在实际工作中,为了提高统计精度,常在已满足最低采样量的前提下,适当增大采样量。但实际操作中,尤其是我国近年来大气污染严重、雾霾多发的情况下,空气中的含尘量会对仪器最大流量构成限制,在采样量和流量较大的条件下工作,会造成滤纸堵塞甚至破损。因此采样人员必须根据具体情况优化流量选择以及增加滤纸更换的频次。

取样体积的测定直接影响空气中放射性气溶胶浓度的测定,因此须保证取样体积的不确定度在 ±10% 以内,且在取样过程中取样流量须保持稳定,在正常运行和预期的滤纸负荷变化范围内流量变化不应大于20%。周围环境条件(如温度、湿度等)也会影响取样体积的估算。因此在计算时,应换算为标准状况下的取样空气体积。

除体积和环境条件外,还应考虑含尘量的影响。建议以气溶胶灰化后的灰分质量作为依据控制采样量,可有效避免不同大气状况对采样量的波动影响。

在对采样量作具体要求时,必须考虑取样的具体目的(包括相应的容许偏差)和实际可行性(包括代价)。目前尚无标准对放射性气溶胶或气溶胶中^{90}Sr的取样量做统一定量要求,为提高测量结果的探测下限,在针对气溶胶中的^{90}Sr分析测量采集样品时,应考虑当前所用探测仪器的下限和效率、制样过程中的化学回收率等因素,根据理论计算和实际操作经验,采样量应在10 000 m^3以上。

6.4　气溶胶的保存方法

采样结束后,小型滤纸可放入测量盒中封盖好;大型滤纸,可把载尘面向里折叠成较小尺寸,用自封塑料膜包好密封待测。

7　分析程序

7.1　气溶胶中的^{90}Sr分析

(1)将滤有气溶胶的无灰滤膜放入500 mL瓷坩埚内,在500~600 ℃马弗炉内灼烧约1 h,取出冷却。

(2)将灰分转入聚四氟乙烯坩埚后,加少量水润湿,加入1 mL锶载体溶液,1 mL钇载体溶液,5 mL浓硝酸,5 mL高氯酸,20~30 mL氢氟酸,加盖加热消解,待大部分固态物质消解后再揭盖蒸至近干,加入40~50 mL 6 mol/L盐酸,温热坩埚使残渣溶解,滤去不溶物,将溶液倒入烧杯内。

(3)加入2 mL钙载体溶液,用氨水调节pH值至8~9。搅拌下加入8 g碳酸铵固定,继续搅拌1 h,放置10 h或过滤,弃去上清液,逐滴加入6 mol/L硝酸至碳酸盐沉淀完全溶解,温热,滤去不溶物。

(4)滤液以2.0 mL/min的流速通过P204萃淋树脂色层柱,记下从开始过柱到过柱完毕的中间时刻,作为^{90}Sr－^{90}Y分离时刻t_1;用10 mL pH＝0.1的硝酸溶液洗涤色层柱,流出液和洗涤液合并至200 mL烧杯中作为保存液供放置法用,用50 mL 1.0 mol/L盐酸和40 mL 1.3 mol/L硝酸溶液以相同流速洗涤柱子,弃去洗涤液。

(5)用50 mL 6.0 mol/L硝酸溶液以0.5 mL/min的流速解吸钇。解吸液收集于150 mL烧杯中,加入1.00 mL铋载体,用氨水调至pH＝1.0,并滴加0.5 mL硫化钠溶液,生成黑色硫化铋沉淀,采用G4玻璃砂芯漏斗抽滤,滤液收集于150 mL烧杯中。如果确定试样中铕和铈等稀土核素含量小于^{90}Sr含量的1/5时,可直接按照7.1(8)操作。

(6)将滤液以2.0 mL/min的流速通过P204萃淋树脂色层柱,用50 mL 1.0 mol/L盐酸和40 mL 1.3 mol/L硝酸溶液以相同流速洗涤柱子,弃去洗涤液。

(7)用50 mL 6.0 mol/L硝酸溶液以0.5 mL/min的流速解吸钇。将滤液收集于150 mL烧杯中。

(8)加入5 mL饱和草酸溶液,用氨水调节溶液pH值至1.5~2,将烧杯置于水浴中加热煮沸 30min。

(9)沉淀转移到已铺有恒重定量滤纸的可拆卸漏斗中,抽吸过滤。依次用0.5%草酸溶液、水、无水乙醇各 5 mL 洗涤沉淀。将沉淀连同滤纸放在测量盘上,于 45 ℃烘 1 h 后待测。

7.2　测量

(1)样品计数前测量仪器本底的计数。

(2)将沉淀及滤纸固定在测量盘上,在低本底 β 计数器上计数。记下测量开始时刻和测量结束时刻,以测量进行到一半的时刻为测量时刻 t_2。

(3)样品测量完毕后,测量校正点源的净计数率,记为 J。

8　仪器刻度

用于测量^{90}Y 活度的计数装置必须进行校准,即确定测量装置对已知活度^{90}Y 源的响应,可用仪器计数效率来表示。其步骤如下:

(1)向 4 个离心管中加入锶载体和钇载体溶液各 1 mL,再加入 1 mL 已知活度的$^{90}Sr-^{90}Y$ 标准溶液和 30 mL 水。将离心管置于沸水浴中加热,用氨水调节溶液 pH 值至 8,继续加热使沉淀凝聚。取出离心管置于冷水浴中,冷却到室温。离心,弃去上层清液。记下锶、钇分离时刻 t_2。

(2)用 2.0 mol/L 硝酸溶液溶解沉淀,加入 0.5 mL 锶载体溶液和 30 mL 水。将离心管置于沸水浴中加热,用氨水调节溶液 pH 值至 8,继续加热使沉淀凝聚。取出离心管并将其置于冷水浴中,冷却到室温。离心,弃去上层清液。

(3)用 2.0 mol/L 硝酸溶液溶解沉淀,加入 20 mL 水,调节溶液 pH =1.5 ~2,将离心管置于沸水浴中 3min,搅拌下滴加 5 mL 饱和草酸溶液,继续加热至草酸钇沉淀凝聚。将离心管置于冷水浴中,冷却至室温。

(4)在铺有已称重的慢速定量滤纸的可拆卸漏斗上抽吸过滤。依次用 5% 的草酸溶液和无水乙醇各 10 mL 洗涤沉淀。沉淀及滤纸于 45 ℃烘箱中干燥 30 min,称重,计算钇的化学回收率。

(5)将沉淀及滤纸固定在测量盘上,在低本底 β 计数器上计数。记下测量开始时刻和测量结束时刻,以测量进行到一半的时刻作为测量时刻 t_3。

(6)按式(15 -1)计算仪器对^{90}Y 的效率

$$E_f=\frac{N_s}{DY_Y e^{-\lambda(t_2-t_1)}} \tag{15-1}$$

式中　E_f——^{90}Y 的仪器效率;

N_s——^{90}Y 标准源的净计数率,cps;

D——加入^{90}Y 标准液的活度,Bq;

Y_Y——钇的化学回收率;

$e^{-\lambda(t_2-t_1)}$——^{90}Y 的衰变因子,此处的 t_1 为锶、钇分离时刻,t_2 为测量^{90}Y 源进行到一半的时刻;

λ——^{90}Y 的衰变常数,$\lambda=0.693/T_{1/2}$,其中 $T_{1/2}(^{90}Y)=64.1$ h。

在标定测量仪器的探测效率时，同步测量已知计数的$^{90}Sr-^{90}Y$点源（电镀板源）的净计数率，记为J_0。

9 结果计算

用快速法时按下式计算气溶胶中^{90}Sr的含量，Bq/m^3：

$$A=\frac{N}{E_f V Y_Y e^{-\lambda(t_2-t_1)}} \tag{15-2}$$

式中 A——^{90}Sr的含量，Bq/m^3；

N——试样的净计数率，cps；

V——标况下，气溶胶采样量，m^3；

其他符号的意义同式（15-1）。

用放置法时按下式计算^{90}Sr的含量：

$$A=\frac{N}{E_f V Y_Y Y_{Sr}(1-e^{-\lambda t_3})e^{-\lambda(t_2-t_1)}} \tag{15-3}$$

式中 t_3——^{90}Y的生长时间。

10 探测下限计算

探测下限是用于评价某一测量（包括方法、仪器和人员的操作等）的技术规范，其取决于很多因素，如水样中固体物质的含量、样品源的尺寸、测量时间、本底和计数效率。探测下限MDC按照式（15-4）进行计算。

$$\mathrm{MDC}=\frac{k}{E_f V Y_Y e^{-\lambda(t_2-t_1)}}\sqrt{\frac{R_0}{t_x}\left(1+\frac{t_x}{t_0}\right)} \tag{15-4}$$

式中 t_0——本底测量时间，min；

t_x——样品测量时间k_α，min；

系数$k=k_\alpha+k_\beta$，k_α是概率为α时的标准正态变量的分位数，k_β概率为β时的标准正态变量的分位数。当取$\alpha=\beta=0.05$时候，$k_\alpha=k_\beta=1.645$。

其他量同前。

当$t_x=t_0$时，采用泊松分布标准差，若统计置信水平为95%时，本方法的探测下限MDC，按照式（15-5）进行计算。

$$\mathrm{MDC}=\frac{\sqrt{2}k}{E_f V Y_Y e^{-\lambda(t_2-t_1)}}\sqrt{\frac{R_0}{t_0}} \tag{15-5}$$

11 质量控制措施

测量仪器必须在检定的有效周期内使用；根据样品数量，做10%～20%的平行样分析实验；每年按照5%～10%的比例进行加标分析实验；确保标准物质和标准源能够进行量值溯源。

11.1 测量装置的性能检验

（1）泊松分布检验

每年至少进行一次本底计数是否满足泊松分布的检验，如果本底很低，可用一定活度的标准源代替。可选一个工作日或一个工作单位(如完成一个或一组样品测量所需的时间)为检验的时间区间,在该时间区间内,测量10~20次相同时间间隔的本底计数,按照式(15-6)进行计算统计量值:

$$\chi^2=(n-1)S^2/N \tag{15-6}$$

式中　χ^2——统计量值;

n——所测本底的次数;

S——按高斯分布计算的本底计数的标准偏差;

N——n次本底计数的平均值,也是按泊松分布计算的本底计数的方差。

(2)长期可靠性检验

使用质控图能检验仪器的稳定性,保证日常工作的一致性。在仪器工作电压以及其他可调参数均固定不变的情况下,定期以固定的测量时间测量仪器的本底和检验源的计数效率(可使用仪器出厂自带的电镀平面源或购买有证标准物质进行测量),绘制本底和效率质控图。

本底测量频次为1次/半月,测量时间取60~300 min;效率测量频次为1次/2个月,测量时间取5~10 min。

当有20个以上这样的数据时,则可绘制质控图。以计数率为纵坐标,日期(或测量次序)为横坐标,在平均$\bar{n}$的上下各标出控制线($\bar{n}\pm3\sigma$)和警告信线($\bar{n}\pm2\sigma$)。若定期测量的本底计数率或效率在警告线内,则表示仪器性能正常;若超过控制线或连续2次同侧超过警告线,则表示仪器性能可能不正常,应及时寻找故障原因;若测量结果长期(连续7次)偏于平均值一侧,则须绘制新的质控图。

11.2　放化分析过程的质量控制

(1)空白试验

测量一批样品需要进行一次空白样的测定,同时每更新一批试剂均须进行空白样的测定。若测量的计数率在本底计数率3倍标准偏差范围内则可以忽略。如果空白值不能忽略,则应选用具有更低放射性的试剂或选用空白值代替本底值。

气溶胶中^{90}Sr的空白试验可用同批次空白滤膜进行完整的前处理和分析。

(2)平行双样

在日常工作中,可按照样品的复杂程度、仪器的精密度及分析操作的技术水平等因素安排平行和加标回收率的测定数量。条件允许时,应全部做平行双样分析。否则,至少应按同批次的样品数随机抽取10%~20%的样品进行平行双样测定,一批样品的数量较少时,应增加平行样的测定率,保证每批样品测试中至少测定一份样品的平行双样。测量结果应在方法给定水平范围内或按式(15-7)来判断。

平行样合格判定:

平行样之间的差值满足下列公式要求,则结果判定为满意。

$$|y_1-y_2|\leqslant\sqrt{2}U(y) \tag{15-7}$$

式中　y_1、y_2——两次测量值;

$U(y)$——测量的不确定度。

附件 15A 气溶胶中^{90}Sr 测量分析不确定度评定实例

气溶胶中^{90}Sr 分析不确定度主要来源有计数装置的不确定度、采样体积的不确定度以及分析过程中的不确定度(包括化学回收率、载体标定和玻璃器皿等)。

15A.1 建立数学模型

气溶胶中^{90}Sr 浓度的计算公式为

$$A=\frac{nJ_0}{KE_f Y_Y V e^{-\lambda(t_2-t_1)} J}$$

式中 A__样品中^{90}Sr 的放射性浓度,Bq/m^3;

N——样品源的净计数率, cps;

E_f——仪器对^{90}Y 的探测效率;

Y_Y——钇的化学回收率;

V——采样体积,m^3;

J_0——标定测量仪器的探测效率时,所测得的^{90}Sr - ^{90}Y 参考源的计数率,min^{-1};

J——测量样品时,所测得的^{90}Sr - ^{90}Y 参考源的计数率,min^{-1};

$e^{-\lambda(t_2-t_1)}$——^{90}Y 的衰变因子,其中,t_1为锶、钇分离的时刻,h;t_2为^{90}Y 测量进行到一半的时刻,h;$\lambda=0.693/T$,T为^{90}Y 的半衰期,64.1 h。

15A.2 不确定度分量评定

(1)计数装置测量不确定度 u_1

$$u_1=\frac{\sqrt{\frac{n_x}{t_x}+\frac{n_b}{t_b}}}{n_x-n_b}$$

式中 t_x——样品测量时间,min;

t_b——本底测量时间,min;

n_x——样品总计数率,cpm;

n_b——本底计数率,cpm。

(2)E_f 测量不确定度 u_2

计算公式为

$$E_f=\frac{n_s-n_b}{m_s a_s}$$

式中 n_s——标准溶液样品计数率,cps;

m_s——标准溶液取样量,g;

a_s——标准溶液放射性浓度,Bq/g。

u_2按下式计算:

$$u_2=\sqrt{u_{21}^2+u_{22}^2+u_{23}^2}$$

式中 u_{21}—计数装置不确定度;

u_{22}—移液管不确定度;

u_{23}—标准溶液不确定度。

①低本底α/β测量仪测量不确定度u_{21}

$$u_{21}=\frac{\sqrt{\frac{n_s}{t_s}+\frac{n_b}{t_b}}}{n_s-n_b}$$

式中 t_s——标准溶液样品测量时间,min;

t_b——本底测量时间,min;

n_s——标准溶液样品总计数率,cpm;

n_b——本底计数率,cpm。

②移液器移液不确定度u_{22}

$$u_{22}=\sqrt{u_j^2+u_c^2}$$

式中 u_c——温度对移液管校正不确定度;

u_j——移液管不确定度,$u_j=U_{移}/(kv)$,其中,$U_{移}$为移液管检定不确定度,k为扩展系数,V为移液体积。

20 ℃温度校准,实验室的温度在±4 ℃范围内变化,因膨胀系数作用可引起液体体积变化,水的体积膨胀系数为2.1×10^{-4}/℃,假定温度变化分布为矩形分布,则温度校准的不确定度为

$$u_c=\frac{2.1\times10^{-4}\times4}{\sqrt{3}}\approx0.049\%$$

③标准溶液不确定度u_{23}

标准溶液的扩展不确定度为U,扩展系数k,移起标准溶液体积v,则

$$u_{23}=\frac{U}{kv}=3.0\%$$

(3)化学回收率R_Y不确定度u_3

R_Y不确定度u_3按下式计算:

$$u_3=\sqrt{u_{31}^2+u_{32}^2}$$

式中 u_{31}——样品源不确定度;

u_{32}——载体标定不确定度。

①样品源不确定度u_{31}

$$u_{31}=\sqrt{u_{311}^2+u_{312}^2}$$

式中　u_{311}——移液管不确定度；

u_{312}——天平不确定度。

移液管带来的不确定 u_{311}

$$u_{311} = \sqrt{u_{3111}^2 + u_{3112}^2}$$

式中　u_{3111}——移液管不确定度；

u_{3112}——温度校正不确定度。

移液管的扩展不确定度为 $U_{移}$，扩展系数为 k，则

$$u_{3111} = \frac{U_{移}}{kv}$$

温度对移液体积的影响（同 2.2）

$$u_{3112} = \frac{2.1 \times 10^{-4} \times 4}{\sqrt{3}} \approx 0.049\%$$

采样体积不确定度 u_4，可以从气溶胶采样仪器的检定证书上得到。

②载体标定不确定度 u_{32}

$$u_{32} = \sqrt{u_{321}^2 + u_{322}^2 + u_{323}^2}$$

式中　u_{321}——天平不确定度；

u_{322}——移液管不确定度；

u_{23}——载体标定重复性不确定度。

a. 天平不确定度 u_{321}

$$u_{321} = \sqrt{2}\frac{U_{天平}}{k\, \overline{m}_{载}}$$

b. 移液体积不确定度 u_{322}

$$u_{322} = \sqrt{u_{3221}^2 + u_{3222}^2}$$

式中　u_{3221}——移液管不确定度；

u_{3222}——温度校正不确定度。

移液管的扩展不确定度为 $U_{移}$，扩展系数为 k，则 $u_{3221} = \frac{U_{移}}{kv}$。

温度对移液体积的影响

$$u_{3222} = \frac{2.1 \times 10^{-4} \times 4}{\sqrt{3}} \approx 0.049\%$$

c. 载体标定的重复性 u_{323}

4 份样品称量，由贝塞尔公式算得 $S_{载}$，则

$$u_{323} = \frac{S_{载}}{\overline{m}_{载}}$$

(4) J_0与 J

因采用的是检验源,每分钟计数上千,不确定度很小,可以不作考虑。

由上可知,合成不确定度

$$u = \sqrt{u_1^2 + u_2^2 + u_3^2}$$

扩展不确定度为 U,扩展系数 $k = 2$,则

$$U = ku$$

第16章　生物中^{210}Pb测量分析

1　目的

本章规定了国控网辐射环境质量监测项目生物中^{210}Pb的测量分析方法，包括样品的采集、保存和管理、测量方法、数据处理、质量保证、仪器刻度和不确定度计算等主要技术要求。

探测下限为2.0 Bq/千克灰。若样品本身含有大量的无放射性铅（含量大于0.2 μg/m^3），会显著影响分析过程中的化学回收率，带来正偏差使最终结果偏高。若钡的浓度达到3×10^{-5}以上，会对测量产生显著干扰，导致化学回收率（^{210}Pb或^{206}Po回收率）超过100%。

2　方法依据

《水中铅-210的标准试验方法》（ASTM D7535—2009）。

3　测量原理

将采集的生物样品干式灰化后，加入^{206}Pb作为^{210}Pb分析的稳定同位素载体，经盐酸处理后，用强碱性阴离子交换树脂吸附铅，再用高纯水洗脱出铅。以硫酸铅沉淀形式称重，确定^{210}Pb的全程化学回收率。样品放置一个月平衡后，在低本底α/β计数器上测定其子体^{210}Bi（1.16 MeV）计数，进而得出原始样品中^{210}Pb的活度浓度。

4　试剂、材料

除特别申明外，分析时均使用符合国家标准的分析纯试剂，试剂用水均为去离子水。

（1）强碱性阴离子交换树脂（201×7），聚苯乙烯骨架，季胺基，2%交联度，干粒度0.3～1.2 mm，Cl^-型。

（2）盐酸：1.0 mol/L。

（3）硝酸：0.1 mol/L。

（4）硫酸：2.0 mol/L。

（5）硝酸铅：含量不少于99%。

（6）稳定铅载体：约10 mg Pb^{2+}/（mL 0.1 mol·L^{-1}硝酸溶液）。

（7）饱和硫酸钠溶液。

（8）无水乙醇：含量不少于99.5%（质量分数）。

（9）^{210}Pb标准溶液：16 Bq/（mL 1 mol·L^{-1}硝酸溶液）。

（10）过氧化氢：浓度不低于30%（质量分数）。

（11）盐酸：4.0 mol/L。

(12)盐酸:6.0 mol/L。

5　仪器、设备

(1)低本底 α/β 计数器。

(2)离子交换柱,柱高 20 cm,内径 1.5 cm。

(3)可拆卸式不锈钢抽滤漏斗。

(4)真空泵。

(5)恒温电热板。

(6)马弗炉。

(7)恒温烘箱。

(8)电炉。

(9)分析天平,感量 0.1 mg。

(10)滤纸(快速),ϕ2.8 cm。

(11)漏斗。

6　采样及前处理

(1)采样方法和原则:按《环境核辐射监测规定》(GB 12379—90)的方法和原则进行。

(2)分析样品量:根据需要,取样量一般为 5 g(灰样)。

(3)样品前处理:生物样品包括陆生动植物、水生动植物以及指示生物样品等,在进行预处理时需要注意根据各种不同生物类型特点采取相应对策。

①干燥:将采集的生物样品去除杂质后,选取需要进行测量的部位及时洗净晾干,称重并记录鲜重。切成小块,放在搪瓷盘中铺平,在恒温烘箱中于 105 ℃烘干。烘干过程中需要经常翻动某些容易粘连在搪瓷盘上的样品,并注意样品油脂的去除。

②炭化:转入瓷蒸发皿中,在电炉上炭化至不冒黑烟。炭化过程中应注意,在样品变为结块的焦炭状后进行冷却,转移至研钵中研碎继续炭化。

③灰化:在马弗炉中 500 ℃灰化,须灰化至灰分呈白色或灰白色疏松颗粒,取出放在干燥器中,冷却至室温。称量并记录灰重,用于计算灰鲜比。

7　分析程序

(1)取灰化好的生物样品 5 g 放入 100 mL 烧杯中,加入 2 mL 稳定铅(^{206}Pb)载体(4(6)),再加入 40 mL 盐酸(4(12)),在电热板上水浴加热浸取半小时,上清液过滤,滤液收集于 100 mL 烧杯中,残渣仍保留在原烧杯中,加入 30 mL 盐酸(4(12))浸取,过滤,重复上一次浸取,残渣随溶液一起过滤,弃去残渣,保留滤液。

(2)滤液蒸发至干,加入 70 mL 盐酸(4(2))溶解灼干的物质,如出现褐色沉淀,可往烧杯中滴加过氧化氢(4(10)),在电热板上微沸 3 min。

(3)离子交换柱的准备。

树脂处理:将新树脂于盐酸(4(11))中浸泡 2 天,连续反复 3 次后,用去离子水洗涤至中性。

树脂装柱:将树脂装入玻璃交换柱中,柱床高 20 cm,柱的上下端用少量聚四氟乙烯细丝填塞。用 100 mL 盐酸(4(2))以每滴 10 ~ 15 s 的流速通过树脂柱待用。

(4)溶液转入交换柱储液池中,用 10 mL 盐酸(4(2))清洗烧杯,洗液并入交换柱。调节溶液流速,以每滴 15 ~20 s 的流速过柱。当溶液流至聚四氟乙烯细丝与树脂交界面后加入 40 mL 盐酸(4(2)),以相同流速继续过柱。当溶液流至聚四氟乙烯细丝与树脂交界面后加入 100 mL 盐酸(4(2)),以相同流速继续过柱。当溶液再次流至聚四氟乙烯细丝与树脂交界面后加入 80 mL 去离子水,用 100 mL 烧杯接收洗脱液,弃去前面的 10 mL,保留后面的 70 mL。

(5)烧杯置于电热板上直接加热蒸发至近干后,换用水浴蒸发的方式继续加热直至溶液全部蒸干。加入 20 mL 去离子水在水浴中溶解,冷却后加入两滴硫酸(4(4)),再加入 1 mL 饱和硫酸钠溶液(4(7)),充分搅拌 2 min 以上,直至出现大量白色沉淀。

(6)过滤用的滤纸在 45 ℃烘箱中烘 1 h 以上,称重待用。

(7)沉淀采用可拆卸式不锈钢漏斗抽滤,依次用去离子水和无水乙醇(4(8))洗涤。沉淀在 45 ℃烘箱中烘 1 h 以上,称重后置于培养皿中,放在干燥器中保存。

(8)样品放置一个月后达平衡,在低本底 α/β 计数器上进行 β 计数。

8 仪器刻度

8.1 稳定铅载体配制及铅回收率标定

(1)配制:称取硝酸铅(4(5))4 g,转入 250 mL 烧杯中,加入 100 mL 硝酸(4(3)),搅拌直至全部溶解,定容于 250 mL 容量瓶。

(2)标定:取 4 个 100 mL 烧杯,分别加入 2 mL 稳定铅载体(4(6)),分别加入 20 mL 去离子水、2 滴硫酸(4(4))和 1 mL 饱和硫酸钠溶液(4(7)),充分搅拌 2 min 以上,直至出现大量白色沉淀。沉淀转入可拆卸式漏斗中抽滤,依次用去离子水和无水乙醇(4(8))洗涤。滤纸置于 45 ℃烘箱中烘 1 h 以上,称重。滤纸两次称量之差即为硫酸铅沉淀的质量。

(3)计算。稳定铅载体 Pb^{2+} 含量计算公式如下:

$$c = \frac{\Delta m}{2} \cdot \frac{M[\mathrm{Pb}]}{M[\mathrm{PbSO_4}]} \tag{16-1}$$

式中 c——稳定铅载体 Pb^{2+} 含量,mg/mL;

Δm——硫酸铅沉淀的质量,mg;

$M[\mathrm{Pb}]$——Pb 的分子量,207.2;

$M[\mathrm{PbSO_4}]$——$PbSO_4$的分子量,303.25。

8.2 仪器刻度

(1)取 4 个 100 mL 烧杯,分别加入 2 mL 稳定铅载体(4(6))和 0.5 mL ^{210}Pb 标准溶液(4(9))和 20 mL 盐酸(4(2)),充分搅拌。

(2)按照 7(4) ~(8)操作程序完成实验。

(3)探测效率计算公式如下:

$$E=\frac{n_s-n_b}{KY_sAV_s} \tag{16-2}$$

式中 E——^{210}Bi 的探测效率,%;

n_s——标准样品计数率,cpm;

n_b——本底计数率,cpm;

K——分钟转换为秒的系数,$K=60$;

Y_s——铅的化学回收率,%;

A——加入^{210}Pb 标准溶液的活度浓度,Bq/mL;

V_s——加入^{210}Pb 标准溶液的体积, mL。

(4)四个刻度样品均要在每个探头上测量,探头探测效率为四次实验的平均值。

9 结果计算

生物样品中^{210}Pb 活度浓度计算公式如下:

$$A=\frac{n_c-n_b}{KEYm}\cdot\frac{m_2}{m_1} \tag{16-3}$$

式中 A——生物样中^{210}Pb 的活度浓度,Bq/[kg(鲜)];

n_c——样品计数率,cpm;

n_b——本底计数率,cpm;

K——分钟转换为秒的系数,$K=60$;

E——仪器的探测效率,%;

Y——铅的化学回收率,%;

m——称取的灰样量,g;

m_2/m_1——灰鲜比,m_1为试样总鲜重(kg),m_2为试样总灰重(g)。

其中铅的化学回收率 Y 计算公式:

$$Y=\frac{m_c}{m_o} \tag{16-4}$$

式中 m_c——硫酸铅沉淀中 Pb^{2+} 的质量,mg;

m_o——加入载体中 Pb^{2+} 的质量,mg。

10 探测下限计算

探测下限计算公式如下:

$$\mathrm{MDC}=\frac{\frac{2.71}{t_c}+3.29\sqrt{\frac{n_b}{t_c}+\frac{n_b}{t_b}}}{KEYm}\cdot\frac{m_2}{m_1} \tag{16-5}$$

式中 MDC——探测下限,Bq/[kg(鲜)];

t_b——本底测量时间,min;

t_c——样品测量时间,min。

其他量同前。

11 质量保证

11.1 测量装置的性能检验

(1)泊松分布的检验

每年至少进行一次本底计数是否满足泊松分布的检验,如果本底很低,可用一定活度的标准源代替。可选一个工作日或一个工作单位(如完成一个或一组样品测量所需的时间)为检验的时间区间,在该时间区间内,测量 10~20 次相同时间间隔的本底计数,按照式(16-6)计算统计量值:

$$\chi^2 = (n-1)S^2/N \tag{16-6}$$

式中 χ^2——统计量值;

n——所测本底的次数;

S——按高斯分布计算的本底计数的标准偏差;

N——n 次本底计数的平均值,也是按泊松分布计算的本底计数的方差。

(2)长期可靠性检验

使用质量控制图能检验仪器的稳定性,保证日常工作的一致性。在仪器工作电压以及其他可调参数均固定不变的情况下,定期以固定的测量时间测量仪器的本底和检验源的计数效率(可使用仪器出厂自带的电镀平面源或购买有证标准物质进行测量),绘制本底和效率质控图。

本底测量频次为 1 次/半月,测量时间取 60~300 min;效率测量频次为 1 次/2 个月,测量时间取 5~10 min。

当有 20 个以上这样的数据时,则可绘制质控图。以计数率为纵坐标,日期(或测量次序)为横坐标,在平均 $\bar{n}$ 的上下各标出控制线($\bar{n}\pm3\sigma$)和警告线($\bar{n}\pm2\sigma$)。若定期测量的本底计数率或效率在警告线内,则表示仪器性能正常;若超过控制线或连续 2 次同侧超过警告线,则表示仪器性能可能不正常,应及时寻找故障原因;若测量结果长期(连续 7 次)偏于平均值一侧,则须绘制新的质控图。

11.2 放化分析过程质量控制

(1)空白试验

测量一批样品需要进行一次空白样的测定,同时每更新一批试剂均须进行空白样的测定。空白试样数不少于 4 个,其测定方法如下:取 4 个 100 mL 烧杯,加入 20 mL 盐酸(4(2)),再加入 2 mL 稳定铅(^{206}Pb)载体(4(6));按 7.4~7.8 操作程序完成实验,在和试样相同的条件下测量空白试样的计数率;将 4 个样品依次放在低本底 α/β 计数器样品盘中心位置测量,本底为 4 次测量的平均值。

(2)平行双样

在日常工作中,可按照样品的复杂程度和仪器的精密度及分析操作的技术水平等因素安排平行和加标回收率的测定数量。条件允许时,应全部做平行双样分析。否则,至少应按同批次的样品数随机抽取 10%~20% 的样品进行平行双样测定,一批样品的数量较少时,应增加平行样的测定率,保证每批样品测试中至少测定一份样品的平行双样。测量结果应在方法给定水平范围内或按式(16－7)来判断。

平行样合格判定：

平行样之间的差值满足下列公式要求，则结果判定为满意：

$$|y_1 - y_2| \leqslant \sqrt{2}U(y) \tag{16-7}$$

式中　y_1、y_2——两次测量值；

U——测量不确定度。

附件 16A　生物中^{210}Pb 测量分析不确定度评定实例

16A.1　数学模型的建立

生物样中^{210}Pb 活度浓度计算公式如下：

$$A = \frac{n_c - n_b}{KEYm} \cdot \frac{m_2}{m_1}$$

式中　A——生物样中^{210}Pb 的活度浓度，Bq/[kg(鲜)]；

n_c——样品计数率，cpm；

n_b——本底计数率，cpm；

K——分钟转换为秒的系数，$K=60$；

E——仪器的探测效率，%；

Y——铅的化学回收率，%；

m——称取的灰样量，g；

m_2/m_1——灰鲜比，其中 m_1 为试样总鲜重(kg)，m_2 为试样总灰重(g)。

16A.2　不确定度分量的确定

根据数学模型，总不确定度由四部分组成：仪器测量的不确定度 $u_{rel}(n_c - n_b)$、仪器探测效率的不确定度 $u_{rel}(E)$、仪器回收率的不确定度 $u_{rel}(Y)$、样品取样的不确定度 $u_{rel}(M)$，即

$$u_{rel} = \sqrt{u_{rel}^2(n_c - n_b) + u_{rel}^2(E) + u_{rel}^2(Y) + u_{rel}^2(M)} \tag{16A-1}$$

(1)仪器计数的不确定度 $u_{rel}(n_c - n_b)$

$$u_{rel}(n_c - n_b) = \frac{\sqrt{\frac{n_c}{t_c} + \frac{n_b}{t_b}}}{n_c - n_b} \tag{16A-2}$$

式中　t_c——样品测量时间，min；

t_b——本底测量时间，min；

n_c——样品计数率，cpm；

n_b——本底计数率，cpm。

(2)仪器探测效率的不确定度 $u_{rel}(E)$

$$u_{rel}(E)=\sqrt{u_{rel}^2(n_s-n_b)+u_{rel}^2(Y_s)+u_{rel}^2(V_s)+u_{rel}^2(A)} \tag{16A-3}$$

式中 $u_{rel}(n_s-n_b)$——仪器刻度时计数的不确定度;

$u_{rel}(Y_s)$——仪器刻度时回收率的不确定度;

$u_{rel}(V)$——移液管移取^{210}Pb 标准溶液的不确定度;

$u_{rel}(A)$——标准溶液活度浓度的不确定度。

①仪器刻度时计数的不确定度 $u_{rel}(n_s-n_b)$。

计算方法同 $u_{rel}(n_c-n_b)$。

②仪器刻度时回收率的不确定度 $u_{rel}(Y_s)$。

$$u_{rel}(Y_s)=\sqrt{u_{rel}^2(m_s)+u_{rel}^2(m_o)} \tag{16A-4}$$

式中 $u_{rel}(m_s)$——硫酸铅沉淀中 Pb^{2+} 质量的不确定度;

$u_{rel}(m_o)$——加入载体中 Pb^{2+} 质量的不确定度。

a. 硫酸铅沉淀中 Pb^{2+} 质量的不确定度 $u_{rel}(m_s)$。

分析天平的分辨力 0.1 mg,检定证书给出重复性误差 0.2 mg,最大允许误差 ±0.5 mg,则天平称量的不确定度可以按照下式计算:

$$u_{rel}(m_s)=\frac{\sqrt{0.2^2+\left(\frac{0.5}{\sqrt{3}}\right)^2+\left(\frac{0.1}{2\times\sqrt{3}}\right)^2}}{m_s}=\frac{0.35}{m_s} \tag{16A-5}$$

b. 加入载体中 Pb^{2+} 质量的不确定度 $u_{rel}(m_o)$。

计算方法同 $u_{rel}(m_s)$

③移液管移取^{210}Pb 标准溶液的不确定度 $u_{rel}(V_s)$。

$$u_{rel}(V_s)=\sqrt{u_{rel}^2(V_V)+u_{rel}^2(V_T)} \tag{16A-6}$$

式中 $u_{rel}(V_V)$——移液管移取^{210}Pb 标准溶液不确定度;

$u_{rel}(V_T)$——温度对移液管校正不确定度。

a. 移液管取样的不确定度 $u_{rel}(V_V)$。

制造商给出移液管在 20 ℃的体积为$(a\pm b)$,单位 mL,假定为三角形分布,则移液管取样的不确定度可以按照下式计算:

$$u_{rel}(V_V)=\frac{b}{\sqrt{6}a} \tag{16A-7}$$

b. 温度对移液管校正的不确定度 $u_{rel}(V_T)$。

移液管在温度为 20 ℃时校准,而实验室室温的变化范围为 20~24 ℃,由于膨胀作用可引起液体体积变化,水的体积膨胀系数为 2.1×10^{-4}/℃。假定温度变化分布为矩形分布,则温度对移液管校正的不确定度 $u_{rel}(V_T)$可以按照下式计算:

$$u_{rel}(V_T)=\frac{2.1\times10^{-4}\times4}{\sqrt{3}}\approx0.000\,48 \tag{16A-8}$$

④^{210}Pb 标准溶液活度浓度的不确定度 $u_{rel}(A)$。

由证书给出^{210}Pb 标准溶液活度浓度的扩展不确定度 U_A,扩展系数 $k=2$,则标准溶液活度浓度的不确定度可以按照下式计算：

$$u_{rel}(A) = \frac{U_A}{k} \tag{16A-9}$$

(3)回收率的不确定度 $u_{rel}(Y)$

回收率的不确定度 $u_{rel}(Y)$计算方法同 $u_{rel}(Y_s)$。

(4)样品取样的不确定度 $u_{rel}(M)$

$$u_{rel}(M) = \sqrt{u_{rel}^2(m_1) + u_{rel}^2(m_2) + u_{rel}^2(m)} \tag{16A-10}$$

式中 $u_{rel}(m_1)$——试样总鲜重的不确定度；

$u_{rel}(m_2)$——试样总灰重的不确定度；

$u_{rel}(m)$——称取灰样量的不确定度。

①试样总鲜重的不确定度 $u_{rel}(m_1)$计算方法同 $u_{rel}(m_s)$；

②试样总灰重的不确定度 $u_{rel}(m_2)$计算方法同 $u_{rel}(m_s)$；

③称取灰样量的不确定度 $u_{rel}(m)$计算方法同 $u_{rel}(m_s)$。

(5)不确定度计算

由(1)～(4)可知，合成标准不确定度 u_{rel}可由下式给出：

$$u_{rel} = \sqrt{u_{rel}^2(n_c - n_b) + u_{rel}^2(E) + u_{rel}^2(Y) + u_{rel}^2(M)} \tag{16A-11}$$

扩展不确定度 U_{95rel}可由下式给出：

$$U_{95rel} = u_{rel}k, k = 2 \tag{16A-12}$$

16A.3 不确定度计算实例

根据数学模型，总不确定度由四部分组成：仪器测量的不确定度 $u_{rel}(n_c - n_b)$、仪器探测效率的不确定度 $u_{rel}(E)$、仪器回收率的不确定度 $u_{rel}(Y)$、样品取样的不确定度 $u_{rel}(M)$，即

$$u_{rel} = \sqrt{u_{rel}^2(n_c - n_b) + u_{rel}^2(E) + u_{rel}^2(Y) + u_{rel}^2(M)}$$

(1)仪器计数的不确定度 $u_{rel}(n_c - n_b)$

$$u_{rel}(n_c - n_b) = \frac{\sqrt{\frac{n_c}{t_c} + \frac{n_b}{t_b}}}{n_c - n_b} = \frac{\sqrt{\frac{12.833}{300} + \frac{0.7}{300}}}{12.833 - 0.7} \approx 0.018$$

(2)仪器探测效率的不确定度 $u_{rel}(E)$

$$u_{rel}(E) = \sqrt{u_{rel}^2(n_s - n_b) + u_{rel}^2(Y_s) + u_{rel}^2(V_s) + u_{rel}^2(A)}$$

①仪器刻度时计数的不确定度 $u_{rel}(n_s - n_b)$。

$$u_{rel}(n_s - n_b) = \frac{\sqrt{\frac{n_s}{t_s} + \frac{n_b}{t_b}}}{n_s - n_b} = \frac{\sqrt{\frac{210.712}{300} + \frac{0.7}{300}}}{210.712 - 0.7} \approx 0.004$$

②仪器刻度时回收率的不确定度 $u_{rel}(Y_s)$。

$$u_{rel}(Y_s) = \sqrt{u_{rel}^2(m_s) + u_{rel}^2(m_o)}$$

a. 硫酸铅沉淀中 Pb^{2+} 质量的不确定度 $u_{rel}(m_s)$。

$$u_{rel}(m_s)=\frac{0.35}{m_s}=\frac{0.35}{15.9}\approx 0.022$$

b. 加入载体中 Pb^{2+} 质量的不确定度 $u_{rel}(m_o)$。

$$u_{rel}(m_o)=\frac{0.35}{m_o}=\frac{0.35}{16.0}\approx 0.022$$

③移液管移取 ^{210}Pb 标准溶液的不确定度 $u_{rel}(V_s)$。

$$u_{rel}(V_s)=\sqrt{u_{rel}^2(V_V)+u_{rel}^2(V_T)}$$

a. 移液管取样的不确定度 $u_{rel}(V_V)$。

$$u_{rel}(V_V)=\frac{b}{\sqrt{6}a}=\frac{0.05}{\sqrt{6}\times 10}\approx 0.002\ 1$$

b. 温度对移液管校正的不确定度 $u_{rel}(V_T)$。

$$u_{rel}(V_T)=\frac{2.1\times 10^{-4}\times 4}{\sqrt{3}}\approx 0.000\ 48$$

④^{210}Pb 标准溶液活度浓度的不确定度 $u_{rel}(A)$。

$$u_{rel}(A)=\frac{U_A}{k}=\frac{2.4\%}{2}=0.012$$

因此，$u_{rel}(E)=0.034$。

(3) 回收率的不确定度 $u_{rel}(Y)$

$$u_{rel}(Y)=\sqrt{u_{rel}^2(m_c)+u_{rel}^2(m_o)}$$

①硫酸铅沉淀中 Pb^{2+} 质量的不确定度 $u_{rel}(m_c)$。

$$u_{rel}(m_c)=\frac{0.35}{m_c}=\frac{0.35}{18.5}\approx 0.019$$

②加入载体中 Pb^{2+} 质量的不确定度 $u_{rel}(m_o)$。

$$u_{rel}(m_o)=\frac{0.35}{m_o}=\frac{0.35}{16.0}\approx 0.022$$

因此，$u_{rel}(Y)=0.029$。

(4) 样品取样的不确定度 $u_{rel}(M)$

$$u_{rel}(M)=\sqrt{u_{rel}^2(m_1)+u_{rel}^2(m_2)+u_{rel}^2(m)}$$

①试样总鲜重的不确定度 $u_{rel}(m_1)$。

$$u_{rel}(m_1)=\frac{0.35}{m_1}=\frac{0.35}{200\ 000}\approx 0.000\ 001\ 8$$

②试样总灰重的不确定度 $u_{rel}(m_2)$。

$$u_{rel}(m_2)=\frac{0.35}{m_2}=\frac{0.35}{11\ 341.1}\approx 0.000\ 031$$

③称取灰样量的不确定度 $u_{rel}(m)$。

$$u_{rel}(m)=\frac{0.35}{m}=\frac{0.35}{5\ 005.5}\approx 0.000\ 070$$

因此，$u_{rel}(M)=0.000\ 077$。

(5)不确定度计算

由(1)～(4)可知,合成标准不确定度 u_{rel}:

$$u_{\mathrm{rel}} = \sqrt{u_{\mathrm{rel}}^2(n_c - n_b) + u_{\mathrm{rel}}^2(E) + u_{\mathrm{rel}}^2(Y) + u_{\mathrm{rel}}^2(M)} = 0.049$$

扩展不确定度 $u_{95\mathrm{rel}}$:

$$u_{95\mathrm{rel}} = u_{\mathrm{rel}} k = 0.049 \times 2 = 9.8\%$$

第 17 章　水中总 α 测量分析

1　目的

本章规定了国控网辐射环境质量监测项目水中 α 放射性核素的测量分析方法，包括样品的采集、保存和管理、测量方法、数据处理、质量保证、仪器刻度和不确定度计算等主要技术要求。本方法的探测下限为 2.5×10^{-2} Bq/L。

2　方法依据

(1)《水质　样品的保存和管理技术规定》(HJ 493—2009)。

(2)《水质　采样技术指导》(HJ 494—2009)。

(3)《水质　采样方案设计技术规定》(HJ 495—2009)。

(4)《水中总 α 放射性浓度的测定　厚源法》(EJ/T 1075—1998)。

(5)《水质 总 α 放射性的测定　厚源法》(HJ 898—2017)。

3　测量原理

样品经酸化稳定后，蒸发浓缩转化成硫酸盐，再蒸发至干，然后在 350 ℃下进行灼烧。准确称量部分残渣转移到样品盘，在预先用 α 标准源(具体要求见 8.2)刻度过的 α 测量仪上测量 α 的计数。

4　试剂、材料

除非另有说明，分析时均使用符合国家标准的分析纯化学试剂，且不应含有任何可检测出的 α 放射性。实验用水为新制备的去离子或蒸馏水。

(1)浓硝酸：$\rho=1.42$ g/mL。

(2)硝酸：$\varphi=50\%$。

(3)浓硫酸：$\rho=1.84$ g/mL。

(4)无水乙醇。

(5)硫酸钙：优级纯。

(6)有证标准物质：以 ^{241}Am 标准溶液为总 α 标准物质，活度浓度值推荐 5.0～100.0 Bq/g；也可以 ^{241}Am 标准粉末为总 α 标准物质；也可直接购买 ^{241}Am 粉末标准物质等。

5　仪器、设备

(1)低本底 α 测量仪。

(2)分析天平，感量 0.1 mg。

(3)电热板、电炉或其他加热设备。

(4)烘箱。

(5)红外箱或红外灯。

(6)马弗炉,能在 350 ℃下保持恒温。

(7)测量盘。测量盘的厚度至少为 2.5 mg/mm^2,应为带有边沿的不锈钢盘,盘的直径取决于探测器的大小,即由探测器直径和样品源托的大小决定。

(8)烧杯。

(9)瓷坩埚。瓷坩埚的恒重:将瓷坩埚在 350 ℃下灼烧 1 h,取出在干燥器内冷却,恒重到 ±1 mg。

(10)一般实验室常用的其他仪器和设备。

6　采样及前处理

6.1　样品的采集和保存

水体样品的代表性、采样方法和保存方法按 HJ493—2009、HJ494—2009、HJ495—2009 的相关规定进行。

如果没有特殊要求且条件允许,可采集 10 L 水样,以便于进行平行样的分析测量。按每升水样加入(20 ±1)mL 硝酸(φ = 50%)的比例,把所需硝酸倒入洗净的聚乙烯桶中,然后将水样装入该桶内。水样采集后应尽早分析,如需保存,应置于(4 ±2)℃条件下存放。

6.2　样品的前处理

6.2.1　准备

估算实验所需试样体积,以满足水样蒸干后残渣总量大于 0.1A mg(A 为测量盘的面积,mm^2)。

6.2.2　浓缩

根据 6.2.1 估算的水样体积,量取 1 ~ 5 L 试样于烧杯中,在电热板上缓慢加热使其微沸,小心蒸发到 50 mL 左右后放置冷却。将浓缩溶液全部转移到经 350 ℃预先恒重过的 200 mL 瓷坩埚中,用少量的实验用水仔细洗涤烧杯,并将洗液也并入瓷坩埚中。

注:对于非常软的水(硬度很小的水),应尽量量取实际可能的最大水样体积来满足 0.1 Amg 残渣量。如果烧杯较大,可以先将半浓缩液和清洗液转移到较小的烧杯中,继续蒸到约 50 mL 后,再倒入瓷坩埚中。

6.2.3　硫酸盐化

向瓷坩埚中加入 1 mL(±20%)浓硫酸(4(3))。把瓷坩埚放在红外箱内或红外灯下,加热直至硫酸冒烟,再把蒸发皿放到加热板上,继续加热蒸发至干。

6.2.4　灼烧

将装有残渣的蒸发皿放入马弗炉中,在 350 ℃下灼烧 1 h 后取出放入干燥器内冷却,准确称量,用差重法求得灼烧后残渣的质量 m。

7 分析程序

7.1 样品源的制备

用不锈钢样品勺将灼烧后称量过的固体残渣刮下，在瓷坩埚内用玻璃棒研细、混匀。称取0.1 Amg(±1%)已研细的残渣粉末到测量盘中，滴几滴无水乙醇(4(4))到测量盘中，使得样品均匀地铺平，在红外灯下烘干。

7.2 测量

样品源干燥后应立即在低本底 α 测量仪上计数，测量时间取决于样品和本底的计数率以及所要求的精度。记录下计数率 R_x(min^{-1})和测量时间。

8 仪器刻度

8.1 本底的测量

用一个清洁的测量盘在低本底 α 测量仪上测量放射性本底，以计数率 R_0(min^{-1})表示，重复测量多次计数，确定本底稳定性。

8.2 标准源的制备

准确称取大约2.5 g 的硫酸钙(4(5))置于150 mL 烧杯中，加入10 mL 硝酸(4(2))，搅拌后加入100 mL 的热水(80 ℃以上)并在电热板上小心加热以溶解固态物质。把所有溶液转入200 mL 已恒重过的瓷坩埚中后，再准确加入一定量的^{241}Am 标准溶液(5 ~ 10 Bq)，并在红外箱内或红外灯下进行蒸干，最后将瓷坩埚置于350 ℃的马弗炉内灼烧1 h，取出置于干燥器内冷却后称重，得到掺 α 放射性核素的标准源粉末。根据所加入^{241}Am 的总活度和灼烧后的质量来计算硫酸钙的放射性比活度 α_s(Bq/g)，按照式(17 -1)进行计算。

$$\alpha_s = \frac{A_s}{m_s} \tag{17-1}$$

式中 α_s——硫酸钙的放射性比活度，Bq/g；

A_s——加入的^{241}Am 标准物质总活度，Bq；

m_s——灼烧后硫酸钙的质量，g。

也可购买^{241}Am 粉末标准物质等直接用于制备标准源。

将硫酸钙标准粉末研细，称取与样品源质量相同的于测量盘中，按照与样品源制备(7.1)相同的步骤制成标准源。

将制备好的 α 标准源在低本底 α 测量仪上测量，测得的计数率以 R_s(min^{-1})表示。

9 结果计算

样品中的 α 放射性活度浓度 C(Bq/L)按照式(17 -2)进行计算：

$$C = \frac{(R_x - R_0)}{(R_s - R_0)} \cdot \alpha_s \cdot \frac{m}{1\,000V} \cdot 1.02 \tag{17-2}$$

式中 C——样品中的 α 放射性活度浓度，Bq/L；

R_x——样品计数率，cpm；

R_0——本底计数率，cpm；

R_s——标准源的计数率,cpm;

α_s——标准源的比活度,Bq/g;

m——水样蒸干、灼烧后的总残渣质量,mg;

V——水样取样体积,L;

1.02——校正系数,即 1 020 mL 加酸水样等价于 1 000 mL 体积的初始水样。

当样品活度浓度低于 1 Bq/L 时,保留到小数点后 2 位有效数字;高于 1 Bq/L 时,保留 3 位有效数字。

10　探测下限计算

探测下限是用于评价某一测量(包括方法、仪器和人员的操作等)的技术规范,其取决于很多因素,如水样中固体物质的含量,样品源的尺寸,测量时间,本底和计数效率。探测下限 MDC(Bq/L)按照式(17-3)进行计算:

$$\mathrm{MDC}=4.65\sqrt{\frac{R_0}{t_0}}\cdot\frac{\alpha_s m\cdot 1.02}{(R_s-R_0)\cdot 1\,000V}$$

式中　t_0——本底测量时间,min;

11　质量保证

11.1　测量装置的性能检验

11.1.1　泊松分布检验

每年至少进行一次本底计数是否满足泊松分布的检验,如果本底很低,可用一定活度的标准源代替。可选一个工作日或一个工作单位(如完成一个或一组样品测量所需的时间)为检验的时间区间,在该时间区间内,测量 10~20 次相同时间间隔的本底计数,按照式(17-4)进行计算统计量值:

$$\chi^2=(n-1)S^2/N$$

式中　χ^2——统计量值;

n——所测本底的次数;

S——按高斯分布计算的本底计数的标准偏差;

N——n 次本底计数的平均值,也是按泊松分布计算的本底计数的方差。

11.1.2　长期可靠性检验

使用质控图能检验仪器的稳定性,保证日常工作的一致性。在仪器工作电压以及其他可调参数均固定不变的情况下,定期以固定的测量时间测量仪器的本底和检验源的计数效率(可使用仪器出厂自带的电镀平面源或购买有证标准物质进行测量),绘制本底和效率质控图。

本底测量频次为 1 次/半月,测量时间取 60~300 min;效率测量频次为 1 次/2 个月,测量时间取 5~10 min。

当有 20 个以上这样的数据时,则可绘制质控图。以计数率为纵坐标,日期(或测量次序)为横坐标,在平均 $\bar{n}$ 的上下各标出控制线($\bar{n}\pm 3\sigma$)和警告线($\bar{n}\pm 2\sigma$)。若定期测量的本底计数率或效率在警告线内,则表示仪器性能正常;若超过控制线或连续2次同侧超过警告线,则表示仪器性能可能不正常,应及时寻找故障原因;若测量结果长期(连续7次)偏于平均值一侧须绘制新的质控图。

11.2 放化分析过程的质量控制

11.2.1 空白试验

测量一批样品需要进行一次空白样的测定,同时每更新一批试剂均须进行空白样的测定。若测量的计数率在本底计数率3倍标准偏差范围内则可以忽略。如果空白值不能忽略,则应选用具有更低放射性的试剂或选用空白值代替本底值。

11.2.2 平行双样

在日常工作中,可按照样品的复杂程度、仪器的精密度及分析操作的技术水平等因素安排平行样的测定数量。条件允许时,应全部做平行双样分析。否则,至少应按同批次的样品数随机抽取10% ~20%的样品进行平行双样测定,一批样品的数量较少时,应增加平行样的测定率,保证每批样品测试中至少测定一份样品的平行双样。测量结果应在方法给定水平范围内或按式(17 -5)来判断。

平行样合格判定:

平行样之间的差值若满足下列公式要求,则结果判定为满意:

$$|y_1 - y_2| \leq \sqrt{2}U(y) \qquad (17-5)$$

式中 y_1、y_2——两次测量值,Bq/L;

U——测量的不确定度, Bq/L。

11.2.3 加标回收

在日常工作中,可按照样品的复杂程度、仪器的精密度及分析操作的技术水平等因素安排加标回收率的测定数量。一般情况下,随机抽取5% ~10%的样品进行加标回收率测定。

12 不确定度

12.1 不确定度的来源

根据水样中α放射性活度浓度的数学模型,影响其测量不确定的因素主要有以下五个:

(1)仪器测量样品源的相对不确定度;

(2)仪器效率刻度的相对不确定度;

(3)水样残渣的相对不确定度;

(4)水样体积的相对不确定度;

(5)制样的分散性的相对不确定度。

12.2 不确定度的量化

12.2.1 仪器测量样品源的相对不确定度

低本底测量仪测量样品中α放射性,是统计性测量,其相对不确定度按照式(17 -6)计算:

$$u_{rel1}=\frac{\sqrt{\frac{R_x}{t_x}+\frac{R_0}{t_0}}}{R_x-R_0} \tag{17-6}$$

12.2.2 仪器效率刻度的相对不确定度

仪器效率刻度的相对不确定度 u_{rel2} 分为三个部分，包括仪器测量标准源的相对不确定度 u_{rel21}、称量标准物质的相对不确定度 u_{rel22}、标准物质比活度的相对不确定度 u_{rel23}。

12.2.2.1 仪器测量标准源的相对不确定度

仪器测量标准源的相对不确定度按照式(17－7)计算：

$$u_{rel21}=\frac{\sqrt{\frac{R_s}{t_s}+\frac{R_0}{t_0}}}{R_s-R_0} \tag{17-7}$$

式中 t_s——标准源测量时间，min；

其他量同前。

12.2.2.2 称量标准物质的相对不确定度

分析天平的检定证书给出了它的扩展不确定度 U_1，则其相对不确定度为

$$u_{rel22}=\frac{U_1}{km_s} \tag{17-8}$$

式中 k——扩展系数；

m_s——称量的标准物质质量，mg。

12.2.2.3 标准物质比活度的相对不确定度

标准物质的比活度 a_s 的扩展不确定度 U_2 由检定证书直接给出，计算其相对标准不确定度为

$$u_{rel23}=\frac{U_2}{k} \tag{17-9}$$

仪器效率刻度的相对不确定度 u_{rel2} 根据式(17－10)进行计算：

$$u_{rel2}=\sqrt{u_{rel21}^2+u_{rel22}^2+u_{rel23}^2} \tag{17-10}$$

12.2.3 水样残渣的相对不确定度

水样残渣的相对不确定度 u_{rel3} 分为两个部分：称量样品总残渣的相对不确定度 u_{rel31}，以及称量用于测量的残渣的相对不确定度 u_{rel32}。

12.2.3.1 称量样品总残渣的相对不确定度

分析天平的检定证书给出了它的扩展不确定度 U_1，则其相对不确定度为

$$u_{rel31}=\frac{U_1}{km} \tag{17-11}$$

12.2.3.2 称量用于测量的残渣的相对不确定度

分析天平的检定证书给出了它的扩展不确定度 U_1，则其相对不确定度为

$$u_{rel31}=\frac{U_1}{kw} \tag{17-12}$$

式中 w——称量用于测量的残渣质量，mg。

12.2.4　水样体积的相对不确定度

水样体积的相对不确定度 u_{rel4} 分为两个部分，即水样量取的相对不确定度 u_{rel41} 和取样重复性的相对不确定度 u_{rel42}。

12.2.4.1　水样量取的相对不确定度

(1)量筒体积的相对不确定度 u_{rel411}

制造商给出量筒在 20 ℃时的体积为 $a \pm b$，单位 mL，假定为三角形分布，则该项相对不确定度为

$$u_{411} = \frac{b}{\sqrt{6}a} \tag{17-13}$$

(2)温度引起的不确定度 u_{rel412}

假设温差为 ±4 ℃，水样体积膨胀系数为 2.1×10^{-4}/℃，则有

$$u_{rel412} = \frac{2.1 \times 10^{-4} \times 4}{\sqrt{3}} \approx 0.000\ 48$$

12.2.4.2　取样重复性的相对不确定度

取一个量筒，将待测水样倒入其中至刻线处，称其质量，重复 10 次，共获得 10 个质量值。

平均值 $\overline{m}$ 的标准偏差为

$$S_{筒} = \sqrt{\frac{\sum(m_i - \overline{m})^2}{n(n-1)}} \quad (i = 1 \sim 10) \tag{17-14}$$

取样重复性的相对不确定度 u_{rel42} 为

$$u_{rel42} = \frac{S_{筒}}{\overline{m}} \tag{17-15}$$

12.2.5　制样的分散性的相对不确定度

取 10 份 0.1 Amg 标准粉末放入样品盘制样，然后用仪器进行计数，计算制样的分散性的相对不确定 u_{rel5}。

平均值 $\overline{R}$ 的标准偏差为

$$S_R = \sqrt{\frac{\sum(R_i - \overline{R})^2}{n(n-1)}} \quad (i = 1 \sim 10) \tag{17-16}$$

制样的分散性的相对不确定度 u_{rel5} 为

$$u_{rel5} = \frac{S_R}{\overline{R}} \tag{17-17}$$

12.3　合成相对不确定度

$$u_{c,rel} = \sqrt{u_{rel1}^2 + u_{rel2}^2 + u_{rel3}^2 + u_{rel4}^2 + u_{rel5}^2} \tag{17-18}$$

12.4　相对扩展不确定度

$$U_{rel} = ku_{c,rel} \quad (k=2) \tag{17-19}$$

附件 17A　水中总 α 测量分析不确定度评定实例

某地表水 α 放射性活度浓度 $C=3.24\times10^{-2}$ Bq/L，现对该测量结果进行不确定度分析。

17A.1　仪器测量样品源的相对不确定度

对于该地表水，$R_x=0.217\ \mathrm{min}^{-1}$，$t_x=420$ min；$R_0=0.033\ \mathrm{min}^{-1}$，$t_0=420$ min，根据式(17-6)计算得到 $u_{\mathrm{rel1}}=0.132\,6$。

17A.2　仪器效率刻度的相对不确定度

17A.2.1　仪器测量标准源的相对不确定度

对于直径为 52 mm 的样品盘，称取 0.212 3 g α 标准粉末进行铺样、测定，其中，$R_s=4.183\ \mathrm{min}^{-1}$，$t_s=420$ min；$R_0=0.033\ \mathrm{min}^{-1}$，$t_0=420$ min，根据式(17-7)计算得到 $u_{\mathrm{rel21}}=0.024\,1$。

17A.2.2　称量标准物质的相对不确定度

分析天平的检定证书给出了它的扩展不确定度 $U_1=0.5$ mg($k=2$)，根据式(17-8)计算其相对不确定度为

$$u_{\mathrm{rel22}}=\frac{0.5}{2\times212.3}\approx0.001\,2$$

17A.2.3　标准物质比活度的相对不确定度

由标准物质证书可知，镅标准溶液扩展不确定度 $U_2=3.5\%$($k=2$)，根据式(17-9)计算其相对不确定度为

$$u_{\mathrm{rel23}}=\frac{3.5\%}{2}=0.017\,5$$

故仪器效率刻度的相对不确定度 u_{rel2} 为

$$u_{\mathrm{rel2}}=\sqrt{u_{\mathrm{rel21}}^2+u_{\mathrm{rel22}}^2+u_{\mathrm{rel23}}^2}=0.029\,8$$

17A.3　水样残渣的相对不确定度

17A.3.1　称量样品总残渣的相对不确定度

分析天平的检定证书给出了它的扩展不确定度 $U_1=0.5$ mg($k=2$)，根据式(17-11)计算其相对不确定度为

$$u_{\mathrm{rel31}}=\frac{0.5}{2\times446.2}\approx0.000\,6$$

17A.3.2　称量用于测量的残渣的相对不确定度

分析天平的检定证书给出了它的扩展不确定度 $U_1=0.5$ mg($k=2$)，根据式(17-12)计算其相对不确定度为

$$u_{\mathrm{rel32}}=\frac{0.5}{2\times212.3}\approx0.001\,2$$

故称量样品总残渣的相对不确定度 u_{rel3} 为

$$u_{rel3} = \sqrt{u_{rel31}^2 + u_{rel32}^2} = 0.001\ 3$$

17A.4 水样体积的相对不确定度

17A.4.1 水样量取的相对不确定度

取该地表水水样时,用 500 mL 量筒取 3.0 L 水样加入烧杯中,需要取 6 次。

(1)量筒体积的相对不确定度 u_{rel411}

500 mL 量筒容量允差为 ±2.5 mL,以三角分布估计,则有

$$u_{rel411} = \frac{2.5}{500 \times \sqrt{6}} \approx 0.002\ 0$$

(2)温度引起的不确定度 u_{rel412}

假设温差为 ±4 ℃,水样体积膨胀系数为 2.1×10^{-4}/℃,则有

$$u_{rel412} = \frac{2.1 \times 10 - 4 \times 4}{\sqrt{3}} \approx 0.000\ 48$$

因为要取样 6 次,所以量筒取样不确定度

$$u_{rel41} = \sqrt{6} \cdot \sqrt{u_{rel411}^2 + u_{rel412}^2} = 0.005\ 0$$

17A.4.2 取样重复性的相对不确定度

取一个 500 mL 量筒,倾倒水样至其最大刻度线,然后将水样称重,重复 10 次,记录该 10 个质量,见表 17A－1。

表 17A－1 记录数据

序号	1	2	3	4	5	6	7	8	9	10
质量 m_i/g	502.2	499.2	498.7	501.6	497.9	501.5	498.3	499.6	501.7	502.4
平均值 $\overline{m}$/g	500.31									

由式(17－14)计算平均值 $\overline{m}$ 的标准偏差,得出 $S_{筒} = 1.736$ g,则有

$$u_{rel42} = \frac{S_{筒}}{\overline{m}} = 0.003\ 5$$

17A.5 制样的分散性的相对不确定度

取 10 份 212.3 mg 的 α 标准粉末放入样品盘制样,然后用仪器进行计数,计算制样的分散性的相对不确定 u_{rel5}。测量结果见表 17A－2。

表 17A－2　测量结果

序号	1	2	3	4	5	6	7	8	9	10
α 的计数率 R_i/min^{-1}	4.100	4.283	4.197	4.337	3.987	4.203	4.237	4.003	4.167	4.313
平均值 $\overline{R}$	4.183									

由式(17－16)计算出平均值 $\overline{R}$ 的标准偏差 $S_R = 0.121\ 1$，则制样的分散性的相对不确定度 u_{rel5} 为

$$u_{\text{rel5}} = \frac{S_R}{\overline{R}} = 0.029\ 0$$

17A.6　合成相对不确定度

该地表水水样中总 α 放射性活度的合成相对不确定度为

$$u_{\text{c,rel}} = \sqrt{u_{\text{rel1}}^2 + u_{\text{rel2}}^2 + u_{\text{rel3}}^2 + u_{\text{rel4}}^2 + u_{\text{rel5}}^2} = 0.139$$

17A.7　相对扩展不确定度

取包含因子 $k = 2$，则该水样中总 α 放射性测量结果的相对扩展不确定度为 $U_{\text{rel}} = 27.8\%$。

第 18 章　水中总 β 测量分析

1　目的

本章规定了国控网辐射环境质量监测项目水中 β 放射性核素的测量分析方法，包括样品的采集、保存和管理、测量方法、数据处理、质量保证、仪器刻度和不确定度计算等主要技术要求。本方法的探测下限为 1.4×10^{-2} Bq/L。

2　方法依据

(1)《水质　样品的保存和管理技术规定》(HJ 493—2009)。

(2)《水质　采样技术指导》(HJ 494—2009)。

(3)《水质　采样方案设计技术规定》(HJ 495—2009)。

(4)《水中总 β 放射性浓度的测定蒸发法》(EJ/T 900—1998)。

(5)《水质总 β 放射性的测定　厚源法》(HJ 899—2017)。

3　测量原理

样品经酸化稳定后，蒸发浓缩转化成硫酸盐，再蒸发至干，然后 350 ℃下进行灼烧。准确称量部分残渣转移到样品盘，在预先用 β 标准源(具体要求见 8.2)刻度过的 β 计数器上测量 β 的计数。

4　试剂、材料

除非另有说明，分析时均使用符合国家标准的分析纯化学试剂，且不应含有任何可检测出的 β 放射性。实验用水为新制备的去离子或蒸馏水。

(1)浓硝酸：$\rho=1.42$ g/mL。

(2)硝酸：$\varphi=50\%$。

(3)浓硫酸：$\rho=1.84$ g/mL。

(4)无水乙醇。

(5)硫酸钙：优级纯。

(6)标准物质：以优级纯氯化钾为总 β 标准物质，使用前应在 105 ℃下干燥恒重后，置于干燥器中保存。

5　仪器、设备

(1)低本底 β 计数器。

(2)分析天平，感量 0.1 mg。

(3)电热板、电炉或其他加热设备。

(4)烘箱。

(5)红外箱或红外灯。

(6)马弗炉,能在 350 ℃下保持恒温。

(7)测量盘。测量盘的厚度至少为 2.5 mg/mm^2,应为带有边沿的不锈钢盘,盘的直径取决于探测器的大小,即由探测器直径和样品源托的大小决定。

(8)烧杯。

(9)瓷坩埚。瓷坩埚的恒重:将瓷坩埚在 350 ℃下灼烧 1 h,取出在干燥器内冷却,恒重到 ±1 mg。

(10)一般实验室常用的其他仪器和设备。

6　采样及前处理

6.1　样品的采集和保存

水体样品的代表性、采样方法和保存方法按 HJ493—2009、HJ494—2009、HJ495—2009 相关规定进行。

如果没有特殊要求且条件允许,可采集 10 L 水样,以便于进行平行样的分析测量。按每升水样加入(20 ±1)mL 硝酸(φ =50%)的比例,把所需硝酸倒入洗净的聚乙烯桶中,然后将水样装入该桶内。水样采集后应尽早分析,如需保存,应置于(4 ±2)℃条件下存放。

6.2　样品的前处理

6.2.1　准备

估算实验所需试样体积,以满足水样蒸干后残渣总量大于 0.1A mg(A 为测量盘面积,mm^2)。

6.2.2　浓缩

根据(6.2.1)估算的水样体积,量取 1 ~5 L 试样于烧杯中,在电热板上缓慢加热使其微沸,小心蒸发到 50 mL 左右后放置冷却。将浓缩溶液全部转移到经 350 ℃预先恒重过的 200 mL 瓷坩埚中,用少量的实验用水仔细洗涤烧杯,并将洗液也并入瓷坩埚中。

注:对于非常软的水(硬度很小的水),应尽量量取实际可能的最大水样体积来满足 0.1 Amg 残渣量。如果烧杯大,可以先将半浓缩液和清洗液转移到较小的烧杯中,继续蒸到约 50 mL 后,再倒入瓷坩埚中。

6.2.3　硫酸盐化

向瓷坩埚中加入 1 mL(±20%)浓硫酸(4(3))。把瓷坩埚放在红外箱内或红外灯下,加热直至硫酸冒烟,再把蒸发皿放到加热板上,继续加热蒸发至干。

6.2.4　灼烧

将装有残渣的蒸发皿放入马弗炉中,在 350 ℃温度下灼烧 1 h 后取出放入干燥器内冷却,准确称量,用差重法求得灼烧后残渣的质量 m。

7　分析程序

7.1　样品源的制备

用不锈钢样品勺将灼烧后称量过的固体残渣刮下，在瓷坩埚内用玻璃棒研细、混匀。称取 0.1*A* mg(±1%)已研细的残渣粉末到测量盘中，滴几滴无水乙醇(4.4)到测量盘中，使得样品均匀地铺平，在红外灯下烘干。

7.2　测量

样品源干燥后应立即在低本底 β 计数器上计数，测量时间的长短取决于样品和本底的计数率及所要求的精度。记录下计数率 $R_x(\text{min}^{-1})$和测量时间。

8　仪器刻度

8.1　本底的测量

用一个清洁的测量盘在低本底 β 计数器上测量放射性本底，以计数率 $R_0(\text{min}^{-1})$表示，重复测量多次计数，确定本底稳定性。

8.2　标准源的制备

称取与样品源质量相同的氯化钾标准粉末(4.6)于测量盘中，按照与样品源制备(7.1)相同的步骤制成标准源。

将制备好的 β 标准源在低本底 β 计数器上测量，测得的计数率以 $R_s(\text{min}^{-1})$表示。

9　结果计算

样品中的 β 放射性活度浓度 C(Bq/L)，按照公式(18－1)进行计算：

$$C=\frac{(R_x-R_0)}{(R_s-R_0)}\cdot\beta_s\cdot\frac{m}{1\,000V}\cdot 1.02 \tag{18－1}$$

式中　C——样品中的 β 放射性活度浓度，Bq/L；

R_x——样品计数率，cpm；

R_0——本底计数率，cpm；

R_s——标准源的计数率，cpm；

α_s——标准源的比活度，Bq/g；

m——水样蒸干、灼烧后的总残渣质量，mg；

V——水样取样体积，L；

1.02——校正系数，即 1 020 mL 加酸水样等价于 1 000 mL 体积的初始水样。

当样品活度浓度低于 1 Bq/L 时，保留到小数点后 2 位有效数字；高于 1 Bq/L 时，保留 3 位有效数字。

10　探测下限计算

探测下限是用于评价某一测量(包括方法、仪器和人员的操作等)的技术规范，其取决于很多因素，如水样中固体物质的含量，样品源的尺寸，测量时间，本底和计数效率。探测下限 MDC(Bq/L)按照式(18－2)进行计算：

$$\mathrm{MDC} = 4.65\sqrt{\frac{R_0}{t_0}} \cdot \frac{\alpha_s m \cdot 1.02}{(R_s - R_0) \cdot 1\,000V} \tag{18-2}$$

式中　t_0——本底测量时间,min;

11　质量保证

11.1　测量装置的性能检验

11.1.1　泊松分布检验

每年至少进行一次本底计数是否满足泊松分布的检验,如果本底很低,可用一定活度的标准源代替。可选一个工作日或一个工作单位(如完成一个或一组样品测量所需的时间)为检验的时间区间,在该时间区间内,测量 10 ~ 20 次相同时间间隔的本底计数,按照式(18 - 3)进行计算统计量值:

$$\chi^2 = (n-1)S^2/N \tag{18-3}$$

式中　χ^2——统计量值;

n——所测本底的次数;

S——按高斯分布计算的本底计数的标准偏差;

N——次本底计数的平均值,也是按泊松分布计算的本底计数的方差。

11.1.2　长期可靠性检验

使用质控图能检验仪器的稳定性,保证日常工作的一致性。在仪器工作电压以及其他可调参数均固定不变的情况下,定期以固定的测量时间测量仪器的本底和检验源的计数效率(可使用仪器出厂自带的电镀平面源或购买有证标准物质进行测量),绘制本底和效率质控图。

本底测量频次为 1 次/半月,测量时间取 60 ~ 300 min,效率测量频次为 1 次/2 个月,测量时间取 5 ~ 10 min。

当有 20 个以上这样的数据时,则可绘制质控图。以计数率为纵坐标,日期(或测量次序)为横坐标,在平均 $\bar{n}$ 的上下各标出控制线($\bar{n} \pm 3\sigma$)和警告线($\bar{n} \pm 2\sigma$)。若定期测量的本底计数率或效率在警告线内,则表示仪器性能正常;若超过控制线或连续 2 次同侧超过警告线,则表示仪器性能可能不正常,应及时寻找故障原因;若测量结果长期(连续 7 次)偏于平均值一侧须绘制新的质控图。

11.2　放化分析过程的质量控制

11.2.1　空白试验

测量一批样品需要进行一次空白样的测定,同时每更新一批试剂均须进行空白样的测定。若测量的计数率在本底计数率 3 倍标准偏差范围内则可以忽略。如果空白值不能忽略,则应选用具有更低放射性的试剂或选用空白值代替本底值。

11.2.2　平行双样

在日常工作中,可按照样品的复杂程度、仪器的精密度及分析操作的技术水平等因素安排平行样的测定数量。条件允许时,应全部做平行双样分析。否则,至少应按同批次的样品数随机抽取 10% ~ 20% 的样品进行平行双样测定,一批样品的数量较少时,应增加平行样的测定率,保证每批样品测试中至少测定一份样品的平行双样。测量结果应在方法给定水平范围内或按式(18-4)来判断。

平行样合格判定:

平行样之间的差值若满足下列公式要求,则结果判定为满意:

$$|y_1 - y_2| \leqslant \sqrt{2}U(y) \tag{18-4}$$

式中 y_1、y_2——两次测量值,Bq/L;

U——测量的不确定度, Bq/L。

11.2.3 加标回收

在日常工作中,可按照样品的复杂程度、仪器的精密度及分析操作的技术水平等因素安排加标回收率的测定数量。一般情况下,随机抽取 5% ~10% 的样品进行加标回收率测定。

12 不确定度

12.1 不确定度的来源

根据水样中 β 放射性活度浓度的数学模型,影响其测量不确定的因素主要有以下五个:

(1)仪器测量样品源的相对不确定度;

(2)仪器效率刻度的相对不确定度;

(3)水样残渣的相对不确定度;

(4)水样体积的相对不确定度;

(5)制样的分散性的相对不确定度。

12.2 不确定度的量化

12.2.1 仪器测量样品源的相对不确定度

低本底测量仪测量样品中 β 放射性,是统计性测量,其相对不确定度按照式(18-5)计算:

$$u_{rel1} = \frac{\sqrt{\frac{R_x}{t_x} + \frac{R_0}{t_0}}}{R_x - R_0} \tag{18-5}$$

12.2.2 仪器效率刻度的相对不确定度

仪器效率刻度的相对不确定度 u_{rel2} 分为三个部分,包括仪器测量标准源的相对不确定度 u_{rel21}、称量标准物质的相对不确定度 u_{rel22}、标准物质比活度的相对不确定度 u_{rel23}。

12.2.2.1 仪器测量标准源的相对不确定度

仪器测量标准源的相对不确定度按照式(18-6)计算:

$$u_{rel21} = \frac{\sqrt{\frac{R_s}{t_s} + \frac{R_0}{t_0}}}{R_s - R_0} \tag{18-6}$$

式中 t_s——标准源测量时间,min;

其他量同前。

12.2.2.2　称量标准物质的相对不确定度

分析天平的检定证书给出了它的扩展不确定度 U_1，则其相对不确定度为

$$u_{rel22} = \frac{U_1}{km_s} \tag{18-7}$$

式中　k——扩展系数；

m_s——称量的标准物质质量，mg。

12.2.2.3　标准物质比活度的相对不确定度

标准物质的比活度 a_s 的扩展不确定度 U_2 由检定证书直接给出，计算其相对标准不确定度为

$$u_{rel23} = \frac{U_2}{k} \tag{18-8}$$

仪器效率刻度的相对不确定度 u_{rel2} 根据式(18-9)进行计算：

$$u_{rel2} = \sqrt{u_{rel21}^2 + u_{rel22}^2 + u_{rel23}^2} \tag{18-9}$$

12.2.3　水样残渣的相对不确定度

水样残渣的相对不确定度 u_{rel3} 分为两个部分，包括称量样品总残渣的相对不确定度 u_{rel31}、称量用于测量的残渣的相对不确定度 u_{rel32}。

12.2.3.1　称量样品总残渣的相对不确定度

分析天平的检定证书给出了它的扩展不确定度 U_1，则其相对不确定度为

$$u_{rel31} = \frac{U_1}{km} \tag{18-10}$$

12.2.3.2　称量用于测量的残渣的相对不确定度

分析天平的检定证书给出了它的扩展不确定度 U_1，则其相对不确定度为

$$u_{rel31} = \frac{U_1}{kw} \tag{18-11}$$

式中　w——称量用于测量的残渣质量，mg。

12.2.4　水样体积的相对不确定度

水样体积的相对不确定度 u_{rel4} 分为两个部分，即水样量取的相对不确定度 u_{rel41} 和取样重复性的相对不确定度 u_{rel42}。

12.2.4.1　水样量取的相对不确定度

(1)量筒体积的相对不确定度 u_{rel411}

制造商给出量筒在 20 ℃时的体积为 $a \pm b$，单位 mL，假定为三角形分布，则该项相对不确定度为

$$u_{411} = \frac{b}{\sqrt{6}a} \tag{18-12}$$

(2)温度引起的不确定度 u_{rel412}

假设温差为 ±4 ℃，水样体积膨胀系数为 2.1×10^{-4}/℃，则有

$$u_{rel412} = \frac{2.1 \times 10-4 \times 4}{\sqrt{3}} \approx 0.000\ 48$$

12.2.4.2　取样重复性的相对不确定度

取一个量筒，将待测水样倒入其中至刻线处，称其质量，重复10次，共获得10个质量值。

平均值 $\overline{m}$ 的标准偏差为

$$S_{筒} = \sqrt{\frac{\sum (m_i - \overline{m})^2}{n(n-1)}} \quad (i = 1 \sim 10) \tag{18-13}$$

取样重复性的相对不确定度 u_{rel42} 为

$$u_{rel42} = \frac{S_{筒}}{\overline{m}} \tag{18-14}$$

12.2.5　制样的分散性的相对不确定度

取10份0.1A mg标准粉末放入样品盘制样，然后用仪器进行计数，计算制样的分散性的相对不确定 u_{rel5}。

平均值 $\overline{R}$ 的标准偏差为

$$S_R = \sqrt{\frac{\sum (R_i - \overline{R})^2}{n(n-1)}} \quad (i = 1 \sim 10) \tag{18-15}$$

制样的分散性的相对不确定度 u_{rel5} 为

$$u_{rel5} = \frac{S_R}{\overline{R}} \tag{18-16}$$

12.3　合成相对不确定度

$$u_{c,rel} = \sqrt{u_{rel1}^2 + u_{rel2}^2 + u_{rel3}^2 + u_{rel4}^2 + u_{rel5}^2} \tag{18-17}$$

12.4　相对扩展不确定度

$$U_{rel} = ku_{c,rel} \quad (k = 2) \tag{18-18}$$

附件18A　水中总β测量分析不确定度评定实例

某地表水β放射性活度浓度 $C = 5.23 \times 10^{-2}$ Bq/L，现对该测量结果进行不确定度分析。

18A.1　仪器测量样品源的相对不确定度

对于该地表水，$R_x = 2.503\ \text{min}^{-1}$，$t_x = 420$ min；$R_0 = 0.467\ \text{min}^{-1}$，$t_0 = 420$ min，根据式(18-5)计算得到 $u_{rel1} = 0.041\ 3$。

18A.2　仪器效率刻度的相对不确定度

18A.2.1　仪器测量标准源的相对不确定度

对于直径为52 mm的样品盘，称取0.212 3 g β标准粉末进行铺样、测定，其中，$R_s = 95.627\ \text{min}^{-1}$，$t_s = 60$ min；$R_0 = 0.467\ \text{min}^{-1}$，$t_0 = 420$ min，根据式(18-6)计算得到 $u_{rel21} = 0.013\ 3$。

18A.2.2　称量标准物质的相对不确定度

分析天平的检定证书给出了它的扩展不确定度 $U_1=0.5$ mg($k=2$),根据式(18-7)计算其相对不确定度为

$$u_{rel22}=\frac{0.5}{2\times212.3}\approx0.0012$$

18A.2.3　标准物质比活度的相对不确定度

由标准物质证书可知,氯化钾标准粉末比活度为 16.1 Bq/g,相对扩展不确定度为 5%($k=2$),根据式(18-8)计算其相对不确定度为

$$u_{rel23}=\frac{5.0\%}{2}=0.0250$$

故仪器效率刻度的相对不确定度 u_{rel2} 为

$$u_{rel2}=\sqrt{u_{rel21}^2+u_{rel22}^2+u_{rel23}^2}=0.0283$$

18A.3　水样残渣的相对不确定度

18A.3.1　称量样品总残渣的相对不确定度

分析天平的检定证书给出了它的扩展不确定度 $U_1=0.5$ mg($k=2$),根据式(18-10)计算其相对不确定度为

$$u_{rel31}=\frac{0.5}{2\times446.2}\approx0.0006$$

18A.3.2　称量用于测量的残渣的相对不确定度

分析天平的检定证书给出了它的扩展不确定度 $U_1=0.5$ mg($k=2$),根据式(18-11)计算其相对不确定度为

$$u_{rel32}=\frac{0.5}{2\times212.3}\approx0.0012$$

故称量样品总残渣的相对不确定度 u_{rel3} 为

$$u_{rel3}=\sqrt{u_{rel31}^2+u_{rel32}^2}=0.0013$$

18A.4　水样体积的相对不确定度

18A.4.1　水样量取的相对不确定度

取该地表水水样时,用 500 mL 量筒取 3.0 L 水样加入烧杯中,需要取 6 次。

(1)量筒体积的相对不确定度 u_{rel411}

500 mL 量筒容量允差为 ±2.5 mL,以三角分布估计,则有

$$u_{rel411}=\frac{2.5}{500\times\sqrt{6}}\approx0.0020$$

(2)温度引起的不确定度 u_{rel412}

假设温差为 ±4 ℃,水样体积膨胀系数为 2.1×10^{-4}/℃,则有

$$u_{rel412}=\frac{2.1\times10^{-4}\times4}{\sqrt{3}}\approx0.00048$$

因为要取样 6 次，所以量筒取样不确定度

$$u_{rel41} = \sqrt{6} \cdot \sqrt{u_{rel411}^2 + u_{rel412}^2} = 0.0050$$

18A.4.2 取样重复性的相对不确定度

取一个 500 mL 量筒，倾倒水样至其最大刻度线，然后将水样称重，重复 10 次，记录该 10 个质量，见表 18A-1。

表 18A-1 记录数据

序号	1	2	3	4	5	6	7	8	9	10
质量 m_i/g	502.2	499.2	498.7	501.6	497.9	501.5	498.3	499.6	501.7	502.4
平均值 $\overline{m}$/g	500.31									

由式(18-14)计算平均值 $\overline{m}$ 的标准偏差，得出 $S_{筒} = 1.736$ g，则有

$$u_{rel42} = \frac{S_{筒}}{\overline{m}} = 0.0035$$

18A.5 制样的分散性的相对不确定度

取 10 份 212.3 mg 的氯化钾标准粉末放入样品盘制样，然后用仪器进行 β 计数，计算制样的分散性的相对不确定 u_{rel5}。测量结果见表 18A-2。

表 18A-2 测量结果

序号	1	2	3	4	5	6	7	8	9	10
β 的计数率 R_i/min^{-1}	94.900	96.367	95.340	95.963	95.023	95.460	95.743	96.323	95.967	95.520
平均值 $\overline{R}$	95.627									

由式(18-15)计算出平均值 $\overline{R}$ 的标准偏差 $S_R = 0.5216$，则制样的分散性的相对不确定度 u_{rel5} 为

$$u_{rel5} = \frac{S_R}{\overline{R}} = 0.0055$$

18A.6 合成相对不确定度

该地表水水样中总 β 放射性活度的合成相对不确定度为

$$u_{c,rel} = \sqrt{u_{rel1}^2 + u_{rel2}^2 + u_{rel3}^2 + u_{rel4}^2 + u_{rel5}^2} = 0.051$$

18A.7 相对扩展不确定度

取包含因子 $k = 2$，则该水样中总 β 放射性测量结果的相对扩展不确定度为 $U_{rel} = 10.2\%$。

第19章　水中^{90}Sr测量分析

1　目的

本章规定了国控网辐射环境质量监测项目水中^{90}Sr的测量分析方法，包括样品的采集、保存和管理、测量方法、数据处理、质量保证、仪器刻度和不确定度计算等主要技术要求。方法探测下限典型值为1.0×10^{-3} Bq/L。

2　方法依据

《水和生物样品灰中锶－90的放射化学分析方法》(HJ 815)。

3　测量原理

水样中^{90}Sr的活度浓度根据与其处于放射性平衡的子体核素^{90}Y的活度浓度来确定。

快速法　样品经预处理并调节酸度后，形成pH值为1的溶液，通过涂有二－(2－乙基己基)磷酸(HDEHP)的聚三氟氯乙烯(Kel－F)色层柱吸附钇，以1.5 mol/L硝酸淋洗色层柱，洗脱钇以外的其他被吸附的锶、铯、铈、钷等稀土离子，再以6 mol/L硝酸解吸钇，以草酸钇沉淀的形式进行称重和β计数，实现^{90}Sr的快速测定。

放置法　样品的前处理方法与快速法相同。将pH值为1的溶液通过HDEHP－Kel－F色层柱后的流出液放置14天以上，使^{90}Y与^{90}Sr达到放射性平衡后，再次通过色层柱，分离和测定^{90}Y。

4　试剂、材料

除非另有说明，分析时均使用符合国家标准的或专业标准的分析试剂，实验用水为新制备的去离子水或蒸馏水，所有试剂的放射性必须保证空白样品测得的计数率不超过探测仪器本底的统计误差。

4.1　浓硝酸：分析纯，浓度65.0%～68.0%(质量分数)。

4.2　硝酸：6.0 mol/L。

4.3　硝酸：1.5 mol/L。

4.4　硝酸：0.1 mol/L。

4.5　过氧化氢：分析纯，浓度不小于30%(质量分数)。

4.6　草酸：分析纯。

4.7　饱和草酸溶液：称取110 g草酸(4.6)溶于1 L水中，稍许加热，不断搅拌，冷却后盛于试剂瓶中。

4.8　草酸溶液：浓度0.5%(质量分数)。

4.9 无水乙醇:分析纯,浓度不小于99.5%(质量分数)。

4.10 氢氧化铵:分析纯,浓度24.0%~28.0%(质量分数)。

4.11 碳酸铵:分析纯。

4.12 饱和碳酸铵溶液。

4.13 碳酸铵溶液:浓度1%(质量分数)。

4.14 碳酸钠:分析纯。

4.15 氯化钙;分析纯。

4.16 氯化铵:分析纯。

4.17 氯化锶($SrCl_2·6H_2O$):分析纯。

4.18 锶载体溶液:浓度约50 mg Sr/mL。

4.18.1 配制:称取153.0 g氯化锶(4.17)溶解于硝酸(4.4)中,转入1 L容量瓶中,用硝酸(4.4)稀释至刻度。

4.18.2 标定:取4份2.00 mL锶载体溶液(4.18.1)分别置于烧杯中,加入20 mL水,用氢氧化铵(4.10)调节pH值至8,加入5 mL饱和碳酸铵溶液(4.12),加热至近沸,使沉淀凝聚,冷却。用已恒重的G4型玻璃砂芯漏斗抽滤,用水和无水乙醇(4.9)各10 mL洗涤沉淀,在105 ℃下烘1 h。冷却,称重,直至恒重。

4.19 硝酸钇[$Y(NO_3)_3·6H_2O$]:分析纯。

4.20 钇载体溶液:浓度约20 mg/mL。

4.20.1 配制:称取86.2 g硝酸钇(4.19)于100 mL硝酸(4.2)中,加热溶解后,冷却,转入1 L容量瓶中,用水稀释至刻度。

4.20.2 标定:取4份2.00 mL钇载体溶液(4.20.1)分别置于烧杯中,加入30 mL水和5 mL饱和草酸溶液(4.7),用氢氧化铵(4.10)调节pH值至1.5。在水浴中加热,使沉淀凝聚,冷却至室温。沉淀过滤在置有定量滤纸的漏斗中,依次用水、无水乙醇(4.9)各10 mL洗涤沉淀。取下滤纸置于瓷坩埚中,在电炉上烘干,炭化后,置于900 ℃马弗炉中灼烧1 h。在干燥器中冷却,称重,直至恒重。

4.21 $^{90}Sr-^{90}Y$标准溶液:有证标准物质,活度浓度约10 Bq/mL。

4.22 硝酸镧[$La(NO_3)_3·6H_2O$]:分析纯。

4.23 镧溶液:浓度5%(质量分数)。

4.23.1 配制:称取15.5 g硝酸镧(4.22)溶于水中,加入几滴硝酸(4.1),转入100 mL容量瓶中,用水稀释至刻度。

4.24 HDEHP-kel-F色层粉(涂有二-(2-乙基己基)磷酸(HDEHP)的聚三氟氯乙烯):60~100目。

5 仪器、设备

5.1 低本底α/β计数器或低本底β计数器。

5.2 分析天平:感量0.1 mg。

5.3 离心机:最大转速不小于5 000 r/min,容量200 mL×4。

5.4 烘箱。

5.5 马弗炉。

5.6 HDEHP－kel－F 色层柱:内径8～10 mm,高约150 mm。

5.6.1 装柱:色层柱的下部用玻璃棉填充,关紧活塞。将色层粉(4.22)用硝酸(4.4)湿法移入柱内。打开活塞,让色层粉自然下沉。柱内保持一定的液面高度。备用。

5.6.2 每次使用后用50 mL 硝酸(4.2)洗涤柱子,流速为1 mL/min。再用水洗涤至流出液的pH值为1,待用。再生次数为10～20次。

5.7 可拆卸式过滤器。

5.8 一般实验室常用仪器设备。

6 样品的采集与保存

按照HJ 493—2009、HJ 61—2001中的相关规定进行样品的采集和保存。

采集前,根据采样方案,选择具有代表性的采样点位,采用水泵、有机玻璃采水器或自动采水器等采样设备将待测水样收集于清洗干净并用原水样冲洗过的塑料盛水容器内,加入一定量的硝酸(4.1),调节pH值至1～2。采样量不少于40 L。

对于自喷的泉水,可在涌口处直接采样;对于不自喷的泉水,应先将停滞在抽水管的水汲出,用新水更替后再进行采样。采样器应能准确定位,并能取到足够量的代表性水样。

水样应尽快分析测定,保存期一般不超过2个月。

7 分析程序

7.1 取已酸化过的待测水样20 L,加入2.00 mL锶载体溶液(4.18)和1.00 mL钇载体溶液(4.20),如果水质比较软,如湖塘水和饮用水,则生成的沉淀会较少,可再加入1.0 g的氯化钙(4.15)。加热到50 ℃左右,用氢氧化铵(4.10)调节pH值至8～9。搅拌下,每升水样加入8 g碳酸铵(4.11),如果样品中钙、镁离子含量比较高(如海水),产生的沉淀量太大,可每升加入5 g氯化铵(4.16),以去除钙、镁离子的干扰。水样继续加热至近沸腾,使沉淀充分凝聚,停止加热,冷却,静置过夜。

7.2 用虹吸法吸去上清液,将余下部分离心或在布氏漏斗中通过中速滤纸过滤,用碳酸铵溶液(4.13)洗涤沉淀,弃去滤液。沉淀转入烧杯中逐滴加入硝酸(4.2)至沉淀完全溶解,加热,滤去不溶物。滤液用氢氧化铵(4.10)调节pH值至1。滤液体积控制在60 mL左右。

【快速法】

7.3 溶液以2 mL/min流速通过色层柱(5.6.1),记下开始过柱和过柱完毕的时间,计算其中间时刻,作为锶、钇的分离时刻t_2。

7.4 流出液收集于100 mL容量瓶中,再用30 mL硝酸(4.4)洗涤色层柱,流出液收集于同一容量瓶中,供放置法测定^{90}Sr用。

7.5 用40 mL硝酸(4.3)以同样流速洗涤色层柱,弃去流出液。再用30 mL硝酸(4.2)解吸钇,解吸液收集于100 mL烧杯中。

7.6 往解吸液中加5 mL饱和草酸溶液(4.7)。用氢氧化铵(4.10)调pH值至1.5～2,水浴加热30 min,使沉淀凝聚,冷却至室温。

7.7　在铺有已恒重的慢速定量滤纸的可拆卸漏斗上抽吸过滤，依次用草酸溶液(4.8)、水和无水乙醇(4.9)各 10 mL 洗涤沉淀。沉淀连同滤纸在 45～50 ℃烘箱中干燥至恒重。按照草酸钇[$Y_2(C_2O_4)_3 \cdot 9H_2O$]的分子式计算钇的化学回收率。只进行快速法测定时，放置法步骤可以省去。

【放置法】

7.8　将7.4流出液用硝酸(4.4)稀释至标线，摇匀，取出 1.00 mL 溶液至 50 mL 容量瓶中，加入 3.0 mL 镧溶液(4.23)和 1.0 mL 硝酸(4.1)，用水稀释至刻度，在原子吸收分光光度计上测定锶含量，计算锶的化学回收率。向原100 mL 容量瓶中加入1.00 mL 钇载体溶液(4.20)，放置14天，使^{90}Sr－^{90}Y 平衡。

7.9　锶化学回收率的测定。

7.9.1　工作曲线的绘制：向 7 个 50 mL 容量瓶中分别加入 0 mL、2.50 mL、5.00 mL、10.0 mL、15.0 mL、20.0 mL 和 25.0 mL 的锶标准溶液(3.2.24)，分别加入 3.0 mL 镧溶液(3.2.27)，用硝酸(3.2.14)稀释至刻度。在原子吸收分光光度计上测定吸光值。以吸光值为纵坐标、锶浓度为横坐标，绘制工作曲线。

7.9.2　根据试样溶液的吸光值从工作曲线上查出锶浓度。按照式(19－1)计算锶化学回收率。

$$Y_{Sr} = \frac{5C_{Sr}}{q_0}$$

式中　Y_{Sr}——锶的化学回收率；

5——体积和单位转换系数；

C_{Sr}——从工作曲线上查得的锶浓度，μg/mL；

q_0——向试样中加入锶载体的量，mg。

7.10　将放置14天的流出液以2 mL/min 流速通过色层柱，记下锶、钇的分离时刻。然后按照7.5～7.7 操作。

7.11　将沉淀及滤纸固定在测量盘上，在低本底 α/β 计数器或低本底 β 计数器上测量^{90}Y 的 β 计数。记下开始测量时刻和测量结束时刻，将测量进行到一半的时刻记为 t_3。

7.12　样品测量后测量^{90}Sr－^{90}Y 检验源的计数率，其净计数率记为 J，以便检验测量仪器的探测效率是否正常。

8　仪器刻度

用于测量^{90}Y 活度的计数装置必须进行校准，即确定测量装置对已知活度^{90}Y 的响应，可用仪器计数效率来表示。其方法是：向四个烧杯中分别加入 30 mL 水、1.00 mL 锶载体(4.18)、1.00 mL 钇载体溶液(4.20)和 2.00 mL^{90}Sr－^{90}Y 检验源标准溶液(4.21)。调节 pH 值至1，以2 mL/min 流速通过色层柱，记下开始过柱至过柱完毕的中间时刻，作为锶、钇的分离时刻 t_2。按照 7.5～7.7 方法进行^{90}Y 的分离。在与样品源相同的条件下测得的计数率与经过化学回收率校正后的^{90}Y 衰变之比值即为^{90}Y 的探测效率。

按式(19－1)计算测量仪器对^{90}Y 的探测效率：

$$E_f = \frac{N_s}{DY_Y e^{-\lambda(t_3 - t_2)}} \qquad (19-1)$$

式中　E_f——测量仪器对^{90}Y 的探测效率,%;

N_s——^{90}Y 标准源的净计数率,cps;

D——加入^{90}Y 标准液的活度,Bq;

Y_Y——钇的化学回收率,%;

$e^{-\lambda(t_3-t_2)}$——^{90}Y 的衰变因子,其中 t_2 为锶、钇分离的中间时刻,h;t_3 为^{90}Y 测量进行到一半的时刻,h;λ 为^{90}Y 的衰变常数,等于 0.693/T,T 为^{90}Y 的半衰期,64.2 h。

在刻度仪器探测效率时,应同时测量^{90}Sr-^{90}Y 检验源的计数率,其净计数率记为 J_0,以便在常规分析中用^{90}Sr-^{90}Y 检验源来检验测量仪器的探测效率是否正常。

9　结果计算

9.1　快速法测定^{90}Sr 时,按照式(19-2)的计算水中^{90}Sr 的活度浓度。

$$A=\frac{NJ_0}{E_f V Y_Y e^{-\lambda(t_3-t_2)} J} \tag{19-2}$$

式中　A——水中^{90}Sr 的活度浓度,Bq/L;

N——样品源净计数率,cps;

J_0——刻度仪器探测效率时所测得的^{90}Sr-^{90}Y 检验源的净计数率,cps;

V——分析水样的体积,L;

J——测量样品时所测得的^{90}Sr-^{90}Y 检验源的净计数率,cps。

9.2　放置法测定^{90}Sr 时,按照式(19-3)的计算水中^{90}Sr 的活度浓度。

$$A=\frac{NJ_0}{E_f V Y_{Sr} Y_Y e^{-\lambda(t_3-t_2)} e^{(1-\lambda t_1)} J} \tag{19-3}$$

式中　$e^{1-\lambda t_1}$——^{90}Y 的生长因子,其中 t_1 为^{90}Sr 生长时间。

10　探测下限和分析误差

10.1　探测下限的计算

探测下限用于评价水中^{90}Sr 测定的综合技术指标,包括分析方法、测量仪器、分析人员的操作等,与仪器本底、探测效率、测量时间、化学回收率、样品体积及其他参数有关。

当样品测量时间与本底测量时间一致时,快速法测定水中^{90}Sr 的方法探测下限按照式(19-4)计算:

$$\mathrm{MDC}=\frac{4.66\sqrt{\frac{n_b}{t_b}}J_0}{E_f V Y_Y e^{-\lambda(t_3-t_2)} J}\quad (\mathrm{Bq/L}) \tag{19-4}$$

式中　n_b——本底计数率,cps;

T_b——本底测量时间,s。

例如:某水样分析取样体积 V=20 L,测量仪器的 β 本底计数率 n_b=0.005 cps;样品测量时间 $t_x=t_b$=43 200 s;J_0=70.31 cps;J=72.58 cps;^{90}Y 化学回收率 Y_Y=85.0 %;仪器对^{90}Y 的探测效率 E=50.0 %;^{90}Y 的衰变因子 $e^{-\lambda(t_3-t_2)}$=0.853,则探测下限计算结果为

2.1×10^{-4} Bq/L。

10.2　分析误差

分析水中^{90}Sr 活度浓度为 1.0 Bq/L 的水样,最大误差小于 10 %,同一实验室变异系数小于 10%。

11　质量保证

11.1　测量仪器的性能检验

11.1.1　泊松分布检验

低本底 α/β 计数器或低本底 β 计数器的本底计数或对同一稳定检验源的计数应满足泊松分布,泊松分布检验频次不低于 1 次/年。新仪器使用前或仪器检修后首次使用前应做泊松分布检验。

选择一个工作日或一个工作单元(如完成一个或一组样品测量所需的时间)为检验的时间区间,在该时间区间内,测量 10 ~ 20 次相同时间间隔的仪器本底计数或检验源计数,按照式(19 - 5)计算统计量χ^2 的值,在χ^2 分布的双侧分位数表中与选定显著水平的分位数进行比较,检验仪器本底计数是否满足泊松分布。

$$\chi^2 = \frac{(n-1)S^2}{\overline{N}} = \frac{\sum_{i=1}^{n}(N_i - \overline{N})^2}{\overline{N}} \tag{19-5}$$

式中　χ^2——泊松分布检验的统计量;

n——测量次数;

S——按贝塞尔公式计算的计数标准差;

$\overline{N}$——n 次计数的平均值,也是按泊松分布计算的仪器本底计数的方差;

n_i——第 i 次计数。

表 19 - 1 所示为某低本底 β 射线测量仪本底计数泊松分布检验结果。

表 19 - 1　某低本底 β 射线测量仪本底计数泊松分布检验结果

仪器	1	2	3	4	5	6	7	8	9	10
1 路	209	217	248	235	224	223	233	227	237	217
	均值 $\bar{x}=227$, $S=11.5$, $x^2=5.24$									
2 路	242	241	240	246	236	250	244	243	245	244
	均值 $\bar{x}=243.1$, $S=3.8$, $x^2=0.53$									
查$(n-1)\chi^2$ 分布表得 $\chi^2_{0.975,9}=2.70$, $\chi^2_{0.025,9}=19.02$										

以 95% 置信水平判断:1 路本底计数检验结果满足泊松分布;2 路本底计数检验结果不满足泊松分布,有理由怀疑该装置工作不正常。

11.1.2　仪器本底、效率的长期稳定性检验

在低本底 β 射线测量仪正常工作条件下获得本底或效率测量值 20 个以上，计算 20 个数据的平均值和标准差，然后以计数率为纵坐标，以日期为横坐标绘制质控图，在平均值处引一条中心线，再分别引出上下警告线（平均值 ±2 倍标准差）和上下控制线（平均值 ±3 倍标偏差）。以此质控图检查以后在该测量条件下获得的本底或效率是否在控制范围内，若测量结果在中心线附近和上下警告线之内，则表示仪器工作正常；若测量结果落在上下警告线和上下控制线之内，则表示测量仪器工作虽正常，但有失控的可能，应引起重视；若测量结果落在控制线之外，则表示测量仪器可能出现了一些故障，但不是绝对的，需要立即进行一系列重复测量，予以判断和处理；若测量结果长期（连续 7 次）偏于平均值一侧，说明仪器性能发生系统偏差，须绘制新的质量控制图。

图 19－1 所示为某低本底 β 射线测量仪本底长期稳定性质控图。

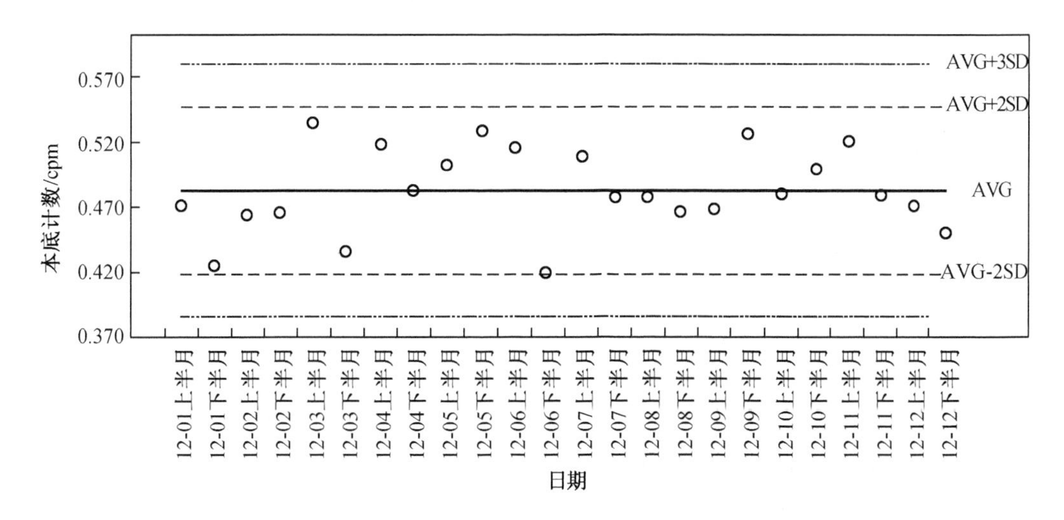

图 19－1　某低本底 β 射线测量仪本底长期稳定性质控图

11.2　放化分析测量过程质量控制

11.2.1　空白样测定

每 6 个月至少制备并测定一次空白样品（一般为实验室空白，每次至少测量两个空白实验值）。此外，新购置或维修后的测量仪器启用前，更换试剂应至少制备并测定一个空白样品。

若空白样品计数率与仪器本底平均计数率无显著差异，则可以忽略，否则应选用放射性更低的试剂或选用空白试样的计数率值代替仪器本底计数率。

表 19－2 所示为某实验室空白样品测量计数率与某低本底 β 计数器本底计数率的比较，t 检验结果表明，两者没有显著性差异。

表 19 – 2 某实验室空白样品测量计数率与某低本底 β 计数器本底计数率的比较

测量结果										
	1 路	1 路	2 路	2 路	3 路	3 路	4 路	4 路	平均值	标准差
本底计数率	0.585	0.576	0.508	0.518	0.478	0.500	0.610	0.595	0.546	0.051
空白样品计数率	0.606	0.561	0.508	0.512	0.458	0.503	0.604	0.573	0.541	0.053
计数率差 d	−0.021	0.015	0.00	0.006	0.020	−0.003	0.006	0.022		
平均计数率差 d	0.006									
标准偏差	0.014									
t 检验	$t_{0.05,x}=2.37$									
结论	无显著差异									

注：计数率差 d = 本底计数率 − 空白样品计数率。

11.2.2 平行样测定

按国控网监测质保计划规定开展平行样测定。在相同条件下采集两个平行样品，以相同的分析方法进行样品的制备和测定。若水中^{90}Sr 活度浓度大于 2.0 mBq/L，则平行样相对偏差控制在 30% 以内；若水中^{90}Sr 活度浓度不大于 2.0 mBq/L，则平行样相对偏差控制在 40% 以内（试行）。

11.2.3 加标样测定

按国控网监测质保计划规定开展加标样回收率测定。向样品中添加^{137}Cs 标准物质，以与样品测定相同的分析方法进行样品的制备和测定。加标样回收率测定一般在样品处理前加标，加标样品与样品在相同的处理和测定条件下分析，加标量一般为样品浓度的 0.5 ~ 3 倍，加标后总活动不得超出分析方法的测定上限。国控网监测加标回收率控制在 80% ~ 120%（试行）。

12 注意事项

12.1 快速法测定^{90}Sr 时，水样中^{90}Sr 和^{90}Y 必须处于平衡状态，当^{91}Y 存在时，应当用放置法或衰变扣除法对测量结果进行校正。

12.2 当水样中的锶含量超过 1 mg 时，必须进行样品自身锶含量的测定，并在计算锶的化学回收率时将其扣除。

12.3 ^{144}Ce 和^{147}Pm 等核素的含量大于^{90}Sr 含量的 100 倍时，会使快速法测定^{90}Sr 的结果偏高。

12.4 必要时，要对水样进行除铁、除铋及除杂质操作。除铋方法可参照土壤中^{90}Sr 方法。

附件 19A　水中^{90}Sr测量分析不确定度评定实例

19A.1　测量不确定度的评定过程和方法

(1)建立数学模型;
(2)列出测量不确定度来源;
(3)不确定度的分类评定;
(4)计算合成标准不确定度;
(5)评定扩展不确定度;
(6)测量不确定度的报告。

19A.2　建立数学模型

$$A = \frac{NJ_O}{E_f V Y_Y e^{-\lambda(t_3 - t_2)} J}$$

由公式可知,水中^{90}Sr分析过程中主要有 6 个参数带入不确定度:样品测量的不确定度、刻度仪器探测效率的不确定度、样品化学回收率的不确定度、样品取样体积的不确定度,检验源校准的不确定度和^{90}Sr半衰期校准的不确定度。其中检验源校准的不确定度和^{90}Sr半衰期校准的不确定度较小,可忽略不计,因此实验室分析中的不确定度主要来自四个方面,下面逐一分析。

19A.3　不确定度评定

19A.3.1　低本底 α、β 测量装置测量不确定度 u_1

$$u_1 = \frac{\sqrt{\frac{n_x}{t_x} + \frac{n_b}{t_b}}}{n_x - n_b}$$

式中,$n_x = 0.6\ \text{min}^{-1}$,$n_b = 0.3\ \text{min}^{-1}$,$t_x = 720\ \text{min}$,$t_b = 720\ \text{min}$,则 $u_1 = 0.117\ 9$。

19A.3.2　仪器探测效率刻度的测量不确定度 u_2

计算公式为

$$E_f = \frac{n_s}{60 D Y_Y e^{-\lambda(t_3 - t_2)}}$$

这里不确定度有三方面:一是低本底 α、β 测量装置测量标准源的不确定度 u_{21};二是移液器移液不确定度 u_{22};三是标准^{90}Y溶液的不确定度 u_{23}。

19A.3.2.1　低本底 α、β 测量装置测量标准源的不确定度 u_{21}

$$u_{21} = \frac{\sqrt{\frac{n_s}{t_s} + \frac{n_b}{t_b}}}{n_s - n_b}$$

式中，$n_s = 360.0\ min^{-1}$；$n_b = 0.3\ min^{-1}$；$t_s = 30\ min$；$t_b = 720\ min$；则 $u_{21} = 0.009\ 63$。

19A.3.2.2　移液器移液不确定度 u_{22}

①移液器的不确定度 u_{221}

1 mL 移液器检定不确定度 $U_{移}$ 为 0.000 7 mL，扩展系数 $k=2$，移取 0.4 mL 标准溶时，移液体积不确定度

$$u_{221} = U_1/(2 \times 0.4) = 0.000\ 875$$

②温度校准不确定度 u_{222}

实验室室温(20 ±4)℃，因膨胀系数作用可引起液体体积变化，水的体积膨胀系数为 $(2.1 \times 10^{-4})/℃$，假定温度变化分布为矩形分布，则温度校准的不确定度 $u_{222} = 2.1 \times 10^{-4} \times 4/\sqrt{3} \approx 0.000\ 485$，则

$$u_{22} = (u_{2212} + u_{2222})^{1/2} = 0.001\ 0$$

19A.3.2.3　标准溶液不确定度 u_{23}

根据证书，标准溶液活度浓度不确定度 U 为 3.0%（$k=2$），取标准溶液 0.4 mL 即 0.4 g，则 $u_{23} = U/(K \times 0.4) = 0.003/(2 \times 0.4) = 0.003\ 75$。

测量不确定度为

$$u_2 = \sqrt{u_{21}^2 + u_{22}^2 + u_{23}^2} = 0.010$$

19A.3.3　钇的化学回收率 Y 带来的不确定度 u_3

$$Y = \frac{m_1}{m_{载}}$$

钇化学回收率测量带来的不确定度有载体移取不确定度 u_{31}、样品源称量不确定度 u_{32}、测量重复性 u_{33}、载体标定不确定度 u_{34}。

19A.3.3.1　载体移取不确定度 u_{31}

移液不确定度：用 2 mL 移液管移取 2 mL 载体，经过前处理制成样品源，样品源质量由减量法称量所得，样品源不确定度有两方面：移液管移液不确定度 u_{311} 和温度对移液体积影响 u_{312}。

移液管的扩展不确定度为 $U_{移} = 7.1 \times 10^{-3}$，扩展系数 $k=2$，则移液管

$$u_{311} = \frac{U_{移}}{k \times 2} = 0.001\ 75$$

$$u_{312} = \frac{2.1 \times 10^{-4}}{\sqrt{3}} \approx 0.000\ 485$$

则

$$u_{31} = \sqrt{u_{311}^2 + u_{312}^2} = 0.000\ 516$$

19A.3.3.2　样品源称量不确定度 u_{32}

样品源的质量采用减量法称量，$U_{天平} = 0.1\ mg$，$k=2$，载体平均含量为 73.4 mg，则

$$u_{32} = \frac{\sqrt{2} \times U_{天平}}{k \times \overline{m}_{载}} = 0.000\ 96$$

19A.3.3.3　回收率的测量重复性 u_{33}

对于同样的样品进行 10 次制样，进行样品称重，计算化学回收率，结果列于表 19A-1 中。

表 19A－1　测量结果

测量次数	样品源质量 mg	回收率 Y
1	73.3	0.946
2	73.7	0.951
3	73.2	0.945
4	73.4	0.947
5	73.2	0.945
6	73.6	0.950
7	73.3	0.946
8	73.5	0.948
9	73.2	0.945
10	73.4	0.947
均值	73.38	0.947
标准偏差	0.175	0.002 26
变异系数	0.002	0.002

由贝塞尔公式算得

$$S_Y - \sqrt{\frac{\sum_{i=1}^{n=10}(Y_i - \overline{Y})^2}{n-1}} - 0.175$$

所以

$$u_{33} = S_Y / Y = 0.175/73.4 \approx 0.002$$

19A.3.3.4　载体标定带来的不确定度 u_{34}

取 6 份样，每份取载体 2 mL，分别置于烧杯中，加入 30 mL 水和 5 mL 饱和草酸溶液，用氨水和硝酸调节溶液 pH 值至 1.5，在水浴中加热使沉淀凝聚，冷却至室温。沉淀过滤在置有定量滤纸的三角漏斗中，依次用水、无水乙醇各 10 mL 洗涤，取下滤纸置于瓷坩埚中，在电炉上烘干并炭化后置于 900 ℃马弗炉中灼烧 30 min，在干燥器中冷却称至恒重。

$$C_{载} = \frac{\overline{m}_{载}}{2} \times 37.42\%$$

式中　$\overline{m}_{载}$——6 份样制得的沉淀质量的平均值，mg；

$C_{载}$——载体浓度，mg/mL；

37.42%——草酸钇中钇的质量分数；

2——载体取样体积，mL。

载体标定的不确定度有以下几方面。

①减量称重天平带来的不确定度 u_{341}

载体品源的质量采用减量法称量，$U_{天平} = 0.1$ mg，$k = 2$，载体平均含量为 77.5 mg，则

$$u_{341} = \frac{\sqrt{2} \times U_{天平}}{k \times \overline{m}_{载}} = 0.000\ 91$$

②移液体积不确定度 u_{342}

移液不确定度:用 2 mL 移液管移取 2 mL 载体,经过前处理制成样品源,样品源质量由减量法称量所得。样品源不确定度有两方面:移液管移液不确定度 u_{3421} 和温度对移液体积影响 u_{3412}。

$$u_{3421} = \frac{U_{移}}{k} = \frac{0.0071}{2 \times 2} \approx 0.000175$$

$$u_{3422} = \frac{2.1 \times 10^{-4}}{\sqrt{3}} \approx 0.000485$$

则

$$u_{342} = \sqrt{u_{3411}^2 + u_{3412}^2} = 0.000516$$

③载体标定的重复性 u_{343}

参考 u_{33},$u_{343} = 0.002$。

所以

$$u_{34} = \sqrt{u_{341}^2 + u_{342}^2 + u_{343}^2} = 0.00516$$

所以

$$u_3 = \sqrt{u_{31}^2 + u_{32}^2 + u_{33}^2 + u_{34}^2} = 0.0061$$

19A.3.4 样品取样体积不确定度 u_4

取样量为 20 L,用 1 000 mL 的量筒取 20 次,不确定度有量筒的不确定度、取样时温度效应、取样的重复性。

19A.3.4.1 量筒取样不确定度 u_{41}

量筒的扩展不确定度 $U_{筒} = 4$ mL,扩展系数 $k = 2$,则

$$u_{41} = 2 \times \frac{U_{筒}}{k \times 1000} = 0.004$$

19A.3.4.2 温度影响不确定度 u_{42}

$$u_{42} = \frac{2.1 \times 10^{-4}}{\sqrt{3}} \approx 0.000485$$

19A.3.4.3 取样的重复性不确定度 u_{43}

用 1 000 mL 量筒取样 20 次,称重,数据列于表 19A-2 中。

表 19A-2 测量结果

次数	量得 1 000 mL 水的质量/g	次数	量得 1 000 mL 水的质量/g
1	995.7	11	991.5
2	989.3	12	995.7
3	989.9	13	998.7
4	988.9	14	992.4
5	990.1	15	995.7
6	991.5	16	990.4
7	995.4	17	991.4
8	993.1	18	989.9
9	994.4	19	993.7
10	990.7	20	996.6

由贝塞尔公式算得 $S_{筒}=2.83$，则 $u_{43}=\frac{S_{筒}}{\overline{m}}=0.002\ 84$。

$$u_4=\sqrt{u_{41}^2+u_{42}^2+u_{43}^2}=0.004\ 93$$

19A.3.5　J_0与J因用的是检验源，每分针计数上千，不确定度很小，可以不做考虑。

19A.3.6　合成不确定度

由上可知，合成不确定度 u 为

$$u=\sqrt{u_1^2+u_2^2+u_3^2+u_4^2}=0.118\ 6\text{，扩展系数 }k=2\text{。}$$

扩展不确定度 $U=0.237(k=2)$。

可见，水中^{90}Sr测量的不确定度主要来源于仪器测量的不确定度，实际工作中可评定不确定度，只需评定测量不确定度即可。

第 20 章　水中^{137}Cs 测量分析

1　目的

本章规定了国控网辐射环境质量监测项目水中^{137}Cs 的测量分析方法，包括样品的采集、保存和管理、测量方法、数据处理、质量保证、仪器刻度和不确定度计算等主要技术要求。探测下限不高于 4.0×10^{-4} Bq/L。

2　方法依据

（1）《水和生物样品灰中铯－137 的放射化学分析方法》（HJ 816—2016）。

（2）《辐射环境监测技术规范》（HJ 61—2001）。

3　测量原理

水样中定量加入稳定铯载体，在硝酸介质中有磷钼酸铵吸附分离铯，氢氧化钠溶液溶解磷钼酸铵，在柠檬酸和乙酸介质中以碘铋酸铯沉淀形式分离纯化铯，以低本底 β 射线测量仪对其进行计数并计算^{137}Cs 的放射性活度。

4　试剂、材料

除非另有说明，分析时均使用符合国家标准的分析纯试剂，实验用水为新制备的去离子水或蒸馏水，所有试剂的放射性必须保证空白样品测得的计数率不超过探测仪器本底的统计误差。

4.1　浓硝酸：65%～68%（质量分数）。

4.2　盐酸：35.0%～38.0%（质量分数）。

4.3　硝酸铵。

4.4　冰乙酸：浓度不低于 98%（质量分数）。

4.5　乙醇：99.5%（质量分数）。

4.6　^{137}Cs 标准溶液：约 10 Bq/mL。

4.7　柠檬酸溶液：30%（质量分数）。

4.8　氢氧化钠溶液：2 mol/L。

4.9　饱和硝酸铵溶液。

4.10　硝酸：（1＋9）。

4.11　硝酸溶液：1.0 moL/L。

4.12　磷钼酸铵（AMP）：将 8 g 磷酸氢二铵溶解于 250 mL 水中，此溶液与 50 mL 溶解有 10 g 硝酸铵（4.3）和 30 mL 浓硝酸（4.1）的溶液相混合，加热至 50 ℃左右，搅拌下缓慢加入 500 mL 内含 70 g 钼酸铵（市售试剂多为四水合钼酸铵，注意避免配置出错）的溶液。冷却至室温,倾去上层清液,用布氏漏斗抽吸过滤。依次用 100 mL 5%硝酸溶液和 50 mL 无水乙醇(4.5)洗涤,室温避光下风干,保存于棕色瓶中。

4.13 铯载体溶液(约 20 mg Cs/mL)。

配制:称取 12.7 g 在 110 ℃下烘干的氯化铯(CsCl)溶于 100 mL 水中,再加入 7.5 mL 硝酸(4.1),移入 500 mL 容量瓶中,用水稀释至刻度。

标定:吸取 4 份 2.00 mL 铯载体溶液(4.13)分别放入锥形瓶中,加入 1 mL 硝酸(4.1)和 5 mL 高氯酸($HClO_4$)。加热蒸发至冒出浓白烟,冷却至室温,加入 15 mL 乙醇(4.5),搅拌,置于冰水浴中冷却 10 min,将高氯酸铯沉淀抽滤于已恒重的 G4 型玻璃砂芯漏斗中,用 10 mL 无水乙醇(4.5)洗涤沉淀,于 105 ℃烘箱中干燥至恒重。

4.14 碘铋酸钠溶液:将 20 g 碘化铋(BiI_3)溶于 48 mL 水中,加入 20 g 碘化钠和 2 mL 冰乙酸(4.4)。搅拌,不溶物用快速滤纸滤出。滤液保存于棕色瓶中。

4.15 硝酸-硝酸铵洗涤液(1 mol/L 硝酸-0.1 mol/L 硝酸铵混合溶液):称取 8.0 g 硝酸铵(4.3),溶于 100 mL 水中,再加入 67 mL 硝酸(4.1),移入 1 000 mL 容量瓶中,用水稀释至刻度。

5 仪器、设备

5.1 低本底 α/β 计数器或低本底 β 计数器。

5.2 分析天平,感量 0.1 mg。

5.3 烘箱。

5.4 可拆卸式漏斗。

5.5 G4 型玻璃砂芯漏斗。

6 样品采集与保存

按照 HJ 493—2009、HJ 61—2021 中的相关规定进行样品的采集和保存。

采集前,根据采样方案,选择具有代表性的采样点位,采用水泵、有机玻璃采水器或自动采水器等采样设备将待测水样收集于清洗干净并用原水样冲洗过的塑料盛水容器内,加入一定量的盐酸(4.2),调节 pH 值至 1~2。采样量不少于 40 L。

对于自喷的泉水,可在涌口处直接采样;对于不自喷的泉水,应先将停滞在抽水管的水汲出,用新水更替后再进行采样。采样器应能准确定位,并能取到足够量的代表性水样。

水样应尽快分析测定,保存期一般不超过 2 个月。

7 分析程序

7.1 取 40 L 水样,加入 1.00 mL 铯载体溶液(4.13)。

7.2 按每 5 L 水样 1 g 的比例加入磷钼酸铵(4.12),搅拌 30 min,放置澄清 12 h 以上。

7.3 虹吸弃去上清液,剩余溶液转入 2 L 烧杯,放置澄清 4 h 以上,倾倒弃去上层清液,剩余溶液用 G4 型玻璃砂芯漏斗抽滤,用硝酸溶液(4.2)洗涤容器,将全部沉淀转入漏斗,弃去滤液。

7.4 用氢氧化钠溶液(4.8)(按 1 g 磷钼酸约 10 mL 之比)溶解沉淀,抽滤,滤液转入 400 mL 烧杯,用水稀释至约 300 mL。加入与 7.2 所加磷钼酸铵等量的固体柠檬酸,搅拌溶解后加入 10 mL 硝酸(4.1)。

7.5 加入0.8 g 磷钼酸铵(4.12),搅拌 30 min,沉淀转入 G4 型玻璃砂芯漏斗抽滤。用 40 mL 硝酸 - 硝酸铵混合液(4.15)洗涤沉淀,弃去滤液。若加入磷钼酸铵时,溶液由黄色变为蓝绿色,加入几滴高锰酸钾即可恢复正常黄色。

7.6 用 10 mL 氢氧化钠溶液(4.8)溶解漏斗中的磷钼酸铵,抽滤。用 10 mL 水洗涤漏斗,滤液与洗涤液收集于抽滤瓶内的 25 mL 试管中。将收集液转入 50 mL 烧杯,加入 5 mL 柠檬酸溶液(4.7)。

7.7 溶液在电炉上小心蒸发至 5 ~ 8 mL,冷却后置于冰水浴中,加入 2 mL 冰乙酸(4.4)和 2.5 mL 碘铋酸钠溶液(4.14),用玻璃棒擦壁搅拌至碘铋酸铯沉淀生成,在冰水浴中静置 10 min。

7.8 将沉淀转入垫有已恒重滤纸的可拆卸式漏斗中抽滤。用冰乙酸(4.4)洗至滤液无色,再用 10 mL 无水乙醇(4.5)洗涤一次,弃去滤液。

7.9 将碘铋酸铯沉淀连同滤纸在 110 ℃ 下烘干至恒重,称重,以碘铋酸铯($Cs_3Bi_2I_9$)形式计算铯的化学回收率。

7.10 将沉淀连同滤纸置于测量盘内,在低本底 β 计数器上测量 β 计数。

7.11 测量^{137}Cs 参考源的计数,若无^{137}Cs 电镀平面源,可采用锶 - 钇电镀平面源代替。

8 仪器刻度

用于测量^{137}Cs 活度的计数器必须进行刻度,即确定测量装置对已知活度的^{137}Cs 的响应,用探测效率表示。其方法如下:

8.1 ^{137}Cs 探测效率 - 质量曲线的绘制:取 5 个 50 mL 烧杯,分别加入 0.20 mL、0.40 mL、0.60 mL、0.80 mL、1.00 mL 铯载体溶液(4.13),各加入 1.00 mL 已知强度的^{137}Cs 标准溶液(4.6),置于冰水浴中,各加 2 mL 冰乙酸(4.4)和 2.5 mL 碘铋酸钠溶液(4.14)。按照 7.7 ~7.10 进行。所制标准源应与样品源大小相同。将 5 个标准源所得计数率分别除以经过铯回收率校正后的^{137}Cs 的衰变率,即得探测效率。

8.2 仪器对^{137}Cs 的探测效率按式(20 - 1)计算。

$$E_f = \frac{n_s}{DY} \tag{20-1}$$

式中 E_f——仪器对^{137}Cs 的探测效率,%;

n_s——^{137}Cs 标准源的净计数率,cps;

D——1.00 mL^{137}Cs 标准液的活度,Bq;

Y——铯的化学回收率,%。

8.3 绘制探测效率 - 质量曲线,供常规分析时查用。

8.4 在测量盘内均匀滴入一定量的^{137}Cs 标准溶液(4.6),在红外灯下烘干,制成与样品源相同面积大小的参考源。在刻度仪器探测效率时,同时测定^{137}Cs 参考源的计数率,在常规分析中应当用^{137}Cs 参考源来检查仪器状态是否正常,也可使用状态和表面发射率稳定(不会随时间变化出现子体污染、半衰期长)的平面源作为参考源。

9 结果计算

按照式(20 - 2)计算水中^{137}Cs 的放射性活度浓度 A。

$$A = \frac{NJ_0}{E_f VYJ} \tag{20-2}$$

式中　A——水中^{137}Cs 的放射性活度浓度,Bq/L;

N——样品源净计数率,cps;

J_0——刻度测量仪器探测效率时测得的^{137}Cs 参考源的净计数率,cps;

E_f——仪器探测效率,由^{137}Cs 探测效率－质量曲线查出;

V——水样体积,L;

Y——铯的化学回收率;

J——样品源测量时^{137}Cs 参考源的净计参数,cps。

10　探测下限计算和方法精密度

10.1　探测下限的计算

探测下限用于评价水中^{137}Cs 测量的综合技术指标,包括测量方法、测量仪器、分析人员的操作等,与仪器本底、探测效率、测量时间、化学回收率、样品体积及其他参数有关。

当样品测量时间与本底测量时间一致时,快速法测量水中^{90}Sr 的探测下限可按下式计算:

$$\text{MDC} = \frac{4.66\sqrt{\frac{n_b}{t_b}}J_0}{E_f VYJ} \quad (\text{Bq/L}) \tag{20-3}$$

式中　MDC——水中^{137}Cs 测量的探测下限,Bq/L;

n_b——本底计数率,cps;

t_b——样品总测量时间,s;

J_0——刻度仪器探测效率时测得的^{137}Cs 参考源(或^{90}Sr－^{90}Y 检验源)的净计数率,cpm;

E_f——仪器对^{137}Cs 的探测效率,%;

V——分析样品的体积,L;

Y——铯的化学回收率,%;

J——样品源测量时测得的^{137}Cs 参考源(或^{90}Sr－^{90}Y 检验源)的净计数率,cpm。

例如:仪器本底 $n_b=0.005$ cps,测量时间 $t_b=43\ 200$ s,$J_0=70.31$ cps,$J=72.58$ cps,^{137}Cs 化学回收率 $Y=0.85$,探测效率 $E=0.40$,取样量 $V=40$ L,则探测下限计算结果为 1.1×10^{-4} Bq/L。

10.2　方法精密度

分析^{137}Cs 浓度为 1.0 Bq/L 的水样,最大误差小于 10%,同一实验室变异系数小于 10%。

11　质量保证

11.1　质量保证

11.1.1　泊松分布检验

低本底 α/β 计数器或低本底 β 计数器的本底计数或对同一稳定检验源的计数应满足泊松分布,泊松分布检验频次不低于 1 次/年。新仪器使用前或仪器检修后首次使用前应做泊松分布检验。

选择一个工作日或一个工作单元(如完成一个或一组样品测量所需的时间)为检验的

时间区间，在该时间区间内，测量10～20次相同时间间隔的仪器本底计数或检验源计数，按照式(20－4)计算统计量χ^2的值，在χ^2分布的双侧分位数表中与选定显著水平的分位数进行比较，检验仪器本底计数是否满足泊松分布。

$$\chi^2 = \frac{(n-1)S^2}{\overline{N}} = \frac{\sum_{i=1}^{n}(N_i - \overline{N})^2}{\overline{N}} \tag{20-4}$$

式中 χ^2——泊松分布检验的统计量；

n——测量次数；

S——按贝塞尔公式计算的计数标准差；

$\overline{N}$——n次计数的平均值，也是按泊松分布计算的仪器本底计数的方差；

N_i——第i次计数。

表20－1所示为某低本底β射线测量仪本底计数泊松分布检验结果。

表20－1 某低本底β射线测量仪本底计数泊松分布检验结果

仪器	1	2	3	4	5	6	7	8	9	10
1路	209	217	248	235	224	223	233	227	237	217
	均值$\bar{x}=227$，$S=11.5$，$x^2=5.24$									
2路	242	241	240	246	236	250	244	243	245	244
	均值$\bar{x}=243.1$，$S=3.8$，$x^2=0.53$									
查χ^2分布表得$\chi^2_{0.025,9}=2.70$，$\chi^2_{0.975,9}=19.02$										

以95%置信水平判断：1路本底计数检验结果满足泊松分布；2路本底计数检验结果不满足泊松分布，有理由怀疑该装置工作不正常。

11.1.2 仪器本底、效率的长期稳定性检验

在低本底β射线测量仪正常工作条件下获得本底或效率测量值20个以上，计算20个数据的平均值和标准差，然后以计数率为纵坐标，以日期为横坐标绘制质控图，在平均值处引一条中心线，再分别引出上下警告线(平均值±2倍标准差)和上下控制线(平均值±3倍标偏差)。以此质控图检查以后在该测量条件下获得的本底或效率是否在控制范围内，若测量结果在中心线附近和上下警告线之内，则表示仪器工作正常；若测量结果落在上下警告线和上下控制线之内，则表示测量仪器工作虽正常，但有失控的可能，应引起重视；若落在控制线之外，则表示测量仪器可能出现了一些故障，但不是绝对的，需要立即进行一系列重复测量，予以判断和处理；若测量结果长期(连续7次)偏于平均值一侧，说明仪器性能发生系统偏差，须绘制新的质量控制图。

图20－1所示为某低本底β射线测量仪本底长期稳定性质控图。

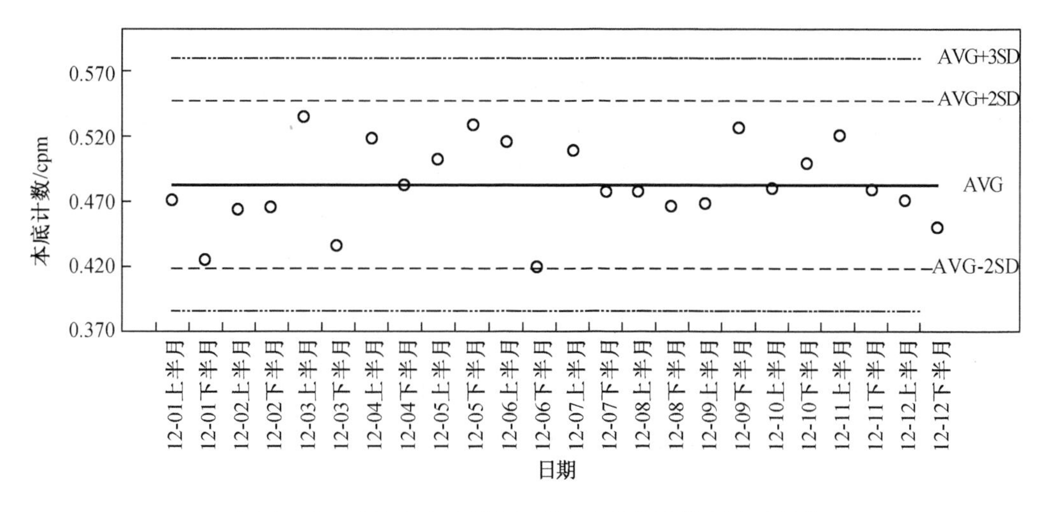

图20－1 某低本底β射线测量仪本底长期稳定性质控图

11.2 放化分析测量过程质量控制

11.2.1 空白样测定

每6个月至少制备并测定一次空白样品(一般为实验室空白,每次至少测量两个空白实验值)。此外,新购置或维修后的测量仪器启用前,更换试剂应至少制备并测定一个空白样品。

若空白样品计数率与仪器本底平均计数率无显著差异,则可以忽略,否则,应选用更低放射性的试剂或选用空白试样的计数率值代替仪器本底计数率。

表20－2所示为某实验室空白样品测量计数率与某低本底β计数器本底计数率的比较。t检验结果表明,两者没有显著性差异。

表20－2 某实验室空白样品测量计数率与某低本底β计数器本底计数率的比较

	测量结果									
	1路	1路	2路	2路	3路	3路	4路	4路	平均值	标准差
本底计数率	0.585	0.576	0.508	0.518	0.478	0.500	0.610	0.595	0.546	0.051
空白样品计数率	0.606	0.561	0.508	0.512	0.458	0.503	0.604	0.573	0.541	0.053
计数率差 d	－0.021	0.015	0.00	0.006	0.020	－0.003	0.006	0.022		
平均计数率差 d	0.006									
标准偏差	0.014									
t检验	$t_{0.05,x}=2.37$									
结论	无显著差异									

注:计数率差d=本底计数率－空白样品计数率。

11.2.2 平行样测定

按国控网监测质保计划规定开展平行样测定。在相同条件下采集两个平行样品,以相同的分析方法进行样品的制备和测定。国控网平行样相对偏差控制在40%以内(试行)。

11.2.3　加标样测定

按国控网监测质保计划规定开展加标样回收率测定。向样品中添加^{137}Cs标准物质，以与样品测定相同的分析方法进行样品的制备和测定。加标样回收率测定一般在样品处理前加标，加标样品与样品在相同的处理和测定条件下分析，加标量一般为样品浓度的0.5～3倍，加标后总活度不得超出分析方法的测定上限。国控网监测加标回收率控制在80%～120%（试行）。

12　注意事项

12.1　冰醋酸凝固点为16 ℃，在秋冬季常温和冰水浴时间较长的情况下易形成半凝固状混合物，此时需先用无水乙醇将其溶解，再进行过滤。

12.2　样品中如果有^{134}Cs、^{136}Cs、^{138}Cs存在时，必须用低本底γ谱仪进行^{137}Cs的测定。

12.3　当水样中存在放射性碘时，除可用低本底γ谱仪进行^{137}Cs的计数外，也可在步骤7.4之后向溶液中加入20 mg碘载体，将溶液加热至近沸，加入3～5 mL 10%的硝酸银溶液，煮沸使碘化银凝聚，当上层清液澄清透明时，停止加热。冷却至室温，滤去沉淀。滤液按步骤7.5继续分析。

12.4　加入磷钼酸铵搅拌下吸附铯时，若发现磷钼酸铵由黄色变成蓝绿色，可加入几滴饱和高锰酸钾溶液，使磷钼酸铵保持黄色。

12.5　若水样体积小于5 L，可省去步骤7.2～7.4。

附件20A　水中^{137}Cs测量分析不确定度评定实例

20A.1　测量不确定度的评定过程和方法

（1）建立数学模型；

（2）列出测量不确定度的来源；

（3）不确定度的分类评定；

（4）计算合成标准不确定度；

（5）评定扩展不确定度；

（6）测量不确定度的报告。

20A.2　建立数学模型

水中^{137}Cs的放射性活度浓度A的计算公式如下：

$$A=\frac{NJ_0}{E_f VYJ}$$

根据公式可知，分析水中^{137}Cs分析过程中主要有6个参数带入不确定度：样品测量的不确定度、刻度仪器探测效率的不确定度、样品化学回收率带来的不确定度、样品取样体积不确定度、检验源校准的不确定度和^{137}Cs半衰期校准的不确定度等，其中检验源校准的不确定度和^{137}Cs半衰期校准的不确定度较小，可忽略不计，因此实验室分析的不确定度主要来自前 4 个参数，下面逐一分析。

20A.3　不确定度评定

20A.3.1　样品测量不确定度 u_1

低本底 α/β 计数器测量样品中的核素衰变释放出的 β 粒子是统计量，其测量不确定度计算公式为

$$u_1 = \frac{\sqrt{\dfrac{n_x}{t_x} + \dfrac{n_b}{t_b}}}{n_x - n_b}$$

若 $n_x = 0.010$ cps，$n_b = 0.005$ cps，$t_x = 43\ 200$ s，$t_b = 43\ 200$ s，则 $u_1 = 0.117\ 9$。

20A.3.2　刻度探测效率 E_f 带来的不确定度 u_2

用标准物质^{137}Cs来作探测效率 - 质量曲线，测量时间一般在 5 min 以上，计数达几千，则在曲线校准过程中 A 类不确定度可以忽略，只考虑 B 类不确定度和校准曲线不确定度。

20A.3.2.1　探测效率 - 质量曲线不确定度 u_{21}

在 5 个烧杯中分别加入铯载体 0.2 mL、0.4 mL、0.6 mL、0.8 mL、1.0 mL，再各加入 1 g（精确称取）^{137}Cs标准溶液，制成 5 个样品源，在低本底测量仪上测量活度 I，与得到的沉淀碘铋酸铯质量 m 的关系为 $E_f = a + bm$，对应于 m_1 为 E_{f1}。

在样品测量时，由曲线查得 E_f 的不确定度为

$$u_{21} = \frac{S_{E1}}{E_1} = \frac{S_b \sqrt{\sum \dfrac{m_i^2}{n} - 2m_1\overline{m} + m_1^2}}{E_1}$$

$$S_b = b\sqrt{\frac{1 - r^2}{r^2(n-2)}} = 2.18 \times 10^{-2}$$

式中　S_{E1}——由曲线查样品探测效率带来的标准偏差；

E_1——由曲线查样品的探测效率；

S_b——曲线斜率标准偏差；

m_i——加入铯载体 0.2 mL、0.4 mL、0.6 mL、0.8 mL、1.0 mL 时制得的样品源的质量 $m_{0.2}$、$m_{0.4}$、$m_{0.6}$、$m_{0.8}$、$m_{1.0}$，mg，见表 20A - 1；

n——绘制校准曲线用点数；

m_1——测量的样品源质量，mg；

$\overline{m}$——$m_{0.2}$、$m_{0.4}$、$m_{0.6}$、$m_{0.8}$、$m_{1.0}$质量平均值，mg；

b——直线斜率；

r——曲线相关系数。

表 20A－1

加入载体体积/mL	标准物质样品源质量/mg	效率/%
0.2	$m_{0.2}=15.85$	26.51
0.4	$m_{0.4}=36.5$	24.35
0.6	$m_{0.6}=53.65$	22.57
0.8	$m_{0.8}=72.9$	20.56
1.0	$m_{1.0}=92$	18.57
平均值	$\overline{m}=54.18$	22.51

则

$$E_f=28.16-104.25m(n=5,r=0.94)$$

当 $m_1=37.3$ mg 时，$E_1=24.27\%$，则 $u_{21}=0.0284$。

20A.3.2.2　天平称量不确定度 u_{22}

样品源质量采用减量法称量，故

$$u_{22}=\sqrt{2}\cdot\frac{U_{天平}}{km_1}=\sqrt{2}\times\frac{0.6}{2\times37.3}\approx0.0114$$

20A.3.2.3　移液管体积校准不确定度 u_{23}

用 1 mL 移液管移取 1 mL 载体，这里不确定度有两方面：移液管校准不确定度 u_{231} 和温度对移液体积的影响 u_{232}。

移液管的扩展不确定度为 $U_{移}=0.0096$，扩展系数 $k=2$，则移液管

$$u_{231}=\frac{U_{移}}{k\times1}=0.0048$$

温度对移液体积影响

$$u_{232}=\frac{2.1\times10^{-4}\times4}{\sqrt{3}}\approx0.000485$$

则

$$u_{23}=\sqrt{u_{231}^2+u_{232}^2}=0.0048$$

仪器探测效率带来的不确定度

$$u_2=\sqrt{u_{21}^2+u_{22}^2+u_{23}^2}=0.031$$

20A.3.3　化学回收率 Y 带来的不确定度 u_3

化学回收率带来的不确定度有样品源不确定度 u_{31}、载体标定不确定度 u_{32}、回收率的重复性 u_{33}。

20A.3.3.1　样品源移液不确定度 u_{31}

用 1 mL 移液管移取 1 mL 载体，经过前处理制成样品源，样品源质量是用减量法称量得到的，样品源不确定度有两方面，一是移液管移液不确定度（同 2.2.3），二是减量法称量法称量不确定度（20 ℃温度校准，实验室温度在 2 ℃时，膨胀系数可引起液体体积变化，水的体积膨胀系数为 2.1×10^{-4}/℃），所以

$$u_{31} = \sqrt{u_{22}^2 + u_{23}^2} = 0.012$$

20A.3.3.2　回收率的重复性 u_{32}

对同样的样品进行 10 次制样，进行样品称重，计算化学回收率，见表 20A－2。

表 20A－2　化学回收率

测量次数	样品质量/mg	回收率 Y/%
1	37.3	0.405
2	37.6	0.409
3	37.2	0.404
4	37.1	0.403
5	37.3	0.405
6	37.4	0.407
7	37.5	0.408
8	37.2	0.404
9	37.3	0.405
10	37.5	0.408
平均值	37.3	0.405
标准偏差	0.2	0.2

由贝塞尔公式算得

$$S_{\mathrm{Y}} = \sqrt{\frac{\sum_{i=1}^{n=10}(Y_i - \overline{Y})^2}{n-1}} = 0.2$$

所以

$$u_{32} = \frac{S_{\mathrm{Y}}}{Y} = 0.004$$

20A.3.3.3　载体标定带来的不确定度 u_{33}

取 4 份样，每份取载体 2 mL，加浓硝酸和高氯酸到溶液中，经过处理，生成沉淀高氯酸铯，沉淀用恒重后的砂芯坩埚过滤，然后烘干至恒重，称重。计算载体浓度：

$$C_{载} = \frac{\overline{m}_{载}}{2} \times 57.21\%$$

式中　$\overline{m}_{载}$——4 份样制得的沉淀质量的平均值，mg；

$C_{载}$——载体浓度，mg/mL；

57.21%——高氯酸铯中铯的质量分数。

载体标定的不确定度有以下几方面：

①减量称重天平带来的不确定度 u_{331}

$$u_{331}=\sqrt{2}\frac{U_{天平}}{k\ \overline{m}_{载}}=0.005\ 32$$

②移液体积不确定度 u_{332}

用 2 mL 移液管移取 2 mL 载体,这里不确定度有两方面:移液管校准不确定度和温度对移液体积影响。

移液管的扩展不确定度为 $U'_{移}=7.1\times10^{-3}$,扩展系数 $k=2$,则移液管

$$u_{3321}=\frac{U_{移}}{k\times2}=0.001\ 78$$

温度对移液体积影响(同 2.2.2)

$$u_{3322}=\frac{2.1\times10^{-4}\times4}{\sqrt{3}}\approx0.000\ 49$$

则

$$u_{332}=\sqrt{u_{3321}^2+u_{3322}^2}=0.001\ 85$$

③载体标定的重复性 u_{333}

4 份样品称量,称得的质量结果见表 20A-3。

表 20A-3　质量结果

样品序号	载体沉淀样质量/mg
1	69.2
2	69.7
3	69.1
4	68.9

由贝塞尔公式算得 $S_{载}=0.34$,有

$$u_{333}=\frac{S_{载}}{\overline{m}_{载}}=0.004\ 91$$

所以

$$u_{33}=\sqrt{u_{331}^2+u_{332}^2+u_{333}^2}=0.007\ 47$$

$$u_3=\sqrt{u_{31}^2+u_{32}^2+u_{33}^2}=0.015$$

20A.3.4　样品取样体积不确定度 u_4

取样量为 50 L,用 1 000 mL 的量筒取 50 次,不确定度有量筒取样的不确定度、取样时的温度效应以及取样的重复性。

20A.3.4.1　量筒取样的不确定度 u_{41}

量筒的扩展不确定度 $U_{筒}=10$,扩展系数 $k=2$,取样 50 次,则

$$u_{441}=\sqrt{50}\times\frac{U_{筒}}{k\times1\ 000}=0.035\ 4$$

20A.3.4.2　温度影响不确定度 u_{42}

$$u_{42}=\frac{2.0\times10-4\times4}{\sqrt{3}}\approx0.000\ 49$$

20A.3.4.3　取样的重复性不确定度 u_{43}

用 1 000 mL 量筒取样 20 次，称重，数据记录见表 20A－4。

表 20A－4　数据记录

次数	量得 1 000 mL 水的质量/g	次数	量得 1 000 mL 水的质量/g
1	995.7	11	991.5
2	989.3	12	995.7
3	989.9	13	998.7
4	988.9	14	992.4
5	990.1	15	995.7
6	991.5	16	990.4
7	995.4	17	991.4
8	993.1	18	989.9
9	994.4	19	993.7
10	990.7	20	996.6

由贝塞尔公式算得 $S_{筒}=2.818\ 97$，则

$$u_{43}=\frac{S_{筒}}{\overline{m}}=0.284\%$$

$$u_4=\sqrt{u_{41}^2+u_{42}^2+u_{43}^2}=0.035\ 5$$

J_0与 J 测量时间一般为 5 min，计数达几千，不确定度可忽略不计。

20A.3.5　合成不确定度 u

$$u=\sqrt{u_1^2+u_2^2+u_3^2+u_4^2}=0.012\ 8$$

扩展系数 $k=2$，扩展不确定度 $U=25.6\%(k=2)$。

可见，水中^{137}Cs 分析测量的不确定度主要来源于仪器测量的不确定度，实际工作中只需评定测量的不确定度即可。

第21章　水中总钍测量分析

1　目的

本章规定了国控网辐射环境质量监测项目水中钍测量分析方法，包括样品的采集、保存和管理、测量方法、数据处理、质量保证、仪器刻度和不确定度计算等主要技术要求。

仪器探测下限：0.05 mg/L；方法探测下限：0.10 μg/L。

2　方法依据

三辛烷基叔胺（N－235）萃取－分光光度法。

3　测量原理

三辛烷基叔胺（N－235）是含8～10个碳原子的长链叔胺型萃取剂，俗称三烷基胺，化学通式为R_3N。它具有阴离子交换的特性，在盐析剂硝酸铝的存在下，能与硝酸溶液中钍的络阴离子$[Th(NO_3)_6]^{2-}$发生阴离子交换而萃取钍。

$$2R_3N \cdot HNO_3 + [Th(NO_3)_6]^{2-} \rightleftharpoons (R_3NH)_2 \cdot Th(NO_3)_6 + 2NO_3$$

然后利用钍在盐酸介质中不能形成络阴离子的特性，用8 mol/L盐酸选择性反萃取钍。

$$(R_3NH)_2 \cdot Th(NO_3)_6 + 2Cl^- \longrightarrow 2R_3N \cdot HCl + Th^{4+} + 6NO_3^-$$

在掩蔽剂存在下，用偶氮砷Ⅲ（即铀试剂Ⅲ）比色定量测定钍。

4　试剂和材料

除非另有说明，分析时均使用符合国家标准的分析纯化学试剂，实验用水为新制备的去离子水或蒸馏水。

4.1　标准钍溶液：总Th浓度为1 μg/mL（介质为8 mol/L盐酸溶液）。

4.2　10%N－235－二甲苯溶液：N－235和二甲苯按体积比1:9均匀混合，使用前用2 mol/L硝酸溶液平衡。

4.3　0.05%铀试剂Ⅲ溶液：称取纯化的铀试剂Ⅲ0.500 0 g，用pH为2的硝酸酸化水溶解并稀释至1 000 mL。

4.4　尿素（$CO(NH_2)_2$）：99.5%。

4.5　硝酸：浓度64.0%～68.0%（质量分数）。

4.6　硝酸溶液：浓度0.1 mol/L。

4.7　硝酸溶液：浓度2 mol/L。

4.8　硝酸溶液：浓度4 mol/L。

4.9 盐酸:浓度36.0%~38.0%(质量分数)。

4.10 盐酸溶液:浓度8 mol/L,370 mL浓盐酸(4.9)稀释至500 mL,加1 g左右尿素。

4.11 氢氧化铵(NH_4OH):浓度25.0%~28.0%(质量分数)。

4.12 氨水:pH=8。

4.13 乙醚($C_4H_{10}O$):浓度不少于99.5%。

4.14 硝酸铝($Al(NO_3)_3\cdot 9H_2O$):99.8%。

4.15 饱和硝酸铝溶液:称取500 g硝酸铝(4.5),用少量去离子水和33 mL氢氧化铵(4.11)加热溶解后,用水稀释至500 mL。使用前用等体积的乙醚(4.13)洗涤一次,澄清后使用。

4.16 氯化铁($FeCl_3\cdot 6H_2O$):99.8%。

4.17 铁载体溶液:称取15 g氯化铁(4.16)溶于100 mL 0.1 mol/L硝酸溶液中。铁载体(Fe^{3+})浓度为30 mg/mL。

4.18 草酸($H_2C_2O_4\cdot 2H_2O$,分析纯):99.8%。

4.19 草酸溶液:10%(质量分数)。

4.20 抗坏血酸($C_6H_8O_6$):99.5%。

4.21 过氧化氢:约30%。

5 仪器、设备

5.1 分光光度计或紫外可见分光光度计:波长范围为330~900 nm。

5.2 玻璃烧杯:3 000 mL。

5.3 带刻度的分液漏斗:500 mL。

5.4 振荡器。

5.5 离心机,4 500 r/min以上。

6.样品采集与保存

按照HJ 493—2009、HJ 61—2021中的相关规定进行样品的采集与保存。

采集前,根据采样方案,选择具有代表性的采样点位,采用水泵、有机玻璃采水器或自动采水器等采样设备将待测水样收集于清洗干净并用原水样冲洗过的塑料盛水容器内,加入一定量的硝酸(4.1),调节pH值至1~2。采样量不少于40 L。

对于自喷的泉水,可在涌口处直接采样;对于不自喷的泉水,应先将停滞在抽水管的水汲出,用新水更替后再进行采样。采样器应能准确定位,并能取到足够量的代表性水样。

水样应尽快分析测定,保存期一般不超过2个月。

7 分析程序

7.1 量取2 L环境水至3 L烧杯中,用浓硝酸(4.5)调节pH值至1,置于电炉上加热煮沸5 min;加入2 mL Fe^{3+}载体溶液(4.16),搅拌下滴加氢氧化铵(4.11),调节pH值至8~9,生成$Fe(OH)_3$沉淀。

7.2 沉淀静置4 h以上,虹吸弃去上清液,再将沉淀转入250 mL离心管中,离心,弃去上清液，再用氨水(4.12)洗涤沉淀2～3次，最后加入4 mL左右浓硝酸(4.5)至离心管内，置于水浴上加热溶解沉淀，待用。

7.3 过滤沉淀，用2 mol/L硝酸溶液(4.7)洗涤2～3次滤纸，将滤液全部转移至60 mL分液漏斗中，保持溶液体积约20 mL，再加入等体积的饱和硝酸铝溶液(4.15)。

7.4 按体积比(有机相:水相)1:1或1:2加入10% N_{235}－二甲苯有机相溶液(4.2)，萃取振荡5 min，静止分相，弃去水相。

7.5 用5 mL左右的4 mol/L硝酸溶液(4.8)洗涤1～2次，振荡3 min，静止分相，弃去水相。如果溶液中有界面污物，可用6 mL 4 mol/L硝酸(4.8)再洗涤一次。

7.6 分别用4 mL和3 mL 8 mol/L盐酸(4.10)反萃取两次，每次反萃取振荡5 min，两次反萃液收集在一个10 mL容量瓶中。注意应避免有机相流入容量瓶，引起数据偏高。如果反萃取液中不慎混入有机相，应将反萃取液倒入50 mL烧杯中，置于电炉上蒸干，再用浓$HNO_3-H_2O_2$进一步硝化，去除有机相，再用8 mol/L盐酸溶解转移至10 mL容量瓶中。

7.7 在10 mL容量瓶中加入少量(约0.1 g)抗坏血酸(4.20)和尿素(4.4)，溶解后再加1 mL 10%草酸溶液(4.19)，0.5 mL 0.05%铀试剂Ⅲ溶液(4.3)，用8 mol/L盐酸(4.10)稀释至刻度。

7.8 调节分光光度计在665 nm波长下，用3 cm比色皿，以试剂空白参比测定钍的消光值E_{Th}，将测得水样的吸光度记为x_1；将x_1代入校准曲线$y=a+bx$；得到待测水样的钍浓度y_1为

$$y_1=a+bx_1$$

7.9 标准曲线的绘制：取8个10 mL容量瓶中，分别加入0.1 g抗坏血酸(4.20)，准确移取标准钍溶液(4.1)0 mL、0.5 mL、1.0 mL、1.5 mL、2.0 mL、3.0 mL、4.0 mL、5.0 mL，按分析步骤7.7和7.8测其消光值E_{Th}，绘制吸光度－钍含量校准曲线。以8个吸光度为自变量x，相应的溶液钍浓度为应变量y，按最小二乘法作校准曲线$y=a+bx$。

7.10 校正

(1)标准曲线的校正：每批样品应绘制一次标准曲线，并定期检验标准曲线的重现性。

(2)每次更换试剂时应进行空白试验，在去离子水或蒸馏水中加入钍标准溶液，然后按照7.1～7.8进行水样预处理和分析。

(3)化学回收率：在环境水或自来水中加入标准钍溶液，按照7.1～7.8进行水样预处理和分析。化学回收率按照式(21－1)计算：

$$y=\frac{n_1-n_2}{C_0} \tag{21-1}$$

式中 y——化学回收率，%；

n_1——样品中加入标准钍溶液后的钍含量，μg；

n_2——样品中原有钍含量，μg；

C_0——加入的标准钍溶液含量，μg。

8 结果计算

$$C=\frac{n}{Vy} \tag{21-2}$$

式中 C——样品中钍含量,μg/L;

n——标准曲线上查得的钍含量,μg,可从待测水样的吸光度 x_1 查校准曲线 $y = a + bx$ 获得;

V——水样体积,L;

y——化学回收率,%。

9 试剂空白值的测定和方法以及探测下限的估计

根据《环境监测 分析方法标准制修订技术导则》(HJ 168—2010),按照样品分析的全部分析步骤,重复 $n(n \geq 7)$ 次空白试验,将各测定结果换算为样品中的浓度或含量,计算 n 次测定的标准偏差,按以下公式计算方法检出限,并且以 4 倍检出限作为方法的探测下限。

$$\mathrm{MDC} = t(n-1, 0.99)S \tag{21-3}$$

式中 MDC——方法检出限,μg/L;

n——样品的平行测定次数;

t——当自由度为 $n-1$,置信度为 99% 时的 t 分布(单侧);

S——n 次平行测定的标准偏差。

例如:采用去离子水,按照本方法的全部分析步骤,重复 7 次空白试验,测量结果分别为 0.047 μg/L、0.033 μg/L、0.043 μg/L、0.026 μg/L、0.040 μg/L、0.041 μg/L、0.042 μg/L,均值为 0.039 μg/L,标准差为 0.007 μg/L,$t = 3.143$,则方法检出限为 0.022 μg/L。

10 质量保证

10.1 空白样测定

每 6 个月至少制备并测定一次空白样品(一般为实验室空白,每次至少测量两个空白实验值)。此外,新购置或维修后的测量仪器启用前,更换试剂应至少制备并测定一个空白样品。计算探测下限时,探测下限的变化应满足标准方法的要求,发现异常及时查找原因。

10.2 平行样测定

按国控网监测质保计划规定开展平行样测定。在相同条件下采集两个平行样品,以相同的分析方法进行样品的制备和测定。国控网平行样相对偏差控制在 30% 以内(试行)。

10.3 加标样测定

按国控网监测质保计划规定开展加标样回收率测定。向样品中添加 ^{137}Cs 标准物质,以与样品测定相同的分析方法进行样品的制备和测定。加标样回收率测定一般在样品处理前加标,加标样品与样品在相同的处理和测定条件下分析,加标量一般为样品浓度的 0.5 ~ 3 倍,加标后总活动不得超出分析方法的测定上限。国控网监测加标回收率控制在 80% ~ 120%(试行)。

附件 21A　水中总钍测量分析不确定度评定实例

21A.1　测量不确定度的评定过程和方法

(1)建立数学模型;

(2)列出测量不确定度的来源;

(3)不确定度的分类评定;

(4)计算合成标准不确定度;

(5)评定扩展不确定度。

21A.2　建立数学模型

$$C=\frac{n}{Vy}$$

用 3 L 玻璃烧杯量取待测水样进行水中总钍分析测量时,引入的不确定度来自三个方面:取样不确定度、吸光度测量确定度、校准曲线不确定度。

21A.3　不确定度评定

21A.3.1　取样不确定度 u_1

取样不确定度主要有量筒取样不确定度和温度影响不确定度。

21A.3.1.1　量筒取样不确定度 u_{11}

量筒的扩展不确定度 $U_{筒}=10$,扩展系数 $k=2$,取样 2 次,则

$$U_{11}=\sqrt{2}\times\frac{U_{筒}}{k\times 1\ 000}=0.000\ 71$$

21A.3.1.2　温度影响不确定度 u_{12}

量筒在 20 ℃校准,而实验室的温度在 ±4 ℃变化,因膨胀系数作用可引起液体体积变化。水的体积膨胀系数为 2.1×10^{-4}/℃,则

$$u_{12}=\frac{2.1\times10^{-4}\times4}{\sqrt{3}}\approx0.000\ 485$$

那么

$$u_1=\sqrt{u_{11}^2+u_{12}^2}=0.000\ 86$$

21A.3.2　吸光度测量不确定度 u_2

重复测量吸光度 n 次,计算平均值 OD,并用贝塞尔公式计算平均值的标准偏差 S_2,计算其相对标准差 $u_2=S_2/\text{OD}$。

21A.3.3　校准曲线不确定度 u_3

校准过程引入的不确定度来自三个方面:钍标准溶液、5 mL 移液管移取体积 V_1 以及校准曲线。前两项只考虑 B 类,后一项只考虑 A 类。此处体积只考虑两个因素:校准和温度。

21A.3.3.1 钍标准溶液不确定度 u_{31}

钍标准溶液最大误差为 0.2%，设其为正态分布，相对标准差 $u_{31}=0.2\%/3=0.067\%$。

21A.3.3.2 量筒体积校准不确定度 u_{32}

同 21A.3.1.1，$u_{32}=0.000\ 71$。

21A.3.3.3 温度对塑料桶液体体积影响不确定度 u_{33}

同 21A.3.1.2，$u_{33}=0.000\ 485$。

21A.3.3.4 移液管体积校准不确定度 u_{34}

u_{34}随移取的溶液量不同而异，对移取 0.05 mL、0.10 mL、0.30 mL、0.50 mL 的溶液，相应的 u_{34}分别为 1.63%、0.816%、0.272%、0.163%。

21A.3.3.5 温度对移液管液体体积影响不确定度 u_{35}

同 21A.3.1.2，$u_{35}=0.0485\%$。

21A.3.3.6 校准曲线 u_{36}

校准曲线为 $y=a+bx$，对应于 $x=x_1$，y 为 y_1。y_1 的值按下式计算：

$$y_1=a+bx_1$$

那么 y_1 的标准差为

$$s_{y1}=s_b\left(\sum x_i^2/n+x_1^2-2x_1x\right)^{\frac{1}{2}}$$

则

$$u_{36}=s_{y1}/y_1$$

u_{36}随 y_1 不同而不同。

例如：$y=6.302\ 1x+0.075\ 2$，当 $x_1=0.069$，$y_1=0.51$，则 $u_{36}=(0.51-0.50)/0.5=0.02$，

$$u_3=\sqrt{u_{31}^2+u_{32}^2+u_{33}^2+u_{34}^2}$$

21A.3.4 计算合成标准不确定度

$$u=\sqrt{u_1^2+u_2^2+u_3^2}$$

扩展系数 $k=2$，扩展不确定度

$$U=ku\quad(k=2)$$

第22章　水中^{226}Ra测量分析

1　目的

本章规定了国控网辐射环境质量监测项目水中^{226}Ra测量分析方法，包括样品的采集、保存和管理、测量方法、数据处理、质量保证、仪器刻度和不确定度计算等主要技术要求。

2　方法依据

（1）《水中镭－226的分析测定》（GB 11214—89）。

（2）《水质样品的保存和管理技术规定》（HJ 493—2009）。

（3）《辐射环境监测技术规范》（HJ/T 61—2021）。

3　测量原理

以硫酸钡作载体，共沉淀水中镭，沉淀物溶解于碱性乙二胺四乙酸二钠（EDTA）溶液，溶解液封闭于扩散器中积累氡，转入闪烁室，测量、计算氡含量，从而推算镭含量。

4　试剂、材料

除非另有说明，分析时均使用符合国家标准或专业标准的分析纯试剂、蒸馏水或者同等纯度的水。

4.1　液体^{226}Ra标准源：0.5～50.00 Bq。

4.2　氯化钡（$BaCl_2$）溶液：100 g/L。称取氯化钡150 g，用水溶解后稀释至1 L。

4.3　硫酸溶液：在不断搅拌下小心地将500 mL浓硫酸（1 840 g/L）缓慢倒入500 mL水中，混匀。

4.4　EDTA溶液：准确称取150 g EDTA溶液和45 g NaOH，溶于800 mL水中，并稀释至1 L。

4.5　溶液：HNO_3 1.5 mol/L。取50 mL浓硝酸（HNO_3含量约65%）缓慢倒入450 mL水中，混匀。

5　仪器、设备

5.1　室内氡钍分析仪：FD－125型，附ST－203型闪烁室，容积500 mL。或者同类型仪器。

闪烁室K值应小于0.012 8 Bq/min^{-1}，自然本底应不大于6 min^{-1}，为保证测量精度，通常要求闪烁室本底不大于3 min^{-1}，测量较高活度样品时可适当放宽要求。

5.2 智能定标器:FH463B型。

高压长期稳定性:开机预热30 min后,连续工作8 h,高压输出变化不大于±0.3%。

5.3 真空泵:30 L/min。

5.4 扩散器:100 mL。

5.5 干燥管:30~40 mL。

6 采样及前处理(含样品保存、采样量)

6.1 样品采集

水样采集一般选用塑料容器,采样前洗净采样设备,采样时用样水洗涤3次后采集。环境水样采样量为5~10 L。

6.2 样品保存

水样采集后,用浓硝酸酸化至pH=1~2(当水中含泥沙量较高时,静置24 h后取上清液或过滤后再酸化),水样保存期一般不得超过2个月。

6.3 样品前处理

静置水样使悬浮物下沉后,取上清液为待测样品,或过滤后取滤液测量。

7 分析程序

7.1 取澄清水样2~5 L置于烧杯中,加热至近沸。加入1~1.5 mL氯化钡(4.2)溶液,搅拌均匀并继续加热。

7.2 在不断搅拌下,加入5 mL硫酸溶液(4.3),用氨水调节溶液pH值至2~2.5,加热微沸1~2 min,取下放置4 h以上,使沉淀凝聚,虹吸法吸去上层清液。

7.3 沿烧杯壁加入30 mL碱性EDTA溶液(4.4)(实际用量视样品沉淀可适当增加),加热溶解沉淀物,使之成为透明液体;蒸发至30 mL左右,移入扩散器(3.4),再用少量水洗涤烧杯,洗涤液转入同一扩散器。控制溶液体积为扩散器的1/3~1/2,视镭含量而定,封闭3~20天,积累氡,记录封闭时间和扩散器编号。

7.4 进气:待扩散器中氡气积累完成,用真空泵将闪烁室和干燥管抽成真空,旋紧止气夹,将各组件按图22-1连接好,确保各止气夹旋紧。打开2,3,4,调节5使进气速度为每分钟100~120个气泡,进气5 min后,加快进气速度,控制进气时间约为15 min。进气完毕后旋紧闪烁室两侧止气夹,取下闪烁室,记录进气结束时间和闪烁室编号。

注:当测量样品活度较低,空气中氡浓度影响较大时,可使用氮气进气,降低空气中氡浓度对测量结果的影响。

7.5 测量:进气完毕后,放置3 h进行测量。测量时取3次读数。每次测量时间视镭的活度而定,一般为5~10 min。计算读数I的平均值$\bar{I}$,当有读数I超过$\bar{I}\pm\sqrt{\bar{I}}$的范围时,则应取第4次读数,弃去超差的读数后,取其平均值。

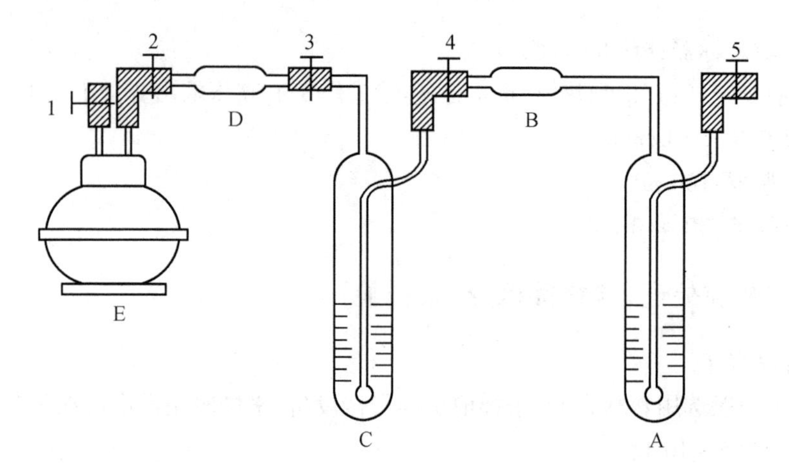

A—氯化钡饱和溶液；B—活性炭罐；C—扩散器；D—氯化钙干燥管；E—闪烁室；1，2，3，4，5—止气夹。

图 22 - 1　进气系统连接图

8　仪器刻度

仪器使用前，必须对每个闪烁室的 K 值进行刻度，方法如下：

8.1　封源

将装有约 1 Bq 镭标准源的扩散器，用真空泵排气 10 ~ 15 min，驱尽扩散器中的氡，封闭扩散器积累氡，记录镭源活度和封闭时间，封源 14 天以上。镭源活度应与所测样品接近，若所测样品活度较高时，可适当改变样品取样量分析测量。

8.2　进气

用真空泵将闪烁室和干燥管抽成真空，旋紧止气夹，将各组件按图 22 - 1 连接好，确保各止气夹旋紧。打开 2，3，4，调节 5 使进气速度为每分钟 100 ~ 120 个气泡，进气 5 min 后，加快进气速度，控制进气时间约为 15 min。进气完毕后旋紧闪烁室两侧止气夹，取下闪烁室，记录进气结束时间和闪烁室编号。

8.3　测量

进气完毕后，放置 3 h 进行测量。测量时取 3 次读数。每次测量时间视镭的活度而定，一般为 5 ~ 10 min。计算读数 I 的平均值 $\bar{I}$，当有读数 I 超过 $\bar{I} \pm \sqrt{\bar{I}}$ 的范围时，则应取第四次读数，弃去超差的读数后，取其平均值。

8.4　计算

按下式计算 K 值：

$$K = \frac{a(1 - e^{-\lambda t})}{\bar{I} - I_0} \tag{22-1}$$

式中　K——闪烁室的 K 值，Bq/cpm；

a——镭标准源的活度，Bq；

$\bar{I}$——测得的平均计数率，cpm；

I_0——闪烁室的本底计数率，cpm；

$1-e^{-\lambda t}$——氡的积累系数；

λ——氡的衰变系数，$\lambda=0.693/T$，其中T为氡的半衰期，91.8 h；

t——氡的积累时间，即封源时间至进气结束时间，h。

9　结果计算

按下式计算^{226}Ra的活度：

$$C=\left[\frac{K(\bar{I}-I_0)}{R(1-e^{-\lambda t})}-C_b\right]/V \tag{22-2}$$

式中　C——样品中^{226}Ra的浓度，Bq/L；

V——实验水样的体积，L；

K——闪烁室的K值，Bq/cpm；

C_b——试剂空白的^{226}Ra值，Bq，本方法所用试剂中的镭含量要尽量低，特别是氯化钡、氯化钙和无水碳酸钠中的镭含量不应大于0.002 Bq/g，使用不同厂家、不同批次产品时，应事先分析试剂的本底值；

R——方法回收率，本方法全程回收率为93%～98%，一般直接用100%影响不大，也可以每做一批样品带2～3个掺标样品，以其加标回收率表征R值。

其他符号意义与K值计算公式相同。

计算示例：

(1)K值计算

扩散管中封入活度为0.80 Bq的镭标准源溶液，封闭290 h后将累积的氡导入闪烁室内，该闪烁室本底5 min计数为9，11，11(重复3次，下同)，放置3 h后进行测量，5 min计数为371，376，380，则有

$$K=\frac{a(1-e^{-\lambda t})}{\bar{I}-I_0}=\frac{0.80\times(1-e^{-\frac{0.693}{91.8}\times290})}{\frac{371+376+380}{3\times5}-\frac{9+11+11}{3\times5}}=\frac{0.80\times0.89}{75.1-2.1}\approx0.0097$$

(2)结果计算

一样品取样量为4 L，氡累积时间为400 h，闪烁室本底5 min计数为11，11，12，$K=0.0097$，5 min计数为55，54，51，方法回收率以100%计，试剂空白值为0，则样品中^{226}Ra活度为

$$C=\left[\frac{K(\bar{I}-I_0)}{R(1-e^{-\lambda t})}-C_b\right]/V=\left[\frac{0.0097\times\left(\frac{55+54+51}{5\times3}-\frac{11+11+12}{5\times3}\right)}{1\times(1-e^{-\frac{0.693}{91.8}\times400})}-0\right]/4$$

$$= \frac{0.0097 \times 8.4}{0.95 \times 4}$$

$$\approx 0.021 \text{ Bq/L}$$

10 探测下限计算

探测下限按下式计算：

$$\text{MDC} = K \times 4.65 \times \frac{\sqrt{M_B / t_s^2}}{R(1 - e^{-\lambda})V} \tag{22-3}$$

式中 MDC——最低探测限，Bq/L；

M_B——闪烁室本底计数；

t_s——样品计数时间，s。

其他符号意义同上。

11 质量保证

11.1 测量装置的性能检验

11.1.1 计数率稳定性：把仪器置于测量状态，预热半小时，测定参数源计数率，每隔1 h左右计数，共8次，数据用统计方法处理，其两倍百分标准偏差不大于±5%。校验周期为每年一次。

注：参数源——把闪烁室打开，在内层滴加9 Bq ^{226}Ra（氯化物），烘干，装好，封闭，一个月后可长期用于检测仪器。

11.1.2 探测效率：每年必须重新刻度闪烁室 K 值。

11.2 放化分析过程质量控制

11.2.1 空白试验：本方法所用试剂中的镭含量要尽量低，特别是氯化钡、氯化钙和无水碳酸钠中的镭含量不应大于0.002 Bq/g，使用不同厂家、不同批次产品时，应事先分析试剂的本底值。

11.2.2 平行双样：样品平行测定所得相对偏差不得大于15%。

11.2.3 加标回收率：加标量一般为样品浓度的0.5～3倍，全程回收率大于90%。

附件22A 水中^{226}Ra测量分析不确定度评定实例——硫酸钡共沉淀射气法

22A.1 概述

（1）方法依据：《水中镭－226的分析测定》（GB 11214－89）。

（2）环境条件：温度5～40 ℃，湿度≤85%。

（3）测量原理：以硫酸钡作载体，共沉淀水中镭，沉淀物溶解于EDTA溶液，将水溶液蒸发至约30 mL，转移溶液并封闭于扩散器中积累氡，转入闪烁室，测量、计算镭含量。

22A.2 数学模型的建立

水中^{226}Ra结果计算公式：

$$C=\left[\frac{K(\bar{I}-I_0)}{R(1-e^{\lambda t})}-C_b\right]/V \tag{22A-1}$$

式中 C——样品中^{226}Ra的浓度，Bq/L；

V——实验水样的体积，L；

K——闪烁室的K值，Bq/cpm；

C_b——试剂空白的^{226}Ra值，Bq；

R——方法回收率；

$\bar{I}$——测得的平均计数率，cpm；

I_0——闪烁室的本底计数率，cpm；

λ——0.693/T，氡的衰变系数；

t——氡的积累时间，h。

22A.3 测量不确定度来源的分析

水中^{226}Ra活度浓度的总不确定度，主要由下列几个不确定度分量组成：

(1)样品计数(包括本底和样品的测量)的不确定度，记为u_1；

(2)闪烁室K值的不确定度，记为u_2；

(3)样品取样体积的不确定度，记为u_3；

(4)试剂空白的不确定度，记为u_4；

(5)^{222}Rn累积因子的不确定度，记为u_5；

(6)样品全程回收率的不确定度，记为u_6。

其中，样品全程回收率通常用100%表示，其不确定度暂不考虑；试剂空白和^{222}Rn累积因子的不确定度很小，也不予考虑；因此实验分析中的不确定度主要来自样品放射性测量、闪烁室K值和取样体积三个方面。

22A.4 不确定度的分量量化

22A.4.1 样品计数的不确定度u_1

样品计数的不确定度可以用下式计算：

$$u_1=\frac{\sqrt{\frac{n_s}{t_s}+\frac{n_b}{t_b}}}{n_s-n_b} \tag{22A-2}$$

式中 n_s——样品总计数率，cpm；

n_b——仪器本底计数率，cpm；

t_s——样品测量时间，min；

t_b——仪器本底测量时间，min。

低水平的样品计数较小，其产生的相对标准不确定度也较大，当计数较大时，相应的不确定度也较小。表 22A－1 列举出了实际样品（水样）的测量计数结果。

表 22A－1　实际样品（水样）的测量计数结果

样品	参数	测量结果	单位
水样	n_s	10.7	cpm
	n_b	2.3	cpm
	t_s	15	min
	t_b	15	min

将表 22A－1 的结果代入式（22A－2）中，计算得到 $u_1=0.11$。

22A.4.2　闪烁室 K 值的不确定度 u_2

K 值计算公式：

$$K=\frac{a(1-e^{\lambda t})}{\bar{I}-I_0} \tag{22A-3}$$

式中　a——标准源活度，Bq；

其余符号同式（22A－1）。

因此，影响 K 值不确定度的因素有以下三个：

（1）标准源测量不确定度 u_{21}；

（2）实验室标准 ^{226}Ra 溶液的不确定度 u_{22}；

（3）^{222}Rn 累积因子带来的不确定度 u_{23}，一般很小，可以忽略。

22A.4.2.1　标准源测量不确定度 u_{21}

镭标准源测量的不确定度 u_{21} 的计算公式同式（22A－2）。

将表 22A－2 的测量结果代入式（22A－2）中，计算得到 $u_1=0.031$。

表 22A－2　标准源计数结果

样品	参数	数值	单位
标准源	n_s	75.1	cpm
	n_b	2.3	cpm
	t_s	15	min
	t_b	15	min
	u_{21}	0.031	

22A.4.2.2　实验室标准 ^{226}Ra 溶液活度的不确定度 u_{22}

试验用的标准溶液一般是将计量机构提供的标准溶液稀释后使用，其活度 a 按下式计算：

$$a=\frac{a_0 m_s}{V_1}\cdot V_2 \tag{22A-4}$$

式中　a_0——原标准溶液的活度浓度，Bq/g，记 u_{221}；

m_s——原标准溶液的取样质量，g，记 u_{222}；

V_1——标准溶液的稀释体积，mL，记 u_{223}；

V_2——经稀释后所取的标准溶液体积，mL，记 u_{224}。

(1)实验室用的标准溶液的不确定度 u_{221}

原镭标准溶液来自中国计量院。标准溶液活度为 17.04 Bq/g，标准液为 0.1 mol/L 硝酸溶液，封装于 5 mL 安瓿瓶中。总不确定度 $U_{标液}=1.6\%$，$k=2$，故

$$u_{221}=\frac{U_{标液}}{2}=0.008$$

(2)原标准溶液取样质量的不确定度 u_{222}

由天平检定证书查得 $U_{天平}=0.3$ mg，$k=2$，$m_s=4.6479$，则

$$u_{222}=\frac{\sqrt{2}\,U_{天平}}{k\,m_s}=\frac{\sqrt{2}\times 0.3}{2\times 4.6479\times 1000}\approx 0.00005$$

(3)标准源稀释体积 V_1 的不确定度 u_{223}

采用 200 mL 的容量瓶，其不确定有容量瓶体积的不确定度 u_{2231} 和温度引起的体积不确定度 u_{2232}。

①容量瓶体积的不确定度 u_{2231}

由检定证书查得 $U_{检}=0.2$ mL，$K=2$，溶液总体积 $V=200$ mL，则

$$u_{2231}=\frac{U_{检}}{kV}=\frac{0.2}{2\times 200}=0.0005$$

②温度引起的体积不确定度 u_{2232}

假设温差为 ±4 ℃，水的体积膨胀系数为 2.1×10^{-4}/℃，均匀分布，则

$$u_{2232}=\frac{4\times 2.1\times 10^{-4}}{\sqrt{3}}\approx 0.000485$$

合并后 V_1 的不确定度：

$$u_{223}=\sqrt{0.0005^2+0.00049^2}\approx 0.0007$$

(4)经稀释后所取的标准溶液体积 V_2 的不确定度 u_{224}

使用移液管量取 2 mL 标准溶液，其不确定度主要有移液管的检定不确定度 u_{2241}、温度变化引起的不确定度 u_{2242} 和移取溶液的重复性引起的不确定度 u_{2243}。

①移液管的检定不确定度 u_{2241}

移液管检定的不确定度 $U_{检}=0.004$ mL，$k=2$，则

$$u_{2241}=\frac{U_{检}}{kV}=\frac{0.004}{2\times 2}=0.001$$

②温度变化引起的不确定度 u_{2242}

假设温差为 ±4 ℃，水的体积膨胀系数为 2.1×10^{-4}/℃，均匀分布，则

$$u_{2242}=\frac{4\times 2.1\times 10^{-4}}{\sqrt{3}}\approx 0.000485$$

③移取溶液的重复性引起的不确定度 u_{2243}

2 mL 移液管取 10 次在电子天平上测量得均值 1.998 5 mL 标准差为 0.002 1 mL,则

$$u_{2243}=\frac{0.002\ 1}{2}\approx 0.001\ 1$$

合并后的不确定度

$$u_{224}=\sqrt{0.001^2+0.000\ 485^2+0.001\ 1^2}\approx 0.001\ 6$$

(5)小结

实验室标准^{226}Ra 溶液活度的合并相对标准不确定度

$$u_{22}=\sqrt{0.008^2+0.000\ 05^2+0.000\ 7^2+0.001\ 6^2}\approx 0.008\ 2$$

22A.4.2.3　闪烁室 K 值的合并相对不确定度 u_2

$$u_2=\sqrt{0.031^2+0.008\ 2^2}\approx 0.031$$

22A.4.3　样品取样体积的不确定度 u_3

水中^{226}Ra 分析测量中,水样体积常以量筒量取,由重复性实验测得 1 L 量筒量取液体时重复性不确定度分量为 0.003 84,量筒量取 4 L 水样的不确定度分量见表 22A－3。

表 22A－3　量筒量取 4 L 水样的不确定度分量

	量具	误差	定容不准引入的分量 u_{31}	重复性引入的分量 u_{32}
器具允许误差值	1 L 量筒	±10 mL(允差)	$u=\frac{\sqrt{4}\times 10}{4\ 000\times\sqrt{6}}\approx 0.002\ 04$	0.003 84

因此,样品取样体积不确定度:

$$u_3=\sqrt{0.002\ 04^2+0.003\ 84^2}=0.004\ 35$$

22A.5　合成不确定度的评定

表 22A－4 中不确定度分量间相互独立,因此可按下式进行合成:

$$u_c=\sqrt{u_1^2+u_2^2+u_3^2}=0.11$$

表 22A－4　测量结果不确定度分量汇总

不确定度分量	不确定度来源	不确定度
u_1	计数测量	0.11
u_2	闪烁室 K 值	0.031
u_3	样品取样体积	0.004 35

22A.6　扩展不确定度的评定

取 $k=2$,则有扩展不确定度

$$U = ku_c = 2 \times 0.11 = 0.22$$

22A.7　不确定度的报告

经评定,射气法测定水中^{226}Ra 分析结果不确定的评估时,闪烁室 K 值及取样体积的不确定度在一定情况下是相对稳定的。因此在实际样品中,测量时计数的不确定度对最终结果的不确定度评定影响较大。表 22A－5 中列出了不同活度水样的相对不确定度。

表 22A－5　不同活度水样的相对不确定度

基本条件	取样体积 /L	本底计数率 /cpm	样品计数率 /cpm	净计数率 /cpm	u_1	样品活度 /(Bq · L^{-1})	u_c	U ($k=2$)
测量时间: 15 ~ 20 min $K = 0.0090$ ($u_2 = 0.04017$) 封源时间 20 天	4	1	2	1	0.387	0.002 3	0.39	0.78
	4	1	4	3	0.167	0.007 0	0.17	0.34
	4	1	8	7	0.095 8	0.016	0.10	0.21
	4	1	15	14	0.063 9	0.033	0.076	0.15
	4	1	30	29	0.049 6	0.067	0.064	0.13
	1	1	50	49	0.037 6	0.46	0.055	0.11
	1	1	100	99	0.026 2	0.92	0.048	0.10

第 23 章　水中微量铀测量分析

1　目的

本章规定了国控网辐射环境质量监测项目水中微量铀的测量分析方法，包括样品的采集、保存和管理、测量方法、数据处理、质量保证、仪器刻度和不确定度计算等主要技术要求。

2　方法依据

（1）《水质样品的保存和管理技术规定》（HJ 493—2009）。

（2）《辐射环境监测技术规范》（HJ/T 61—2021）。

（3）《环境样品中微量铀的分析方法》（HJ 840—2017）。

（4）《荧光微量铀分析仪》（EJ/T 823—2016）。

3　基本原理

铀在水溶液中主要以铀酰离子（UO_2^{2+}）形式存在，向溶液中加入铀荧光增强剂后，铀荧光增强剂与铀酰离子形成稳定络合物。该络合物在紫外脉冲光源的照射下能被激发产生荧光，并且铀含量在一定范围内，荧光强度与铀含量成正比，通过测量荧光强度，计算获得铀含量。

4　试剂和材料

本章所用试剂除非另有说明，分析时均使用符合国家标准的分析纯化学试剂、蒸馏水或同等纯度的水。

4.1　铀荧光增强剂：荧光增强倍数不小于 100。

4.2　铀标准贮备溶液：$\rho(U)=1.00$ mg/mL。

将基准或光谱纯八氧化三铀于马弗炉中 850 ℃灼烧 0.5 h，取出置于干燥器中冷却至室温。称取 0.117 9 g 于 50 mL 烧杯内，用 2 ~ 3 滴水润湿后加入 5 mL 硝酸，于电热板上加热溶解并蒸发至近干，然后用 pH 值为 2 的硝酸酸化水溶解，定量转入 100 mL 容量瓶内，用 pH 值为 2 的硝酸酸化水稀释至标线。

4.3　外购铀标准贮备溶液：购买有标准物质证书的铀标准溶液作为铀标准贮备溶液。

4.4　铀标准中间溶液：$\rho(\mathrm{U})=10.0$ μg/mL 铀标准溶液。取 1.00 mL 1.00 mg/mL 的铀标准贮备溶液，用 pH 值为 2 的硝酸酸化水稀释至 100 mL。

4.5　铀标准工作溶液：$\rho(\mathrm{U})=1.00$ μg/mL。取 10.00 mL 10.0 μg/mL 的铀标准溶

液，用 pH 值为 2 的硝酸酸化水稀释至 100 mL。

4.6　氨水：分析纯，25% ~28%（质量分数）。

4.7　硝酸：浓度 65.0% ~68.0%。

5　仪器、设备

5.1　微量铀分析仪

量程范围：$1\times10^{-11}\sim2\times10^{-8}$ g/mL；

检出下限：0.02 μg/L；

线性范围：$r\geqslant0.995$。

5.2　微量进样器：10 μL、50 μL、100 μL。

5.3　石英比色皿。

5.4　移液枪。

5.5　酸度计。

6　样品采集、保存与预处理

水样的采集和保存应符合“2 方法依据”中所引用标准的规定。

6.1　样品采集

水样采集一般选用塑料容器，采样前冲洗干净采样设备，采样时用样水洗涤 3 次后采集。采样量不少于 2 L。

6.2　样品保存

水样采集后，用浓硝酸酸化至 pH 值为 1 ~2（当水中含泥沙量较高时，静置 24 h 后取上清液或过滤后再酸化），水样保存期一般不得超过 2 个月。

6.3　样品预处理

将水样静置后取上清液为待测样品。如水样有悬浮物，需用孔径 0.45 μm 的过滤器过滤除去，以滤液为待测样品。

7　分析程序

7.1　按照仪器操作规程开机至仪器稳定，检查确认仪器的光电管负高压等指标与确定线性范围时的状态相同。

7.2　将待测水样用氨水调节至 pH 值为 3 ~5，然后移取 5.00 mL 待测水样（如铀含量较高，可用蒸馏水适当稀释）于石英比色皿中，置于微量铀分析仪测量室内。

7.3　若仪器有调节补偿的旋钮，则调至表头指示为最少，测定并记录荧光强度 N_0。

7.4　向样品中加入 0.50 mL 铀荧光增强剂，充分混匀，注意观察，如有沉淀生成，则该样品报废。（注意：应将被测样品稀释或采用其他方法处理，直至无沉淀产生，方可进入测量步骤）

7.5　测定并记录荧光强度 N_1。

7.6　再向样品内加入 5 μL 1.00 μg/mL 铀标准溶液（铀含量较高时，可适当增加铀标准溶液加入量)，充分混匀，测定并记录荧光强度 N_2。

8 结果计算

水中铀的含量按式(23－1)计算：

$$C = \frac{(N_1 - N_0) C_1 V_1 K}{(N_2 - N_1) V_0 R} \times 1\ 000 \tag{23-1}$$

式中 C——水样中铀的含量，μg/L；

N_0——样品加入荧光增强剂前的荧光强度；

N_1——样品加入荧光增强剂后的荧光强度；

N_2——样品加入标准铀溶液后的荧光强度；

C_1——铀标准溶液的浓度，μg/mL；

V_1——铀标准溶液的加入体积，mL；

V_0——分析用水样的体积，mL；

K——水样稀释倍数；

R——化学回收率。

计算示例：

有一水样按“7 分析程序”处理，得到相关参数见表 23－1。

表 23－1 参数

参数	N_0	N_1	N_2	C_1	V_1	V_0	K	R
数值	15	115	365	1	0.005	5	1	1
单位	—	—	—	μg/mL	mL	mL	—	—

则根据式(23－1)可计算出该水样中铀的含量为

$$C = \frac{(N_1 - N_0) C_1 V_1 K}{(N_2 - N_1) V_0 R} = \frac{(115-15) \times 1 \times 0.005 \times 1}{(365-115) \times 5 \times 1} \times 1\ 000 \approx 0.40\ \mu g/L$$

9 检出限计算

平行测定 10 个以上去离子水空白样品中铀的含量，以测量结果的 3 倍标准偏差作为本方法的检出限。

10 质量保证

10.1 测量装置的性能检验

10.1.1 线性

开始测量前按照仪器使用要求，将仪器的光电管负高压调节到合适范围，然后按照样品分析程序操作，分数次向空白样品溶液中加入铀标准溶液，分别测定并记录荧光强度。以荧光强度为纵坐标，以铀含量为横坐标，绘制荧光强度－铀含量标准曲线，确定荧光强度－铀含量线性范围，要求在线性范围内，相关系数 $r \geqslant 0.995$。

实际样品采用标准加入法进行测量,应当在线性范围内进行。

本章不要求每次测定时都重新确定线性范围,但如果仪器光电管负高压调整等指标变化或者铀荧光增强剂等试剂更换,以及荧光强度测定值在原确定的纯性范围边界时,应当重新确定线性范围。

10.1.2 不稳定性

仪器连续工作 8 h,不稳定性不应大于 10%。

采用标准加入法测量浓度约为 2×10^{-9} g/mL 的铀样品,每隔 1 h 测量一次,测得的铀浓度值记为 C_i,8 h 共计 9 组数据读数 $C_i(i=1\sim9)$,计算不稳定性 δ。

$$\delta=\frac{|C_i-\overline{C}|_{\max}}{\overline{C}}\times100\% \tag{23-2}$$

式中 δ——不稳定性;

C_i——铀样品第 i 组的测量值,g/mL;

$\overline{C}$——测量值 C_i 的算术平均值,g/mL。

10.2 分析过程质量控制

10.2.1 空白样

每当更换试剂时,必须进行空白试验;每批样品分析时,至少应带 2 ~ 3 个空白样品进行空白实验。

10.2.2 平行双样

国控网环境监测平行样相对偏差控制指标见表 23-2。

表 23-2 国控网环境监测平行样相对偏差控制指标

水样中铀浓度/($\mu g\cdot L^{-1}$)	相对偏差控制指标/%
0.05 ~ 1	30
>1	20

10.2.3 回收率 R

加标量一般为样品浓度的 0.5 ~ 3 倍,全程回收率大于 90%。

式(23-1)中结果表示的是按简化公式计算出的铀的含量,如果进行精确测量,可用下式计算:

$$C=\frac{N_1(V_0+V_2)-N_0V_0}{N_2(V_0+V_1+V_2)-N_1(V_0+V_2)}\cdot\frac{C_1V_1K}{V_0R} \tag{23-3}$$

式中 V_2——添加的铀荧光增强剂溶液体积, mL;

其他符号的含义同式(23-1)。

附件 23A　水中微量铀测量分析不确定度评定实例

23A.1　引言

铀酰离子在窄脉冲光的照射激发下可产生荧光。本章规定了水样在 pH 值 3 ~5 下加入铀荧光增强剂,使水中铀荧光增强剂与样品溶液中铀酰离子生成络合物,采用“标准加入法”定量测定铀。

23A.2　测量方法与数学表达式

测量过程参照《环境样品中微量铀的分析方法》(HJ 840—2017)中的激光荧光法。

采用标准加入法定量测定水中铀的含量时,计算公式为

$$C=\frac{(N_1-N_0)C_1V_1K}{(N_2-N_1)V_0R}\times 1\ 000$$

式中　C——水样中铀的含量,μg/L;

N——样品加入荧光增强剂前的荧光强度;

N_1——样品加入荧光增强剂后的荧光强度;

N_2——样品加入标准铀溶液后的荧光强度;

C_1——铀标准溶液的浓度,μg/mL;

V_1——铀标准溶液的加入体积, mL;

V_0——分析用水样的体积, mL;

K——水样稀释倍数;

R——化学回收率。

23A.3　不确定度的来源

由计算公式可知,影响水中微量铀测定结果(液体荧光法)的因素有以下几个方面:荧光读数、标准溶液配制、标准溶液及分析水样的移取、环境条件变动等引入的不确定分量。

23A.4　各分量标准不确定度估算

23A.4.1　方法重复性引入的相对标准不确定度 u_{r1}

分析方法的重复性不确定度包括微量铀分析仪测量(读数)的不确定度和各项体积的不确定度,可通过连续测量得到测量列,采用 A 类方法评定。

假设样品进行了多次测量,结果C_i($i=1,2,\cdots,7$)为0.40 μg/L、0.38 μg/L、0.41 μg/L、0.43 μg/L、0.41 μg/L、0.39 μg/L、0.39 μg/L,平均值 $\overline{C}=0.40$ μg/L。

由贝塞尔公式可求得仪器测量重复性误差:

$$s=\sqrt{\frac{\sum_{i=1}^{n}(C_i-\overline{C})^2}{n-1}}=0.016\,5\ \mu g/L$$

故相对标准不确定度

$$u_{r1}=\frac{s}{\overline{C}}=\frac{0.016\,5}{0.40}\approx 0.041$$

23A.4.2　铀标准工作溶液配制引入的相对标准不确定度 u_{r2}

假如实验用标准溶液是由已经检定的一级标准储备液配制得到的,并假设一级储备液的相对扩展不确定度 $A=0.02$,包含因子 $k=2$;铀标准工作溶液是由 1 mL 单标线吸管(允差为 $\Delta_1=0.015$ mL,容量器具假设为三角分布,以下同)。移取体积 V_1($V_1=1$ mL)一级标准储备液至容量瓶中(容量 $V_2=100$ mL,允差 $\Delta_2=0.2$ mL)配制而得,则铀标准工作溶液浓度的相对标准不确定度为(忽略温度影响):

$$\begin{aligned}u_{r2}&=u_r(C_1)\\&=\sqrt{\left(\frac{A}{K}\right)^2+\left(\frac{\Delta_1}{\sqrt{6}V_1}\right)^2+\left(\frac{\Delta_2}{\sqrt{6}V_2}\right)^2}\\&=\sqrt{\left(\frac{0.02}{2}\right)^2+\left(\frac{0.015}{\sqrt{6}\times 1}\right)^2+\left(\frac{0.2}{\sqrt{6}\times 100}\right)^2}\\&=0.012\end{aligned}$$

23A.4.3　移取铀标准工作溶液引入的相对标准不确定度 u_{r3}

假设实验用微量注射器(5.0 μL 微量注射器不确定度为 $U=1\%$,包含因子 $k=2$)来移取标准溶液进行测量,则该过程引入的相对标准不确定度为(忽略温度影响):

$$u_{r3}=u_r(V_1)=\frac{U}{k}=\frac{0.01}{2}=0.005$$

23A.4.4　稀释样品引入的相对标准不确定度 u_{r4}

如果水中铀含量过高,需要多级稀释才能测定。假设用允差为 Δ_1 的移液管移取体积 V_1的初始样品溶液至允差为 Δ_2、容量为 V_2的容量瓶得一级稀释液;再用允差为 V_3的移液管移取体积 V_3一级稀释溶液至允差为 Δ_4、容量为 V_4的容量瓶得二级稀释液,依此类推,则样品溶液稀释过程引入的相对标准不确定度为(忽略温度影响):

$$u_{r4}=\sqrt{\left(\frac{\Delta_1}{\sqrt{6}V_1}\right)^2+\left(\frac{\Delta_2}{\sqrt{6}V_2}\right)^2+\left(\frac{\Delta_3}{\sqrt{6}V_3}\right)^2+\left(\frac{\Delta_4}{\sqrt{6}V_4}\right)^2+\cdots}$$

当样品溶液不经稀释直接测量时,$u_{r4}=0$。

23A.4.5　量取分析水样体积引入的相对标准不确定度 u_{r5}

假设用允差 $\Delta=0.03$ mL 的移液管移取水样 5.00 mL,则水样体积的相对标准不确定度为(忽略温度影响):

$$u_{r5}=\frac{\Delta_0}{\sqrt{6}V_0}=\frac{0.030}{\sqrt{6}\times 5}\approx 0.002\,4$$

23A.4.6　回收率的相对标准不确定度 u_{r6}

单次测量结果 x_i 的标准不确定度用极差法表示为

$$u(x_i) = s(x_i) = \frac{R}{C}$$

式中　$R = x_{i\max} - x_{i\min}$；

C——极差系数。

极差系数 C、自由度 v 及测量次数 n 可由表 23A－1 查得。

表 23A－1　极差系数 C、自由度 v 及测量次数 n

n	2	3	4	5	6	7	8	9
C	1.13	1.69	2.06	2.33	2.53	2.70	2.85	2.97
v	0.9	1.8	2.7	3.6	4.5	5.3	6.0	6.8

假定回收率为 95%～105%，均值为 100%，测量次数为 5，则回收率的相对标准不确定度为

$$u_{r6} = \frac{R_{i\max} - R_{i\min}}{C \cdot \overline{R}} = \frac{105\% - 95\%}{2.33 \times 100\%} \approx 0.043$$

23A.5　合成相对标准不确定度

$$\begin{aligned} u_r &= \sqrt{u_{r1}^2 + u_{r2}^2 + u_{r3}^2 + u_{r4}^2 + u_{r5}^2 + u_{r6}^2} \\ &= \sqrt{0.041^2 + 0.012^2 + 0.005^2 + 0 + 0.0024^2 + 0.043^2} \\ &\approx 6.1\% \end{aligned}$$

23A.6　扩展标准不确定度

取包含因子 k 为 2，置信水平约为 95%，得到相对扩展不确定度

$$U = 2u_r = 12\%$$

第24章　生物样品中^{90}Sr测量分析

1　目的

本章规定了国控网辐射环境质量监测项目生物样品中^{90}Sr的分析测量方法，包括样品的采集、保存和管理、测量方法、数据处理、质量保证、仪器刻度和不确定度计算等主要技术要求。

2　方法依据

《生物样品灰中锶－90的放射化学分析方法二－(2－乙基己基)磷酸酯萃取色层法》(GB/T 11222.1—1989)。

3　测量原理

3.1　试样中^{90}Sr的含量是根据与其处于放射性平衡的子体^{90}Y的β活度确定的。

$$^{90}_{38}Sr \xrightarrow{(\beta^- 衰变,28.1\ a)} {}^{90}_{39}Y \xrightarrow{(\beta^- 衰变,64.2\ h)} {}^{90}_{40}Zr(稳定)$$

3.2　生物灰样品经盐酸浸取，锶和钇在浸取液中以草酸盐形式沉淀，经灼烧后用硝酸溶解，通过涂有二－(2－乙基己基)磷酸酯的聚三氟氯乙烯色层柱吸附钇，使钇与锶、铯等低价离子分离，再以1.5 mol/L的硝酸溶液淋洗色层柱，洗脱铈、钷等稀土离子，最终以6.0 mol/L的硝酸溶液解吸钇，以草酸钇沉淀形式进行β计数。

4　试剂、材料

所有试剂，除特别申明外，均为分析纯，水为蒸馏水。

4.1　P204萃淋树脂：涂有二－(2－乙基己基)磷酸酯的聚三氟氯乙烯，60～100目。

4.2　玻璃棉。

4.3　锶载体溶液：(约50 mg Sr/mL)。

4.3.1　配制：称取153 g氯化锶($SrCl_2 \cdot 6H_2O$)溶解于0.1 mol/L的硝酸溶液中并稀释至1 L。

4.3.2　标定：取4份2.00 mL锶载体溶液(4.3.1)于烧杯中，加入20 mL水，用氨水调节溶液pH值至8，加入5 mL饱和碳酸铵溶液，加热至将近沸腾，使沉淀凝聚，冷却至室温，用已称重的G4型玻璃砂芯漏斗抽吸过滤，用水和无水乙醇各10 mL洗涤沉淀，105 ℃烘干，在干燥器中冷却至室温，称重。

4.4　钇载体溶液(约20 mg Y/mL)。

4.4.1　配制：称取86.2 g硝酸钇[$Y(NO_3)_3 \cdot 6H_2O$]加热溶解于100 mL的6 mol/L硝

酸溶液中，转入1 L容量瓶内，用水稀释至标度。

4.4.2 标定：取4份2.00 mL钇载体溶液(4.4.1)分别置于烧杯中，加入30 mL水和5 mL饱和草酸溶液，用氨水和2 mol/L硝酸调节溶液pH值至1.5，在水浴中加热使沉淀凝聚，冷却至室温。沉淀过滤在置有定量滤纸的三角漏斗中，依次用水、无水乙醇各10 mL洗涤沉淀，取下滤纸置于瓷坩埚中，在电炉上烘干并炭化后置于900 ℃马弗炉中灼烧30 min，在干燥器中冷却至室温，称重。

4.5 氨水：浓度25.0%～28.0%(质量分数)。

4.6 草酸。

4.7 饱和草酸溶液：称取110 g草酸溶于1 L水中，稍许加热，不断搅拌，冷却后置于试剂瓶中。

4.8 浓硝酸：浓度65.0%～68.0%(质量分数)。

4.9 过氧化氢：浓度不低于30%(质量分数)。

4.10 无水乙醇：浓度不少于95%(质量分数)。

4.11 浓盐酸：浓度36.0%～38.0%(质量分数)。

4.12 硝酸：6.0 mol/L。

4.13 硝酸：1.5 mol/L。

4.14 硝酸：0.1 mol/L。

4.15 草酸：0.5%(质量分数)。

4.16 盐酸：2.0 mol/L。

4.17 盐酸：0.1 mol/L。

4.18 $^{90}Sr-^{90}Y$标准溶液：^{90}Y的浓度约8.3 Bq/mL，体系为0.1 mol/L硝酸溶液。

4.19 $^{90}Sr-^{90}Y$参考源。

5 仪器、设备

5.1 低水平β计数器。

5.2 电子天平。

5.3 水浴锅。

5.4 电加热板。

5.5 真空泵。

5.6 可拆卸式漏斗。

5.7 离心机：最大转速4 000 r/min，容量100 mL以上。

5.8 烘箱。

5.9 马弗炉。

5.10 pH计。

5.11 色层柱：内径8～10 mm，高约150 mm。

5.12 浸取装置。由电加热套、1 000 mL玻璃蒸馏瓶和ϕ24 mm×H400 mm水冷凝管组成。

6　采样及前处理

6.1　采集的谷类和蔬菜样品均应选择当地居民摄入量较多且种植面积较大的种类，其中谷类于收获季节在种植区现场采集；蔬菜样品在蔬菜生长均匀的菜地选 5 ~ 7 处采集；牧草样品应选择当地有代表性的种类，在畜牧区内均匀划分 10 个等面积区域，在每个区域中央部位取等量的样品；水生生物监测采样点应尽量与地表水、海水的监测采样区域一致，淡水生物采集食用鱼类和贝类，海水生物采集浮游生物、底栖生物、海藻类和附着生物，可在捕捞季节于养殖区直接采集或直接购买确知捕捞区的海产品。

6.2　将采集的生物样品用水洗净，取可食部分，晾干或擦干表面洗涤水，称鲜重。

6.3　将样品切成碎片，放入搪瓷盘内摊开，于烘箱内 105 ℃烘干。

6.4　将干样放入蒸发皿中，置于电加热板上加热，使之充分碳化；然后移入马弗炉内，于 350 ℃灰化，冷却，称灰重。

7　分析程序

7.1　称取 5.00 ~ 20.00 g 生物灰样，置于瓷坩埚内，加入 1.00 mL 锶载体溶液(4.3)和 1.00 mL 钇载体溶液(4.4)。用少许水润湿后，加入 5 ~ 10 mL 硝酸(4.8)、过氧化氢(4.9)，置于电加热板上蒸干，移入 600 ℃马弗炉中灼烧至无炭黑为止。

7.2　取出样品，冷却至室温。用 30 ~ 50 mL 盐酸(4.16)加热浸取两次。经离心或过滤后，浸取液收集于烧杯中；再用盐酸(4.17)洗涤不溶物和容器，经离心或过滤后，洗涤液并入浸取液中，弃去残渣。

7.3　加入 5 ~ 10 g 草酸(4.6)，用氨水(4.5)调节溶液的 pH 值至 3。在水浴中加热搅拌 30 min，冷却至室温。

7.4　过滤，用 20 mL 草酸溶液(4.15)洗涤沉淀两次，弃去滤液。将沉淀连同滤纸移入瓷坩埚中，在电加热板上烘干、碳化，再移入 600 ℃马弗炉中灼烧 1 h。

7.5　取出坩埚，冷却。将坩埚中的残渣转入烧杯中，用少量硝酸(4.12)溶解沉淀，直至不再产生气泡为止；再加入 40 mL 硝酸(4.13)使沉淀完全溶解。溶解液用滤纸过滤，滤液收集于烧杯中，用硝酸(4.13)洗涤沉淀和容器，洗涤液经过滤后合并于同一烧杯中，弃去残渣。

7.6　用氨水(4.5)调节溶液的 pH 值至 1；控制溶液体积在 60 mL 左右。

7.7　色层柱装填：色层柱的下部用玻璃棉填充，将 P204 萃淋树脂(4.1)用硝酸溶液(4.14)充分润湿后，湿法装柱，让 P204 萃淋树脂自然下沉，色层柱上部用玻璃棉填充。

7.8　溶液以 2 mL/min 的流速通过色层柱，记下从开始过柱至过柱完毕的中间时刻，作为锶、钇分离的时刻。用 40 mL 硝酸(4.13)以相同流速洗涤色层柱，弃去流出液。

7.9　用 30 mL 硝酸(4.12)以 1 mL/min 的流速通过色层柱，收集流出液于烧杯中。

7.10　向流出液中加入 5 mL 饱和草酸溶液(4.7)，用氨水(4.5)调节溶液 pH 值至 1.5 ~ 2，水浴加热 30 min，冷却至室温。

7.11　将沉淀转移至已铺有恒重定量滤纸的可拆卸漏斗中，抽吸过滤。依次用草酸溶液(4.15)、水和无水乙醇(4.10)各 10 mL 洗涤沉淀。

7.12　将沉淀连同滤纸在 45 ~ 50 ℃下烘干,在干燥器中冷却,称重,以 $Y_2(C_2O_4)\cdot 9H_2O$ 形式计算钇的化学回收率。

$$Y_Y = \frac{(m_1 - m_0)\cdot 2M_Y}{c_{载} V_{载} M_{Y_2(C_2O_4)_3\cdot 9H_2O}} \times 100\% \tag{24-1}$$

式中　m_1——测量盘、滤纸及九水合草酸钇沉淀的质量,g;

m_0——测量盘及滤纸的质量,g;

$c_{载}$——钇载体溶液的浓度,mgY/mL;

$V_{载}$——钇载体溶液的体积, mL;

M_Y——钇原子量,89;

$M_{Y_2(C_2O_4)_3\cdot 9H_2O}$——九水合草酸钇分子量,604。

7.13　将样品在低水平 β 计数器上进行测量,记下测量的中间时刻。

7.14　测量结束后,将 $^{90}Sr - ^{90}Y$ 参考源(4.19)在低水平 β 计数器上进行计数。

8　仪器刻度

^{90}Y 探测效率的测定按下述方法进行:向 4 只烧杯中分别加入 30 mL 水、1.00 mL 锶载体溶液(4.3)、1.00 mL 钇载体溶液(4.4)和 2.00 mL $^{90}Sr - ^{90}Y$ 标准溶液(4.18),调节 pH 值至 1。以下按步骤 7.8 ~7.12 所述的方法进行 ^{90}Y 的分离。在和样品源相同的条件下测得的计数率与经过化学回收率校正后的 ^{90}Y 活度之比值即为 ^{90}Y 的探测效率。

使用与样品源相同大小的 $^{90}Sr - ^{90}Y$ 电镀平板源作为参考源(4.19)。刻度探测效率时,同时测定 $^{90}Sr - ^{90}Y$ 参考源的计数,在常规分析中应当用 $^{90}Sr - ^{90}Y$ 参考源来检查仪器的效率是否有变化。

按下式计算仪器对 ^{90}Y 的效率:

$$E_f = \frac{N}{DY_Y e^{-\lambda(t_3 - t_2)}} \tag{24-2}$$

式中　E_f——^{90}Y 的仪器效率,%;

N——^{90}Y 标准源的净计数率,cps;

D——$^{90}Sr - ^{90}Y$ 标准溶液的活度,Bq;

Y_Y——钇的化学回收率;

$\lambda = 0.693/T$,其中 T 为 ^{90}Y 的半衰期,64.2 h;

t_2——锶、钇分离时刻,h;

t_3——^{90}Y 测量进行到一半的时刻,h;

$e^{-\lambda(t_3 - t_2)}$——^{90}Y 的衰变因子。

9　结果计算

计算公式如下:

$$A_V = \frac{NJ_0}{E_f WJY_Y e^{-\lambda(t_3 - t_2)}} \tag{24-3}$$

式中　A_V——生物样品(灰样)中 ^{90}Sr 的放射性比活度,Bq/kg;

N——样品源净计数率,cps;

W——分析生物灰的质量,kg;

E_f——仪器的探测效率;

J_0——标定仪器效率时,所测得的^{90}Sr - ^{90}Y 参考源的计数率,cps;

J——测量样品时,所测得的^{90}Sr - ^{90}Y 参考源的计数率,cps。

注:如果需要表示为生物鲜样中^{90}Sr 的含量,可将最后结果乘以样品的灰鲜比。

10　探测下限的计算

探测下限按下式计算:(95% 置信度)

$$\mathrm{MDC} = \frac{(1.645^2 + 2 \times 1.645 \times \sqrt{2N_b})J_0}{t_b E_f W Y_T J E^{-\lambda(t_3 - t_2)}} \tag{24-4}$$

式中　t_b——本底测量时间,s;

N_b——本底计数;

其他符号同式(24 - 3)。

11　质量保证

11.1　测量装置的性能检验

11.1.1　泊松分布的检验

对于低水平计数装置,本底计数满足泊松分布是其工作正常的必要条件,一旦偏离泊松分布,则其必然不处于正常工作状态,因此要定期进行本底计数是否满足泊松分布的检验。每年至少进行一次检验,在进行批量测量前,新仪器或检修后的仪器正式使用前也应做此检验。

11.1.2　长期可靠性检验

取正常工作条件下常规测量的本底或效率测量值 20 个以上,计算平均值和标准差,绘制质控图。之后每收到一个相同测量条件下的新数据,就点在图上,如果它落在两条控制线之间,表示测量装置工作正常,如果落在控制线之外,表示装置可能出了一些故障,此时需要立即进行一系列重复测量,予以判断和处理;如果大多数点落在中心线的同一侧,表明测量装置出现了缓慢的漂移,需对仪器状态进行调整,重新绘制质控图。

11.2　放化分析过程质量控制

11.2.1　空白试验

向 100 mL 盐酸(4.16)中加入 1.00 mL 锶载体溶液(4.3)和 1.00 mL 钇载体溶液(4.4)。按照步骤 7.3 ~ 7.13 操作,在与样品相同的条件下测量空白试样的计数率。

计算空白试样的平均计数率和标准偏差,并检验其与仪器的本底计数率在 95% 的置信水平下是否有显著性差异。

11.2.2　平行双样

每批样品随机抽取 10% ~ 20% 进行平行样双样测定。当同批样品数量较少时,应适当增加双样测定率。对于^{90}Sr 活度小于 1 Bq 的样品,平行样之间的偏差应小于 30%;^{90}Sr 活度在 1 ~ 10 Bq 范围内的样品,平行样之间的偏差应小于 20%;^{90}Sr 活度大于 10 Bq 的样品,平行样之间的偏差小于15%。

11.2.3　加标回收率

每批样品随机抽取10% ~20%进行加标回收率测定。加标量应为样品活度的0.5 ~ 3倍,加标回收率应为95% ~105%。

12　不确定度

12.1　使用的标准溶液、量具和仪器

12.1.1　$^{90}Sr - ^{90}Y$ 标准溶液;

12.1.2　感量0.01 g分析天平;

12.1.3　感量0.1 mg分析天平;

12.1.4　1 mL移液管:可由《常用玻璃量具》(JJG 196—2006)查得MPE = ±0.008 mL,按照均匀分布,k 取$\sqrt{3}$;

12.1.5　2 mL移液管:可由《常用玻璃量具》查得MPE = ±0.012 mL,按照均匀分布,k 取$\sqrt{3}$;

12.1.6　1 000 mL容量瓶:可由《常用玻璃量具》查得MPE = ±0.40 mL,按照均匀分布,k 取$\sqrt{3}$。

12.2　建立数学模型

见式(24 -3)。

12.3　不确定度分析

12.3.1　取样产生的不确定度 u_{r1}(B类评定)

电子天平称量空坩埚的质量 $m_{坩}$,对应天平检定的允许误差为 $MPE_{坩}$,坩埚同生物灰样品的质量 $m_{样}$,对应天平检定的允许误差为 $MPE_{样}$,按照均匀分布,K 取$\sqrt{3}$,则有

$$u_{r1} = \sqrt{\left(\frac{MPE_{坩}}{Km_{坩}}\right)^2 + \left(\frac{MPE_{样}}{Km_{样}}\right)^2}$$

12.3.2　低本底β计数器测量不确定度 u_{r2}(B类评定)

$$u_{r2} = \frac{\sqrt{\frac{N_x}{t_x^2} + \frac{N_b}{t_b^2}}}{\frac{N_x}{t_x} - \frac{N_b}{t_b}}$$

式中　t_x——样品测量时间,s;

t_b——本底测量时间,s;

N_x——样品总计数;

N_b——本底计数。

12.3.3　回收率的不确定度 u_{r3}(B类评定)

根据式(24 -1),u_{r3}的不确定度来自三个方面:钇载体标定的不确定度 u_{31}、移液管的不确定度 u_{32} 以及是天平的不确定度 u_{33}。

$$u_{r3} = \sqrt{u_{31}^2 + u_{32}^2 + u_{33}^2}$$

12.3.3.1　钇载体标定的不确定度 u_{31} 来自三个方面：移液管的不确定度 u_{311}、天平的不确定度 u_{312} 以及重复性测量的不确定度 u_{313}。

$$u_{31}=\sqrt{u_{311}^2+u_{312}^2+u_{313}^2}$$

(1)2 mL 移液管的不确定度 u_{311}

用2 mL 移液管移取2 mL 钇载体溶液，由10.1.5可知

$$u_{311}=\frac{0.012}{2\times\sqrt{3}}\approx 3.5\times 10^{-3}$$

(2)天平的不确定度 u_{312}

步骤同12.3.1。

(3)重复性测量的不确定度 u_{313}

平行操作制备4份样品分别测量，得到平均质量 m，由贝塞尔公式可计算出 s，有

$$u_{313}=s/m$$

12.3.3.2　1 mL 移液管的不确定度 u_{32}

1 mL 移液管移取1 mL 钇载体溶液，由10.1.4可知

$$u_{32}=\frac{0.008}{1\times\sqrt{3}}\approx 4.6\times 10^{-3}$$

12.3.3.3　天平的不确定度 u_{33}

步骤同12.3.1。

12.3.4　E_f 的不确定度 U_{r4}（B类评定）

根据计算公式(2)，U_{r4} 的不确定度来自三个方面：低本底β计数器测量不确定度 u_{41}、$^{90}Sr-{}^{90}Y$ 标准溶液的不确定度 u_{42} 以及回收率的不确定度 u_{43}。

$$u_{42}=\sqrt{u_{421}^2+u_{422}^2}$$

12.3.4.1　低本底β射线计数器测量不确定度 u_{41}

步骤同12.3.2。

12.3.4.2　^{90}Sr—^{90}Y 标准溶液的不确定度 u_{42}

用2 mL 移液管移取2 mL 标准溶液，不确定度来自两个方面：移液管的不确定度 u_{421} 以及标准溶液的不确定度 u_{422}。

(1)2 mL 移液管的不确定度 u_{421}

2 mL 移液管移取2 mL 标准溶液，由10.1.5可知

$$u_{311}=\frac{0.012}{2\times\sqrt{3}}\approx 3.5\times 10^{-3}$$

(2)标准溶液的不确定度 u_{422}

可从证书中查找。

12.3.4.3　回收率的不确定度 u_{43}

步骤同12.3.3。

12.3.5　参考源计数率 J_0 与 J 因用的是参考源，计数率远大于样品计数率，不确定度相比于其他分量很小，可以不做考虑。

12.3.6 测量时间用到的计时器引入的不确定度很小，相比于其他分量可以忽略不计。

12.4 计算合成标准不确定度

$$u_r = \sqrt{u_{r1}^2 + u_{r2}^2 + u_{r3}^2 + u_{r4}^2}$$

用绝对值表示

$$u = A_V u_r$$

12.5 计算扩展不确定度

扩展不确定度 $U = ku$，$k = 2$。

12.6 报告测量结果和不确定度

测量结果 A_V，扩展不确定度 U，$k = 2$。

12.7 计算实例

12.7.1 取样产生的不确定度 u_{r1}

分别称量空坩埚的质量为 114.902 6 g，坩埚同样品的质量为 124.902 6 g；从天平的检定证书中可查得，最大允许误差为 0.001 0 g，$u_{r1} = 0.000\ 006\ 83$。

12.7.2 低本底 β 计数器测量不确定度 u_{r2}

样品和本底测量时间均为 1 000 min，本底计数为 634，样品总计数为 1 182，$u_{r2} = 0.079\ 3$。

12.7.3 回收率的不确定度 u_{r3}

（1）钇载体溶液标定浓度为 0.021 g/mL，不确定度 u_{31} 为 0.003 5。

（2）1 mL 移液管移取 1 mL 钇载体溶液，$u_{32} = \frac{0.008}{1 \times \sqrt{3}} \approx 0.004\ 6$。

（3）分别称量空样品盘的质量为 7.571 5 g，样品盘、滤纸和沉淀的质量为 7.622 9 g，从天平的检定证书可查得，最大允许误差为 0.000 5 g，$u_{33} = 0.000\ 053\ 4$ g。

回收率为 72.1%，$u_{r3} = 0.005\ 8$。

12.7.4 探测效率 E_f 的不确定度 u_{r4}

（1）标准溶液样品测量时间为 60 min，本底测量时间均为 1 000 min，本底计数为 634，样品总计数为 21 168，$u_{41} = 0.006\ 9$。

（2）加入 8.7 Bq/mL 的标准溶液 2 mL，2 mL 移液管引入的不确定度为 0.003 5；从标准溶液的证书可查得标准溶液活度浓度的相对扩展不确定度为 3%，$k = 2$，相应的相对不确定度为 0.015，可计算出加入标准溶液的不确定度 $u_{42} = 0.015\ 4$。

（3）回收率不确定度的步骤同 12.7.3，回收率为 66.8%，不确定度 $u_{43} = 0.005\ 8$。

仪器探测效率为 64.5%，不确定度 $u_{r4} = 0.018$。

12.7.5 合成不确定度 $u_r = 0.082$。

12.7.6 测量结果为 3.0 Bq/kg，标准不确定度为 0.25 Bq/kg，扩展不确定度为 0.5 Bq/kg，$k = 2$。